U0320162

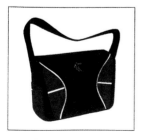   

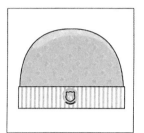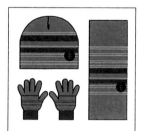

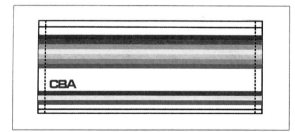

职业教育课程改革系列教材·项目实战类

CorelDRAW X4 实战教程
（产品设计与制作）

主　编　王家青　于立辉　孔祥华

副主编　杜秋磊　王宏春　孔祥玲

电子工业出版社

Publishing House of Electronics Industry

北京·BEIJING

内 容 简 介

本书是一部讲授如何利用 CorelDRAW X4 进行产品设计的专著。作者结合自身多年的实际工作经验，通过大量的实例深入浅出、循序渐进地讲解了休闲设计产品的制作方法，以及教授读者使用电脑绘制休闲用品绘画知识和表现技法。全书共分 8 章，主要内容包括标识设计的绘制、上装设计与制作、下装设计与制作、包袋系列设计与制作、帽子系列设计与制作、运动袜系列设计与制作、护具系列设计与制作、配件设计与制作等。每个实例都有制作过程详解，最后还有相关样式的设计。

本书附有电子教学参考资料包，有本书所用素材和完成的效果图，以方便读者参考和练习。本书可作为高等院校、职业学校相关专业的教材，也可作为服装设计、电脑美术设计人员以及广大艺术爱好者的指导用书。

图书在版编目（CIP）数据

CorelDRAW X4 实战教程（产品设计与制作）/ 王家青，于立辉，孔祥华主编. —北京：电子工业出版社，2012.9
职业教育课程改革系列教材·项目实战类

ISBN 978-7-121-17054-6

Ⅰ. ①C…　Ⅱ. ①王…　②于…　③孔…　Ⅲ. ①产品设计—计算机辅助设计—图形软件—中等专业学校—教材
Ⅳ. ①TB472-39

中国版本图书馆 CIP 数据核字（2012）第 099025 号

策划编辑：肖博爱
责任编辑：郝黎明
印　　刷：北京虎彩文化传播有限公司
装　　订：北京虎彩文化传播有限公司
出版发行：电子工业出版社
　　　　　北京市海淀区万寿路 173 信箱　邮编　100036
开　　本：787×1 092　1/16　印张：22　字数：563.2 千字　彩插：1
版　　次：2012 年 9 月第 1 版
印　　次：2022 年 1 月第 6 次印刷
定　　价：39.80 元

凡所购买电子工业出版社图书有缺损问题，请向购买书店调换。若书店售缺，请与本社发行部联系，联系及邮购电话：（010）88254888，88258888。

质量投诉请发邮件至 zlts@phei.com.cn，盗版侵权举报请发邮件至 dbqq@phei.com.cn。

本书咨询联系方式：（010）88254617，luomn@phei.com.cn。

前　言

由 Corel 公司开发的 CorelDRAW X4 是一款专业的矢量图形软件，其功能强大，应用领域广泛，在当今与 Illustrator 有着同等地位。CorelDRAW X4 广泛应用于平面设计、广告设计、排版组页、印前准备、产品设计等领域，对人们的学习、工作和生活已经产生了巨大的影响。

本书涵盖了 CorelDRAW 的核心技术，从实际应用的角度出发，配合案例的制作，讲解详尽，通俗易懂，相信读者朋友们在使用本书的过程中能够体会到。本书内容比较成熟，在理论基础的前提下，突出实际应用，兼顾产品设计的各个相关物件，是一本学习和掌握 CorelDRAW 的比较实用而有效的基础教程。

本书特点

本书结构清晰，案例都是经过编者精心设计的，贴近实际应用，精彩而有趣，文字通俗易懂，能够有效的巩固和加深读者对该软件的使用技术。案例讲解与 CorelDRAW 中的各个部分功能紧密结合，具有很强的实用性和较高的技术含量。为了有效保证操作的可行性，本书附有电子教学参考资料包，具备所用素材和完成的效果图，以方便读者参考与练习。希望这本书能够成为读者朋友们学习和掌握 CorelDRAW 的好帮手。

本教材由多年来从事一线计算机专业教学且具有丰富经验的教师共同编写，由王家青、于立辉、孔祥华任主编，杜秋磊、王宏春、孔祥玲任副主编，宋炎、罗旭、袁一平、王晓美等参编。在编写过程中得到了长春职业技术学校、长春大学、长春五中、长春职业技术学院等单位领导和电子工业出版社的大力支持与帮助，在此表示衷心的感谢！

由于编者水平所限，不足之处在所难免，恳求读者朋友们批评指正，真诚期待来自读者朋友们的宝贵意见与建议，请发邮件 187391706@qq.com 联系。

编　者
2012 年 5 月

目　录

第1章

标识设计与制作

实例01 标识1

具体操作步骤如下。

（1）打开 CorelDRAW X4 软件，执行菜单栏中的【文件】→【新建】命令，新建一个空白文件，默认纸张大小，如图 1-1-1 所示。

（2）单击工具箱中的"矩形"工具 □，绘制一个矩形，在属性栏中设置【对象大小】参数，如图 1-1-2 所示。

图 1-1-1   图 1-1-2

（3）切换到工具箱中的"形状"工具 ，在矩形轮廓的 4 个顶点的任意一个点上，按住鼠标左键拖动，将 4 个尖角倒角成圆弧角，在属性栏中设置 4 个角的圆滑度，如图 1-1-3 所示。

（4）将此矩形颜色填充为（CMYK：90、80、0、30），轮廓色设置为"无"，效果如图 1-1-4 所示。

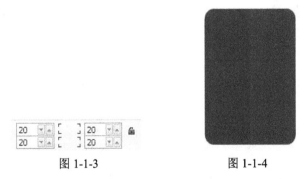

图 1-1-3   图 1-1-4

（5）执行菜单栏中的【窗口】→【泊坞窗】→【变换】→【大小】命令或使用【Alt+F10】组合键，其参数的设置如图 1-1-5 所示，单击 应用到再制 按钮，缩小复制窗口中的矩形，并填充颜色为（CMYK：70、50、0、0），轮廓色设置为"无"，效果如图 1-1-6 所示。

（6）单击工具箱中的"矩形"工具 □，绘制一个矩形，在属性栏中，设置【对象大小】参数如图 1-1-7 所示，设置【旋转角度】参数如图 1-1-8 所示。

图 1-1-5　　　　　　　　　　图 1-1-6

图 1-1-7　　　　　　　　　　图 1-1-8

（7）将旋转后的矩形按住鼠标左键拖动到如图 1-1-9 所示的位置，执行菜单栏中的【窗口】→【泊坞窗】→【造型】命令，参数的设置如图 1-1-10 所示，单击 修剪 按钮，当鼠标指针变成 形状，单击浅蓝色矩形，修剪效果如图 1-1-11 所示。

图 1-1-9　　　　　　　　　图 1-1-10　　　　　　　　图 1-1-11

（8）将旋转后的矩形向下移动，移动位置效果如图 1-1-12 所示。按住【Shift】键，再选中浅蓝色矩形，单击属性栏中的【前减后】按钮 ，修剪后的效果如图 1-1-13 所示。

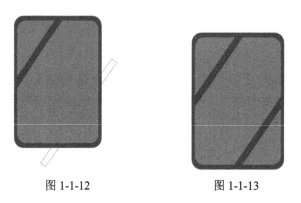

图 1-1-12　　　　　　　　　　图 1-1-13

（9）执行菜单栏中的【视图】→【贴齐对象】命令，或使用【Alt+Z】组合键，单击工具箱中的"手绘"工具，在如图 1-1-14 所示的位置，绘制出 4 条白色直线（鼠标会在顶点处自动捕捉对象）。在属性栏中设置【轮廓宽度】参数，如图 1-1-15 所示。

图 1-1-14　　　　　　　　　　图 1-1-15

（10）单击工具箱中的"矩形"工具，绘制一个矩形，在属性栏中设置【对象大小】参数，如图 1-1-16 所示。

（11）切换到工具箱中的"形状"工具，在矩形轮廓的 4 个顶点的任意点上，按住鼠标左键拖动，将 4 个尖角倒角成圆弧角，在属性栏中设置 4 个角的圆滑度，如图 1-1-17 所示。

（12）填充此矩形颜色为白色（CMYK：0、0、0、0），轮廓色设置为"无"，在属性栏中设置【旋转角度】参数，如图 1-1-18 所示。调整白色矩形位置，效果如图 1-1-19 所示。

40.0 mm			43		45	
90.0 mm			45		45	

图 1-1-16　　　　　　　　　　图 1-1-17

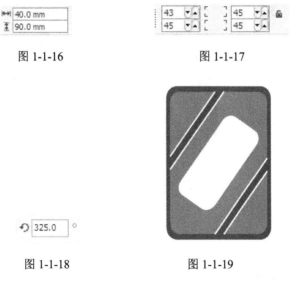

图 1-1-18　　　　　　　　　　图 1-1-19

（13）单击工具箱中的"文本"工具，在窗口中单击鼠标左键，在属性栏中设置【字体】及【字体大小】参数，如图 1-1-20 所示。输入"CBA"，并填充颜色为（CMYK：90、80、0、30），轮廓色设置为"无"。

（14）切换到工具箱中的"形状"工具，在文字的右下角 位置，按住鼠标左键向左拖动，将字间距调小，在属性栏中设置【旋转角度】参数，如图 1-1-21 所示。调整文字位置，效果如图 1-23 所示。

汉仪综艺体简
75 pt

图 1-1-20

55.0

图 1-1-21

CBA

图 1-1-22

Rosewood Std Regular
40 pt

图 1-1-23

（15）单击工具箱中的“文本”工具，在窗口中单击鼠标左键，在属性栏中设置【字体】及【字体大小】参数，如图 1-1-23 所示。输入“SPORT”，并填充颜色为（CMYK：90、80、0、30），轮廓色设置为“无”。

（16）在属性栏中设置【旋转角度】参数，如图 1-1-24 所示；并调整文字位置，效果如图 1-1-25 所示。

（17）切换到工具箱中的“挑选”工具，选中“SPORT”，原位置复制（【Ctrl+C】）、粘贴（【Ctrl+V】），将复制的文字拖动到合适的位置，其最终效果如图 1-1-26 所示。

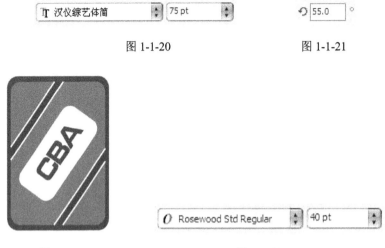

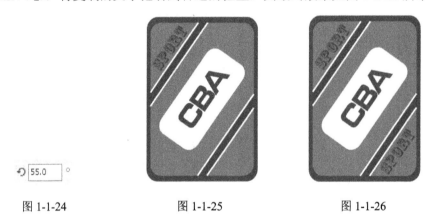

55.0

图 1-1-24

SPORT
CBA

图 1-1-25

SPORT
CBA
SPORT

图 1-1-26

实例 02　标识 2

具体操作步骤如下。

（1）打开 CorelDRAW X4 软件，执行菜单栏中的【文件】→【新建】命令，新建一个空白文件，默认纸张大小，如图 1-2-1 所示。

（2）单击工具箱中的“椭圆形”工具，在绘图窗口中按住鼠标左键拖动出一个椭圆形，在属性栏中设置【对象大小】参数，如图 1-2-2 所示。

图 1-2-1　　　　　　　　　　　　图 1-2-2

（3）执行菜单栏中的【窗口】→【泊坞窗】→【变换】→【大小】命令或使用【Alt+F10】组合键，参数的设置如图 1-2-3 所示，单击 [应用到再制] 按钮，缩小复制窗口中椭圆形，并填充颜色为（CMYK：0、20、100、0），轮廓色设置为"无"，效果如图 1-2-4 所示。

图 1-2-3　　　　　　　　　　　　图 1-2-4

（4）单击工具箱中的"交互式调和"工具，在黄色椭圆中心按住鼠标左键向外侧红色椭圆拖动，当在 2 个椭圆之间出现若干蓝色轮廓线时，释放鼠标，调和效果如图 1-2-5 所示。

（5）在属性栏中设置【步长】参数如图 1-2-6 所示，其效果如图 1-2-7 所示。

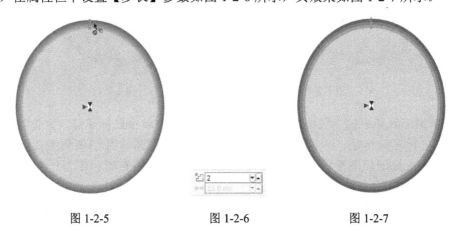

图 1-2-5　　　　　　　图 1-2-6　　　　　　　图 1-2-7

（6）单击工具箱中的"椭圆形"工具，在绘图窗口中按住鼠标左键拖动出一个椭圆形，在属性栏中设置【对象大小】参数，如图 1-2-8 所示。填充颜色设置为（CMYK：0、0、0、80），轮廓色设置为"无"。

（7）单击工具箱中的"挑选"工具，执行菜单栏中的【视图】→【贴齐对象】命令或使用【Alt+Z】组合键，在灰色小椭圆中心点按住鼠标左键拖动至黄色椭圆中心（到达中心点自动捕捉），释放鼠标，效果如图 1-2-10 所示。

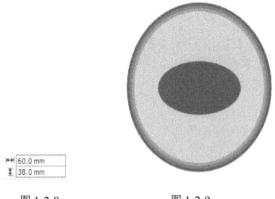

图 1-2-8　　　　　　　　　　图 1-2-9

（8）单击工具箱中的"文本"工具 字，在窗口中单击鼠标左键，在属性栏中设置【字体】及【字体大小】参数，如图 1-2-10 所示。输入"CBA"，填充白色设置为（CMYK：0、0、0、0），轮廓色设置为"无"。

（9）切换到工具箱中的"形状"工具 ，在文字的右下角 位置，按住鼠标左键向左拖动，将字间距调小，调整文字位置，效果如图 1-2-11 所示。

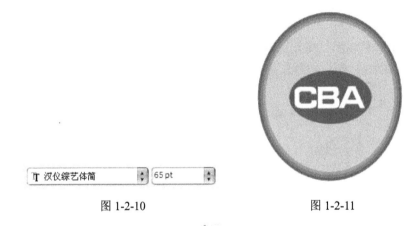

图 1-2-10　　　　　　　　　　图 1-2-11

（10）单击工具箱中的"贝济埃"工具 ，在窗口中单击鼠标左键，定位起始点，在下一点按住鼠标左键拖动，以此类推，绘制一个封闭的图形，并切换到工具箱中的"形状"工具 ，在封闭的图形的每一个结点上微调轮廓，再调整封闭图形的位置，效果如图 1-2-12 所示。

（11）再次单击封闭图形，鼠标放在图形中心点上按住鼠标左键，将旋转中心点拖移到图形的右下角的顶点上，如图 1-2-13 所示。

（12）将鼠标指针放在左上角的旋转点上，按住鼠标左键向右拖动，当旋转至合适的位置时，直接单击鼠标右键（鼠标左键不松开），快速旋转复制一个封闭图形，效果如图 1-2-14 所示。

（13）再次单击复制后的封闭图形，将其位置微调，并稍微放大，填充白色为（CMYK：0、0、0、0），轮廓色设置为"无"，效果如图 1-2-15 所示。

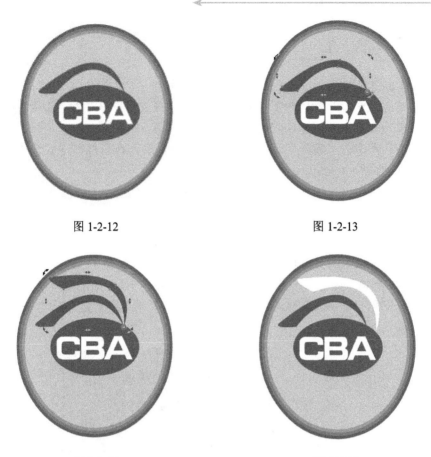

图 1-2-12   图 1-2-13

图 1-2-14   图 1-2-15

（14）框选或按住【Shift】键加选两个封闭图形，执行菜单栏中的【窗口】→【泊坞窗】→【变换】→【比例】命令或使用【Alt+F9】组合键，参数的设置如图 1-2-16 所示，单击 应用到再制 按钮，将复制后的 2 个封闭图形拖动到合适的位置，其最终效果如图 1-2-17 所示。

图 1-2-16

图 1-2-17

实例 03　标识 3

具体的操作步骤如下。

（1）打开 CorelDRAW X4 软件，执行菜单栏中的【文件】→【新建】命令，新建一个空白文件，默认纸张大小，如图 1-3-1 所示。

（2）单击工具箱中的"矩形"工具 □，绘制一个矩形，在属性栏中设置【对象大小】参数，如图 1-3-2 所示。

图 1-3-1　　　　　　　　　　　　　　　图 1-3-2

（3）切换到工具箱中的"形状"工具 ⬚，在矩形轮廓的 4 个顶点的任意点上，按住鼠标左键拖动，将 4 个尖角倒角成圆弧角，在属性栏中设置 4 个角的圆滑度，如图 1-3-3 所示。

（4）将此矩形颜色填充为（CMYK：0、0、0、60），轮廓色设置为"无"，效果如图 1-3-4 所示。

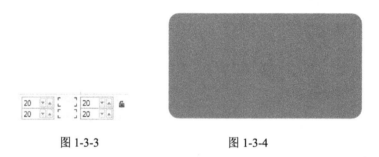

图 1-3-3　　　　　　　　　　　　　　　图 1-3-4

（5）执行菜单栏中的【窗口】→【泊坞窗】→【变换】→【大小】命令或使用【Alt+F10】组合键，参数的设置如图 1-3-5 所示，单击 应用到再制 按钮，缩小复制窗口中矩形，并填充颜色为（CMYK：0、20、100、0），轮廓色设置为"无"，效果如图 1-3-6 所示。

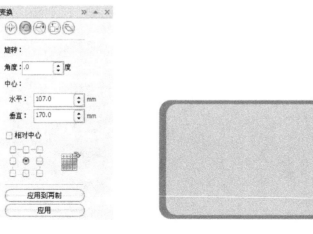

图 1-3-5　　　　　　　　　　　　　　　图 1-3-6

（6）单击工具箱中的"手绘"工具，在绘图窗口中单击起点，然后按【Ctrl】键，绘制出一条水平线，水平线的轮廓颜色设置为（CMYK：0、50、100、0），在属性栏中设置【轮廓宽度】参数，如图 1-3-7 所示。绘制效果如图 1-3-8 所示。

图 1-3-7　　　　　　　　　　　图 1-3-8

（7）选中橘黄色水平线，按住鼠标左键，再按【Ctrl】键，向下拖动，当拖动至合适位置，直接单击鼠标右键（鼠标左键不松开），快速移动复制一个橘黄色水平线，效果如图 1-3-9 所示。

（8）单击工具箱中的"文本"工具，在窗口中单击鼠标左键，在属性栏中设置【字体】及【字体大小】参数，如图 1-3-10 所示。输入"CBA"，并填充白色为（CMYK：0、0、0、0），轮廓色设置为"无"。

图 1-3-9　　　　　　　　　　　图 1-3-10

（9）切换到工具箱中的"形状"工具，在文字的右下角 位置，按住鼠标左键向左拖动，将字间距调小，调整文字位置，效果如图 1-3-11 所示。

（10）单击工具箱中的"文本"工具，在窗口中单击鼠标左键，在属性栏中设置【字体】及【字体大小】参数，如图 1-3-12 所示。输入"sport vogue"，并填充白色为（CMYK：0、0、0、0），轮廓色设置为"无"，拖动文字到合适的位置，效果如图 1-3-13 所示。

图 1-3-11　　　　　　　　　　　图 1-3-12

图 1-3-13

（11）单击属性栏中的【导入】按钮 ，导入"篮球手"矢量图片，并将篮球手后面的"CBA"文字颜色填充为（CMYK：0、0、0、60），轮廓色设置为"无"，调整好大小，拖动到合适位置，效果如图 1-3-14 所示。

（12）单击工具箱中的"椭圆形"工具 ，在绘图窗口中按住鼠标左键拖动出一个椭圆形，在属性栏中设置【对象大小】参数，如图 1-3-15 所示，并填充颜色为（CMYK：0、50、100、0），轮廓色设置为"无"。

图 1-3-14   图 1-3-15

（13）将橘黄色椭圆形拖动至合适位置，效果如图 1-3-16 所示。按住鼠标左键，再按【Ctrl】键，向右拖动，当拖动至合适位置，直接单击鼠标右键（鼠标左键不松开），快速移动复制一个橘黄色椭圆，并用鼠标放大至合适大小，效果如图 1-3-17 所示。

图 1-3-16   图 1-3-17

（14）单击工具箱中的"交互式调和"工具 ，在小橘黄色椭圆中心按住鼠标左键向大橘黄色椭圆中心拖动，当在 2 个椭圆之间出现若干蓝色轮廓线时，释放鼠标。在属性栏中设置【步长】参数如图 1-3-18 所示，其效果如图 1-3-19 所示。

（15）选中所有的橘黄色椭圆，执行菜单栏中的【窗口】→【泊坞窗】→【变换】→【比例】命令，或使用【Alt+F9】组合键，参数的设置如图 1-3-20 所示，单击 应用到再制 按钮，将复制后的图形拖动到合适的位置，其最终效果如图 1-3-21 所示。

图 1-3-18　　　　　　　　　　图 1-3-19

图 1-3-20　　　　　　　　　　图 1-3-21

实例 04　标识 4

具体操作步骤如下。

（1）打开 CorelDRAW X4 软件，执行菜单栏中的【文件】→【新建】命令，新建一个空白文件，默认纸张大小，如图 1-4-1 所示。

（2）单击工具箱中的"矩形"工具 □，绘制一个矩形，在属性栏中设置【对象大小】参数如图 1-4-2 所示，并填充颜色为（CMYK：80、70、0、40），轮廓色设置为"无"。

图 1-4-1　　　　　　　　　　　　图 1-4-2

（3）执行菜单栏中的【窗口】→【泊坞窗】→【变换】→【大小】命令，或使用【Alt+F10】组合键，参数的设置如图 1-4-3 所示，单击 应用到再制 按钮，缩小复制窗口中的矩形，并填充颜色为（CMYK：100、90、10、40），轮廓色设置为"无"，效果如图 1-4-4 所示。

（4）继续使用【大小】命令，再依次缩小复制 3 个矩形，参数的设置如图 1-4-5～图 1-4-7 所示，填充颜色依次为（CMYK：60、50、0、20）、（CMYK：40、30、0、10）、（CMYK：20、10、0、0），轮廓色均设置为"无"，效果如图 1-4-8 所示。

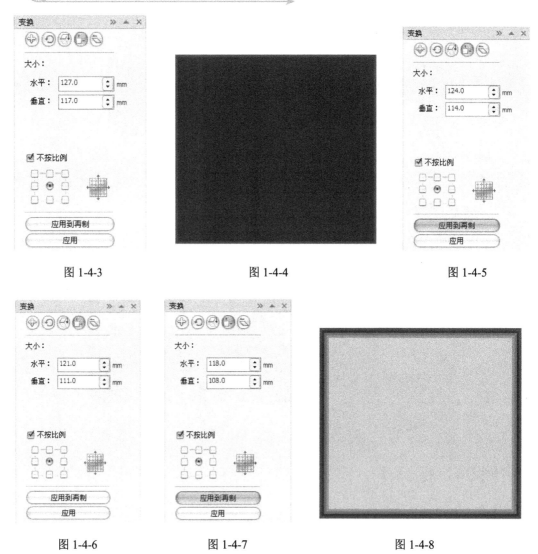

图 1-4-3   图 1-4-4   图 1-4-5

图 1-4-6   图 1-4-7   图 1-4-8

（5）单击工具箱中的"矩形"工具 ，执行菜单栏中的【视图】→【贴齐对象】命令或使用【Alt+Z】组合键，以最上层浅蓝色矩形的左上角为起始点绘制一个与其宽度一样的小矩形，高度适中，并填充颜色为（CMYK：80、70、0、40），轮廓色设置为"无"，效果如图 1-4-9 所示。

（6）单击工具箱中的"文本"工具 ，在窗口中单击鼠标左键，在属性栏中设置【字体】及【字体大小】参数，如图 1-4-10 所示，输入"CBA"，并填充颜色为白色（CMYK：0、0、0、0），轮廓色设置为"无"。

（7）切换到工具箱中的"形状"工具 ，在文字的右下角 位置，按住鼠标左键向左拖动，将字间距调小，调整文字位置，效果如图 1-4-11 所示。

（8）单击工具箱中的"手绘"工具 ，捕捉任意矩形的水平中的一点单击，按【Ctrl】键，绘制出一条垂直中轴线，如图 1-4-12 所示。

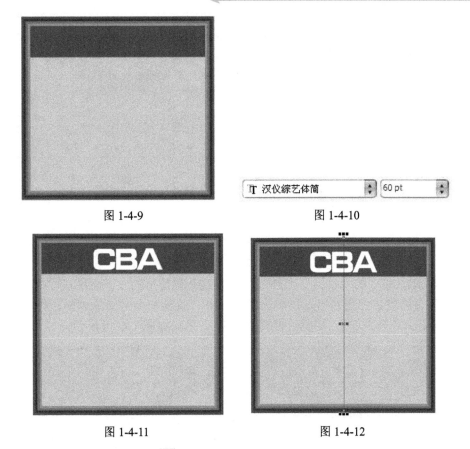

图 1-4-9　　　　　　　　　　　　　图 1-4-10

图 1-4-11　　　　　　　　　　　　　图 1-4-12

（9）继续使用"手绘"工具，连续捕捉小矩形的左边线、中轴线、右边线，绘制一条折线，轮廓颜色设置为（CMYK：80、70、0、40），宽度参数的设置如图 1-4-13 所示，效果如图 1-4-14 所示。

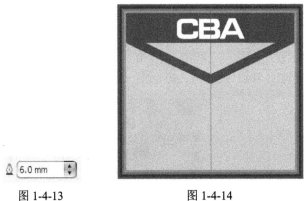

图 1-4-13　　　　　　　　　　　　　图 1-4-14

（10）选中折线，按住鼠标左键，再按【Ctrl】键，向上拖动，当拖动至合适的位置时直接单击鼠标右键（鼠标左键不松开），快速移动复制一条折线，将轮廓颜色填充为（CMYK：100、90、10、40），效果如图 1-4-15 所示。

（11）执行菜单栏中的【排列】→【顺序】→【置于此对象后】命令，当鼠标指针变成" ➡ "形状，单击文字下面的小矩形，效果如图 1-4-16 所示。

图 1-4-15　　　　　　　　　　　　　　　　图 1-4-16

（12）同步骤（10）、步骤（11）的方法，再次移动复制一条折线，将轮廓颜色填充为（CMYK：40、30、0、10），效果如图 1-4-17 所示。

（13）单击工具箱中的"手绘"工具 ，捕捉浅蓝色矩形的左下角顶点、中轴线、浅蓝色矩形的右下角顶点、回到起始点，单击鼠标左键，绘制一个封闭三角形，并填充颜色为（CMYK：100、90、10、40），轮廓色设置为"无"，效果如图 1-4-18 所示。

图 1-4-17　　　　　　　　　　　　　　　　图 1-4-18

（14）单击工具箱中的"矩形"工具 ，绘制一个细长矩形，参数的设置如图 1-4-19 所示，并填充颜色为（CMYK：100、90、10、40），轮廓色设置为"无"，效果如图 1-4-20 所示。

图 1-4-19　　　　　　　图 1-4-20

（15）按住【Shift】键，再选中三角形和细长矩形，单击属性栏中的【相交】按钮 ，配合【Shift+PageUp】组合键，将相交部分置于最上层，填充颜色为（CMYK：20、10、0、0），轮廓色设置为"无"，效果如图 1-4-21 所示。

（16）选中细长矩形，按住鼠标左键，再按【Ctrl】键，向上拖动，当拖动至合适的位置时直接单击鼠标右键（鼠标左键不松开），快速移动复制一个细长矩形，效果如图 1-4-22 所示。

图 1-4-21

图 1-4-22

（17）执行菜单栏中的【窗口】→【泊坞窗】→【变换】→【大小】命令或使用【Alt+F10】组合键，参数的设置如图 1-4-23 所示，单击 应用 按钮，缩小细长矩形，效果如图 1-4-24 所示。

图 1-4-23

图 1-4-24

（18）重复执行步骤（15）的操作，效果如图 1-4-25 所示。

（19）重复执行步骤（16）、（17）、（18）的操作，矩形参数的设置依次如图 1-4-26、图 1-4-27、图 1-4-28、图 1-4-29、图 1-4-30 所示。

（20）删除黑色中轴线，效果如图 1-4-31 所示。

图 1-4-25

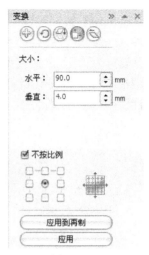

图 1-4-26

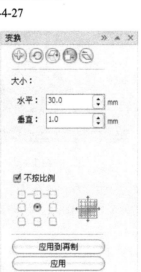

图 1-4-27

图 1-4-28

图 1-4-29

图 1-4-30

图 1-4-31

（21）单击属性栏中的【导入】按钮 ▣，导入"篮球手"矢量图片，单击属性栏中的【取消全部群组】按钮 ▣。

（22）选中白色人物，执行菜单栏中的【窗口】→【泊坞窗】→【造型】命令，参数的设置如图 1-4-32 所示，单击 修剪 按钮，当鼠标指针变成 ▶ 形状，单击篮球的黑色轮廓线（注：此处的黑色轮廓线是位于白色篮球下面的独立的黑色正圆形，并非与白色篮球一体），修剪出篮球的单线轮廓，效果如图 1-4-33 所示（注：此处为了看清楚篮球的单线轮廓，先将白色篮球隐藏）。

图 1-4-32

图 1-4-33

（23）选中白色篮球手，再次执行【造型】命令，参数的设置如图 1-4-34 所示，单击 修剪 按钮，当鼠标指针变成 ▶ 形状，单击灰色"CBA"文字，将修剪后的图形及步骤（22）中修剪的"黑色篮球轮廓"均填充为白色，轮廓色设置为"无"，调整好大小及位置，最终效果如图 1-4-35 所示。

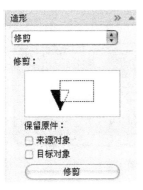
图 1-4-34

图 1-4-35

实例 05　标识 5

具体操作步骤如下。

（1）打开 CorelDRAW X4 软件，执行菜单栏中的【文件】→【新建】命令，新建一个空白文件，默认纸张大小，如图 1-5-1 所示。

（2）单击工具箱中的"矩形"工具 ，绘制一个矩形，在属性栏中设置【对象大小】参数，如图 1-5-2 所示。

图 1-5-1   图 1-5-2

（3）切换到工具箱中的"形状"工具 ，在矩形轮廓的 4 个顶点的任意点，按住鼠标左键拖动，将 4 个尖角倒角成圆弧角，在属性栏中设置 4 个角的圆滑度，如图 1-5-3 所示。

（4）将此矩形颜色填充为（CMYK：0、0、0、20），轮廓色设置为"黑色"，属性栏中设置【轮廓宽度】参数如图 1-5-4，效果如图 1-5-5 所示。

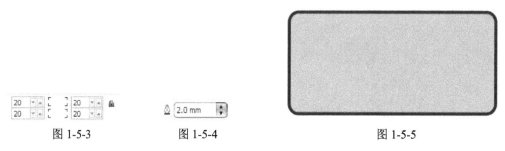

图 1-5-3   图 1-5-4   图 1-5-5

（5）执行菜单栏中的【窗口】→【泊坞窗】→【变换】→【大小】命令或使用【Alt+F10】组合键，参数的设置如图 1-5-6 所示，单击 应用到再制 按钮，缩小复制窗口中的矩形，并填充颜色为（CMYK：0、0、0、80），轮廓色设置为"无"，效果如图 1-5-7 所示。

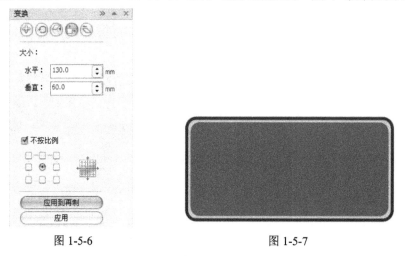

图 1-5-6   图 1-5-7

（6）单击属性栏中的【导入】按钮 ，导入"篮球手"矢量图片，单击属性栏中的【取消全部群组】按钮 。

（7）选中白色人物，执行菜单栏中的【窗口】→【泊坞窗】→【造型】命令，参数的设置如图 1-15-8 所示，单击 修剪 按钮，当鼠标指针变成 形状，单击篮球的黑色轮廓线（注：此处的黑色轮廓线是位于白色篮球的下面的独立的黑色正圆形，并非与白色篮球一体），修剪出篮球的单线轮廓，效果如图 1-5-9 所示（注：此处为了看清楚篮球的单线轮廓，先将白色篮球隐藏）。

图 1-5-8　　　　　　　　　　　图 1-5-9

（8）选中白色篮球手，再次执行【造型】命令，参数的设置如图 1-5-10 所示，单击 按钮，当鼠标指针变成 形状，单击灰色"CBA"文字，将修剪后的图形及步骤（7）中修剪的"黑色篮球轮廓"均填充为（CMYK：0、20、100、0），轮廓色设置为"无"，调整好大小及位置，最终效果如图 1-5-11 所示。

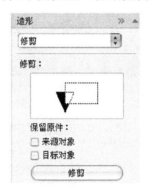

图 1-5-10　　　　　　　　　　图 1-5-11

（9）单击工具箱中的"文本"工具 ，在窗口中单击鼠标左键，在属性栏中设置【字体】及【字体大小】参数，如图 1-5-12 所示。输入"CBA"，填充颜色为（CMYK：0、20、100、0），轮廓色设置为"无"。

（10）切换到工具箱中的"形状"工具 ，在文字的右下角 位置，按住鼠标左键向左拖动，将字间距调小，调整文字位置，效果如图 1-5-13 所示。

图 1-5-12　　　　　　　　　　图 1-5-13

（11）单击工具箱中的"矩形"工具 ，绘制一个矩形，在属性栏中设置【对象大小】参数，如图 1-5-14 所示。填充颜色为（CMYK：0、0、0、40），轮廓色设置为"无"，效果如图 1-5-15 所示。

图 1-5-14　　　　　　　　　　　　　　图 1-5-15

（12）继续使用"矩形"工具 🔲，绘制 N 个小矩形，小矩形的摆放位置如图 1-5-16 所示。

（13）框选所有小矩形，单击属性栏中的【焊接】按钮 🔲，绘制效果如图 1-5-17 所示。

图 1-5-16　　　　　　　　　　　　　　图 1-5-17

（14）按住【Shift】键，选中焊接后的图形和浅灰色矩形，单击属性栏中的【后减前】按钮 🔲，效果如图 1-5-18 所示。

（15）单击工具箱中的"文本"工具 字，在窗口中单击鼠标左键，在属性栏中设置【字体】及【字体大小】参数，如图 1-5-19 所示。输入"SPORT"，填充颜色为白色（CMYK：0、20、100、0），轮廓色设置为"无"，拖动文字到合适的位置，最终效果如图 1-5-20 所示。

图 1-5-18　　　　　　　　　　　　　　图 1-5-19

图 1-5-20

实例 06 标识 6

具体操作步骤如下。

（1）打开 CorelDRAW X4 软件，执行菜单栏中的【文件】→【新建】命令，新建一个空白文件，默认纸张大小，如图 1-6-1 所示。

（2）单击工具箱中的"椭圆形"工具，按住【Ctrl】键，在绘图窗口中按住鼠标左键拖动出一个正圆形，在属性栏中设置【对象大小】参数，如图 1-6-2 所示。

图 1-6-1　　　　　　　　　　　　　图 1-6-2

（3）单击工具箱中的"矩形"工具，按住【Ctrl】键，绘制一个正方形，在属性栏中设置【对象大小】参数，如图 1-6-3 所示。

（4）执行菜单栏中的【视图】→【贴齐对象】命令或使用【Alt+Z】组合键，在正方形的中心点上按住鼠标左键拖动至正圆形中心点上（自动捕捉），效果如图 1-6-4 所示。

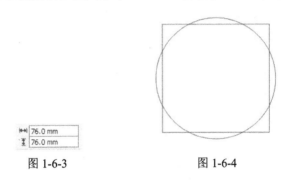

图 1-6-3　　　　　　　　　　　　　图 1-6-4

（5）选中正圆形，执行菜单栏中的【窗口】→【泊坞窗】→【造型】命令，参数的设置如图 1-6-5 所示，单击 焊接到 按钮，当鼠标指针变成 形状，单击正方形，效果如图 1-6-6 所示。

 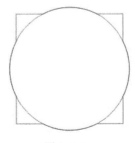

图 1-6-5　　　　　　　　　　　　　图 1-6-6

（6）再次使用"矩形"工具，按住【Ctrl】键，绘制一个正方形，在属性栏中设置【对象大小】参数，如图 1-6-7 所示。并与正圆形中心对齐，方法同步骤（4），效果如图 1-6-8 所示。

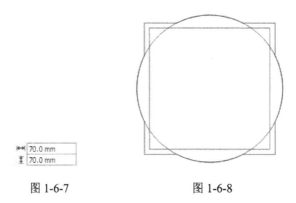

图 1-6-7　　　　　　　　　　　　　　图 1-6-8

（7）按住【Shift】键，选中正圆形和小正方形，单击属性栏中的【前减后】按钮，效果如图 1-6-9 所示。

（8）再次使用"椭圆形"工具，按住【Ctrl】键，在绘图窗口中按住鼠标左键拖动出一个正圆形，在属性栏中设置【对象大小】参数，如图 1-6-10 所示。

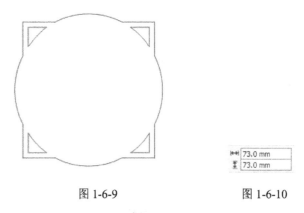

图 1-6-9　　　　　　　　　　　　　　图 1-6-10

（9）切换到工具箱中的【挑选】工具，选中小圆形，与焊接后的图形中心对齐，方法同步骤（4），效果如图 1-6-11 所示。

（10）选中焊接的图形，将图形的颜色设置为（CMYK：65、20、0、5），轮廓颜色设置为（CMYK：95、70、10、40），在属性栏中设置【轮廓宽度】参数如图 1-6-12 所示，效果如图 1-6-13 所示。

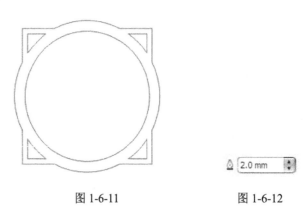

图 1-6-11　　　　　　　　　　　　　　图 1-6-12

（11）选中修剪的 4 个三角形，将选中的图形颜色设置为（CMYK：95、70、10、40），轮廓色设置为"无"，效果如图 1-6-14 所示。

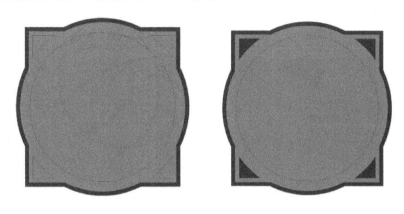

图 1-6-13　　　　　　　　　　　图 1-6-14

（12）选中中间的小圆形，将轮廓颜色设置为（CMYK：95、70、10、40），内部颜色设置为"无"，在属性栏中设置【轮廓宽度】参数如图 1-6-12 所示，效果如图 1-6-15 所示。

（13）框选所有图形，在属性栏中设置【旋转角度】参数如图 1-6-16 所示，效果如图 1-6-17 所示。

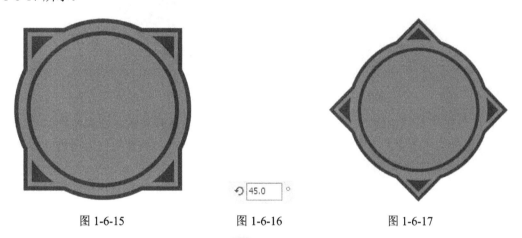

图 1-6-15　　　　　　　　图 1-6-16　　　　　　　　图 1-6-17

（14）单击属性栏中的【导入】按钮 ，导入"篮球手"矢量图片，单击属性栏中的【取消全部群组】按钮 。

（15）选中白色人物，执行菜单栏中的【窗口】→【泊坞窗】→【造型】命令，参数的设置如图 1-6-18 所示，单击　修剪　按钮，当鼠标指针变成 形状，单击篮球的黑色轮廓线（注：此处的黑色轮廓线是位于白色篮球下面的独立的黑色正圆形，并非与白色篮球一体），修剪出篮球的单线轮廓，效果如图 1-6-19 所示（注：此处为了看清楚篮球的单线轮廓，先将白色篮球隐藏）。

（16）选中白色篮球手，再次执行【造型】命令，参数的设置如图 1-6-20 所示，单击　修剪　按钮，当鼠标指针变成 形状，单击灰色"CBA"文字，将修剪后的图形及步骤（15）中修剪的"黑色篮球轮廓"均填充为白色（CMYK：0、0、0、0），轮廓色设置为"无"，调整好大小及位置，最终效果如图 1-6-21 所示。

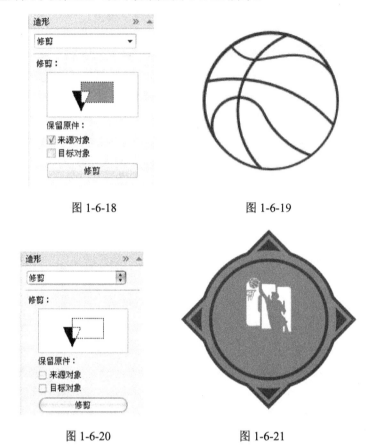

图 1-6-18   图 1-6-19

图 1-6-20   图 1-6-21

（17）单击工具箱中的"文本"工具 字，在窗口中单击鼠标左键，在属性栏中设置【字体】及【字体大小】参数，如图 1-6-22 所示。输入"CBA"，填充颜色为白色（CMYK：0、0、0、0），轮廓色设置为"无"。

（18）切换到工具箱中的"形状"工具 ，在文字的右下角 位置，按住鼠标左键向左拖动，将字间距调小，调整文字的位置，效果如图 1-6-23 所示。

图 1-6-22   图 1-6-23

（19）单击工具箱中的"矩形"工具，绘制一个长方形，在属性栏中设置【对象大小】参数，如图 1-6-24 所示。

（20）切换到工具箱中的"形状"工具，在矩形轮廓的 4 个顶点的任意点，按住鼠标左键拖动，将 4 个尖角倒角成圆弧角，在属性栏中设置 4 个角的圆滑度，如图 1-6-25 所示。

（21）此矩形内部颜色设置为"无"，轮廓色设置为（CMYK：95、70、10、40），在属性栏中设置【轮廓宽度】参数，如图 1-6-26 所示。

图 1-6-24   图 1-6-25   图 1-6-26

（22）切换到工具箱中的【挑选】工具，拖动倒角矩形到合适的位置，效果如图 1-6-7 所示。

（23）选中倒角矩形，按住鼠标左键，配合【Ctrl】键，向右拖动，当拖动至合适的位置，直接单击鼠标右键（鼠标左键不松开），快速移动复制一个倒角矩形，效果如图 1-6-28 所示。

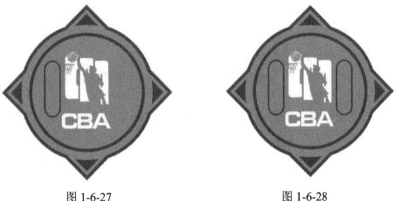

图 1-6-27   图 1-6-28

（24）单击工具箱中的"文本"工具，在窗口中单击鼠标左键，在属性栏中设置【字体】及【字体大小】参数，如图 1-6-29 所示。输入"SPORT"（注：输入一个字母按一下【Enter】键），填充颜色为白色（CMYK：0、0、0、0），轮廓色设置为"无"。

（25）切换到工具箱中的"形状"工具，在文字的左下角位置，按住鼠标左键向上拖动，将字行距调小，调整文字的位置，效果如图 1-6-30 所示。

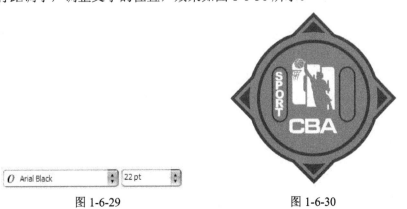

图 1-6-29   图 1-6-30

（26）重复步骤（24）和（25），效果如图 1-6-31 所示。

图 1-6-31

实例 07　标识 7

具体操作步骤如下。

（1）打开 CorelDRAW X4 软件，执行菜单栏中的【文件】→【新建】命令，新建一个空白文件，默认纸张大小，如图 1-7-1 所示。

（2）单击工具箱中的"手绘"工具 ，在绘图窗口中单击起点，再按住【Ctrl】键，绘制出一条水平线。

（3）执行菜单栏中的【视图】→【贴齐对象】命令或使用【Alt+Z】组合键，单击工具箱中的"贝济埃"工具 ，捕捉水平线上任意点单击鼠标左键，定位起始点，在下一点按住鼠标左键拖动，以此类推，绘制一条曲线，并切换到工具箱中的"形状"工具 ，在曲线的每一个结点上微调轮廓，曲线的轮廓和位置如图 1-7-2 所示。

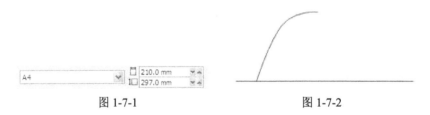

图 1-7-1　　　　　　　　　　　　　　　图 1-7-2

（4）切换到工具箱中的【挑选】工具 ，选中曲线，按住【Ctrl】键，在如图 1-7-3 所示的鼠标指针指的轮廓点上按住鼠标左键向右水平拖动，当拖动出蓝色曲线的轮廓时，直接单击鼠标右键（鼠标左键不松开），镜像复制一条曲线，效果如图 1-7-4 所示。

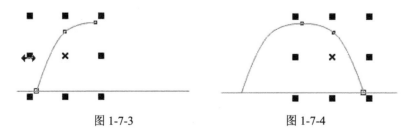

图 1-7-3　　　　　　　　　　　　　　　图 1-7-4

（5）按住【Shift】键，选中两条曲线，再配合使用【Ctrl】键，在如图 1-7-5 所示的鼠标指针指的轮廓点上按住鼠标左键向下水平拖动，当拖动出蓝色曲线的轮廓时，直接单击鼠标右键（鼠标左键不松开），镜像复制两条曲线，效果如图 1-7-6 所示。

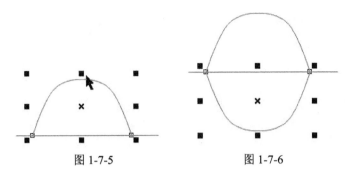

图 1-7-5　　　　　　　　　　　图 1-7-6

（6）框选 4 条曲线，单击属性栏中的【焊接】按钮，将 4 条曲线焊接成一个对象。选中水平线，将其删除。

（7）切换到工具箱中的"形状"工具，框选如图 1-7-7 所示的最上面的"1"结点，单击属性栏中的【链接两个结点】按钮，其他 3 个结点也按照此方法连接结点。

（8）调整焊接后的图形尺寸，参数的设置如图 1-7-8 所示。填充颜色为（CMYK：0、60、90、80），轮廓色设置为"无"，效果如图 1-7-9 所示。

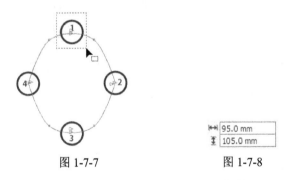

图 1-7-7　　　　　　　　　　　图 1-7-8

（9）执行菜单栏中的【窗口】→【泊坞窗】→【变换】→【大小】命令或使用【Alt+F10】组合键，参数的设置如图 1-7-10 所示，单击　应用到再制　按钮，缩小复制窗口中的图形，并填充颜色为（CMYK：0、15、20、35），轮廓色设置为"无"，效果如图 1-7-11 所示。

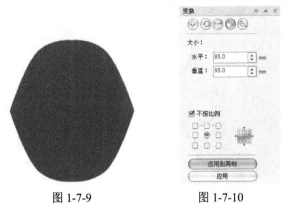

图 1-7-9　　　　　　　　　　　图 1-7-10

（10）单击工具箱中的"交互式调和"工具 ，在浅色图形中心处按住鼠标左键向外侧深色图形上拖动，当在 2 个图形之间出现若干蓝色轮廓线时，释放鼠标，调和效果如图 1-7-12 所示。

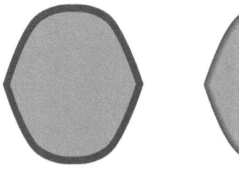

图 1-7-11　　　　　　　　　　　图 1-7-12

（11）在属性栏中设置【步长】参数如图 1-7-13 所示，其效果如图 1-7-14 所示。

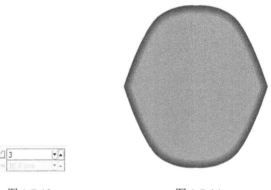

图 1-7-13　　　　　　　　　　　图 1-7-14

（12）切换到工具箱中的【挑选】工具 ，在图形的调和处（如图 1-7-15 中鼠标指针所示的位置）单击鼠标左键选中图形，执行菜单栏中的【排列】→【拆分】命令或使用【Ctrl+K】组合键，在空白处单击一下鼠标左键，再单击最上层的图形，填充颜色为（CMYK：0、0、0、80），轮廓色设置为"无"，效果如图 1-7-16 所示。

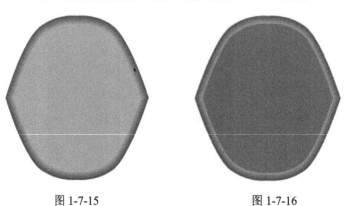

图 1-7-15　　　　　　　　　　　图 1-7-16

（13）单击工具箱中的"矩形"工具 ⬜，绘制一个矩形，在属性栏中设置【对象大小】参数，如图 1-7-17 所示。填充颜色为（CMYK：0、0、0、20），轮廓色设置为"无"。

（14）选中刚刚绘制的浅灰色矩形，执行菜单栏中的【效果】→【图框精确剪裁】→【放置在容器中】命令，当鼠标指针变成 ➡ 形状，单击如图 1-7-18 所指示的图形，效果如图 1-7-19 所示。

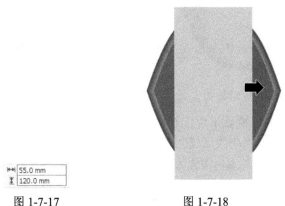

图 1-7-17   图 1-7-18

（15）再次使用"矩形"工具 ⬜，绘制一个矩形，在属性栏中设置【对象大小】参数，如图 1-7-20 所示。填充颜色为（CMYK：0、0、0、80），轮廓色设置为"无"。

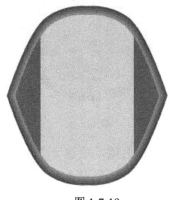

图 1-7-19   图 1-7-20

（16）选中小矩形，在其中心处按住鼠标左键拖动至如图 1-7-21 所示的位置，直接单击鼠标右键，移动复制一个小矩形，效果如图 1-7-22 所示。

图 1-7-21   图 1-7-22

（17）框选 2 个小矩形，单击属性栏中的【相交】按钮 ▫，配合【Shift+PageUp】组合键，将相交部分置于最上层，填充颜色为（CMYK：0、0、0、20），轮廓色设置为"无"。将 3 个小矩形拖动至合适的位置，效果如图 1-7-23 所示。

（18）将 3 个小矩形向下移动复制，效果如图 1-7-24 所示。

图 1-7-23   图 1-7-24

（19）单击工具箱中的"椭圆形"工具 ⊘，按住【Ctrl】键，在绘图窗口中按住鼠标左键拖动出一个正圆形，在属性栏中设置【对象大小】参数，如图 1-7-25 所示。将其颜色填充为（CMYK：0、0、0、20），轮廓色设置为"无"，拖动到合适的位置，效果如图 1-7-26 所示。

|←→| 3.0 mm
|‖| 3.0 mm

图 1-7-25   图 1-7-26

（20）再使用"椭圆形"工具 ⊘，按住【Ctrl】键，绘制一个正圆形，在属性栏中设置【对象大小】参数，如图 1-7-27 所示。填充颜色为（CMYK：0、0、0、20），轮廓色设置为"无"，拖动到合适的位置，效果如图 1-7-28 所示。

|←→| 5.0 mm
|‖| 5.0 mm

图 1-7-27   图 1-7-28

（21）单击工具箱中的"交互式调和"工具　，在小圆中心处按住鼠标左键向大圆上拖动，设置步长值为 3，调和效果如图 1-7-29 所示。

（22）向右水平移动复制调和后的所有圆形，效果如图 1-7-30 所示。

图 1-7-29　　　　　　　　　　　　　　　图 1-7-30

（23）单击属性栏中的【导入】按钮　，导入"篮球手"矢量图片，单击属性栏中的【取消全部群组】按钮　。

（24）选中白色人物，执行菜单栏中的【窗口】→【泊坞窗】→【造型】命令，参数的设置如图 1-7-31 所示，单击　　修剪　　按钮，当鼠标指针变成　形状，单击篮球的黑色轮廓线（注：此处的黑色轮廓线是位于白色篮球下面的独立的黑色正圆形，并非与白色篮球一体），修剪出篮球的单线轮廓，效果如图 1-7-32 所示（注：此处为了看清楚篮球的单线轮廓，先将白色篮球隐藏）。

图 1-7-31　　　　　　　　　　　　　　　图 1-7-32

（25）选中白色篮球手，再次执行【造型】命令，参数的设置如图 1-7-33 所示，单击　　修剪　　按钮，当鼠标指针变成　形状，单击灰色"CBA"文字，将修剪后的图形及步骤（24）中修剪的"黑色篮球轮廓"均填充为（CMYK：0、60、90、80），轮廓色设置为"无"，调整好大小及位置，最终效果如图 1-7-34 所示。

图 1-7-33   图 1-7-34

📇 实例 08 标识 8

具体操作步骤如下。

（1）打开 CorelDRAW X4 软件，执行菜单栏中的【文件】→【新建】命令，新建一个空白文件，默认纸张大小，如图 1-8-1 所示。

（2）单击工具箱中的"矩形"工具 □，绘制一个矩形，在属性栏中设置【对象大小】参数，如图 1-8-2 所示。

图 1-8-1   图 1-8-2

（3）切换到工具箱中的"形状"工具 ⬚，在矩形轮廓的 4 个顶点的任意点，按住鼠标左键拖动，将 4 个尖角倒角成圆弧角，在属性栏中设置 4 个角的圆滑度，如图 1-8-3 所示。

（4）将此矩形颜色填充为黑色，轮廓色设置为"无"，效果如图 1-8-4 所示。

图 1-8-3   图 1-8-4

（5）执行菜单栏中的【窗口】→【泊坞窗】→【变换】→【大小】命令，或使用【Alt+F10】组合键，参数的设置如图 1-8-5 所示，单击 应用到再制 按钮，缩小复制窗口中的矩形，内部颜色设置为"无"，轮廓色设置为（CMYK：0、0、0、60），在属性栏中设置

【轮廓宽度】参数如图 1-8-6 所示，效果如图 1-8-7 所示。

图 1-8-5　　　　　　　　　　　　　　　　　图 1-8-6

（6）单击属性栏中的【转换为曲线】按钮 ◌，在【轮廓样式选择器】中选择上数第三个样式 ，效果如图 1-8-8 所示。

图 1-8-7　　　　　　　　　　　　　　　　　　图 1-8-8

（7）再次使用"矩形"工具 ▭，绘制一个矩形，在属性栏中设置【对象大小】参数，如图 1-8-9 所示。

（8）切换到工具箱中的"形状"工具 ◰，在矩形轮廓的 4 个顶点的任意点，按住鼠标左键拖动，将 4 个尖角倒角成圆弧角，在属性栏中设置 4 个角的圆滑度，如图 1-8-10 所示。内部颜色设置为"无"，轮廓色设置为白色。

图 1-8-9　　　　　　　　图 1-8-10

（9）选择工具箱中的"渐变"工具，如图 1-8-11 所示。在打开的【渐变填充】对话框中进行参数的设置，分别如图 1-8-12～图 1-8-15 所示。将渐变填充的矩形拖动至合适的位置，效果如图 1-8-16 所示。

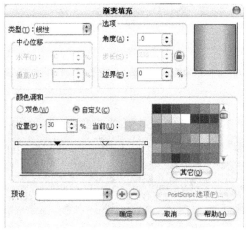

位置：0，CMYK：0、0、0、60

图 1-8-11 　　　　　　　　　图 1-8-12

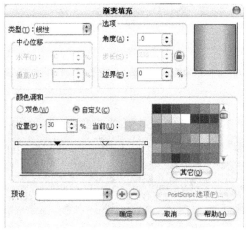

位置：30，CMYK：0、0、0、20

图 1-8-13

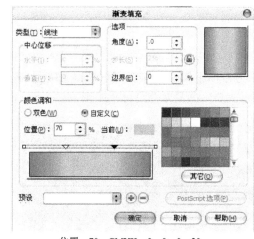

位置：70，CMYK：0、0、0、20

图 1-8-14

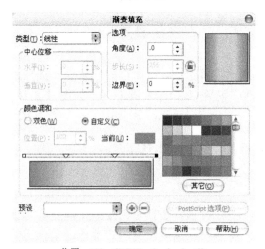

位置：100，CMYK：0、0、0、60

图 1-8-15

图 1-8-16

（10）单击工具箱中的"文本"工具，在窗口中单击鼠标左键，在属性栏中设置【字体】及【字体大小】参数，如图 1-8-17 所示。输入"CBA"，颜色填充为黑色（CMYK：0、0、0、100），轮廓色设置为"无"。

（11）切换到工具箱中的"形状"工具，在文字的右下角 位置，按住鼠标左键向左拖动，将字间距调小，调整文字的位置，效果如图 1-8-18 所示。

图 1-8-17	图 1-8-18

（12）单击工具箱中的"文本"工具，在窗口中单击鼠标左键，在属性栏中设置【字体】及【字体大小】参数，如图 1-8-19 所示。输入"SPORTS POWER"，并填充颜色为黑色，轮廓色设置为"无"，拖动文字到合适的位置，效果如图 1-8-20 所示。

图 1-8-19	图 1-8-20

（13）单击工具箱中的"矩形"工具，按住【Ctrl】键，绘制一个正方形，在属性栏中设置【对象大小】参数，如图 1-8-21 所示。

（14）切换到工具箱中的"形状"工具，在矩形轮廓的 4 个顶点的任意点，按住鼠标左键拖动，将 4 个尖角倒角成圆弧角，在属性栏中设置 4 个角的圆滑度，如图 1-8-22 所示。

图 1-8-21	图 1-8-22

（15）将此正方形填充颜色为（CMYK：0、0、0、30），轮廓色设置为黑色，调整位置，效果如图 1-8-23 所示。

图 1-8-23

（16）单击属性栏中的【导入】按钮 ，导入"篮球手"矢量图片，单击属性栏中的【取消全部群组】按钮 。

（17）选中白色人物，执行菜单栏中的【窗口】→【泊坞窗】→【造型】命令，参数的设置如图 1-8-24 所示，单击 修剪 按钮，当鼠标指针变成 形状，单击篮球的黑色轮廓线（注：此处的黑色轮廓线是位于白色篮球下面的独立的黑色正圆形，并非与白色篮球一体），修剪出篮球的单线轮廓，效果如图 1-8-25 所示（注：此处为了看清楚篮球的单线轮廓，先将白色篮球隐藏）。

图 1-8-24　　　　　　　　　　　　　　　图 1-8-25

（18）选中白色篮球手，再次执行【造型】命令，参数的设置，如图 1-8-16 所示，单击 修剪 按钮，当鼠标指针变成 形状，单击灰色"CBA"文字，将修剪后的图形颜色填充为黑色，轮廓色设置为"无"，调整好大小及位置，最终效果如图 1-8-17 所示。

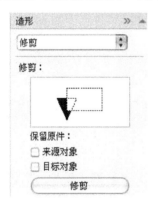

图 1-8-26　　　　　　　　　　　　　　　图 1-8-27

第2章

上装设计与制作

实例 09　女款背心

具体操作步骤如下。

（1）打开 CorelDRAW X4 软件，执行菜单栏中的【文件】→【新建】命令，新建一个空白文件，默认纸张大小，如图 2-9-1 所示。

（2）在页面左侧标尺处，如图 2-9-2 所示。按住鼠标左键，向页面中间拖动出一条垂直辅助线，如图 2-9-3 所示。

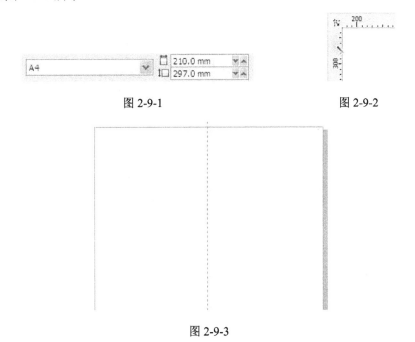

图 2-9-1　　　　　　　　　　　　　　　　图 2-9-2

图 2-9-3

（3）执行菜单栏中的【视图】→【贴齐辅助线】命令，单击工具箱中的"贝济埃"工具，在辅助线上方（自动捕捉）单击鼠标左键，定位起始点，将鼠标移动到下一个定位点的位置，再次单击鼠标左键或者按住鼠标左键拖动，定位第二个结点，以此类推，直到辅助线下方（自动捕捉）单击鼠标左键，绘制出背心大概轮廓的左半部分，效果如图 2-9-4 所示。

操作提示

使用"贝济埃"工具生成结点时，如果单击鼠标左键，生成的结点属性为尖角结点，与上一个结点之间的线质为直线；如果按住鼠标左键拖动，生成的结点属性为平滑结点，与上一个结点之间的线质为曲线。结点属性和线质可以使用"形状"工具 ，在属性栏中修改。

（4）单击工具箱中的"形状"工具 ，选中欲修改的结点，在属性栏中单击" "、" "或" "按钮可将结点的属性更改成【尖突结点】、【平滑结点】或【对称结点】；单击" "或" "按钮可将线质【转换曲线为直线】或【转换直线为曲线】，拖动结点两侧的调节柄可以调节曲线的曲度。背心左侧的外轮廓调节效果如图 2-9-5 所示。

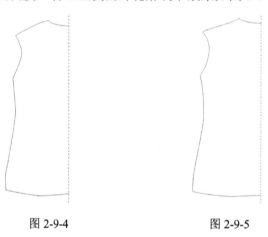

图 2-9-4 图 2-9-5

（5）执行菜单栏中的【窗口】→【泊坞窗】→【变换】→【比例】命令（【Alt+F9】），单击【水平镜像】按钮 ，参数的设置如图 2-9-6 所示，单击 应用到再制 按钮，水平镜像复制左侧轮廓，效果如图 2-9-7 所示。

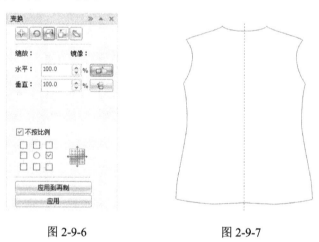

图 2-9-6 图 2-9-7

（6）框选背心的左、右两部分轮廓，单击属性栏中的【焊接】按钮 ，将两个对象焊接为一个对象。

（7）单击工具箱中的"形状"工具 ，框选背心领口中间的结点，如图 2-9-8 所示。在属性栏中，单击【连接两个结点】按钮 ，将焊接后的对象此处结点闭合。同样的方法检验背心衣襟底部中间的结点，如图 2-9-9 所示。

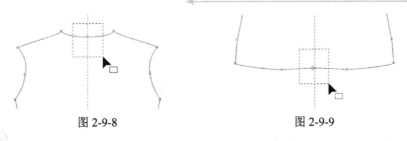

图 2-9-8　　　　　　　　　　　　　　图 2-9-9

　　注意：在 CorelDRAW 中，如果图形内部需要填充颜色，则图形必须是封闭的，所以此处需要闭合结点，以封闭图形。

　　（8）在属性栏中设置【轮廓宽度】参数，如图 2-9-10 所示。至此，背心的外轮廓绘制完毕，因为每一个人徒手绘制的轮廓比例都会稍有差别，所以这里给出作者绘制背心轮廓的大概尺寸，如图 2-9-11 所示。

　　（9）将背心的颜色填充为洋红（CMYK：0、100、0、0），效果如图 2-9-12 所示。

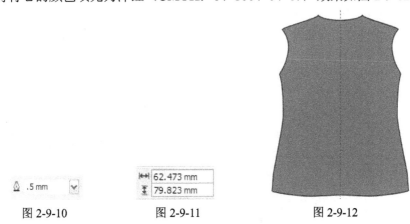

图 2-9-10　　　　　　　图 2-9-11　　　　　　　图 2-9-12

　　（10）参照步骤（3）～（7）的操作，分别绘制出背心的前后领口部分。在属性栏中设置【轮廓宽度】参数，如图 2-9-13 所示。将其颜色填充为洋红（CMYK：0、100、0、0），轮廓色设置为黑色，效果如图 2-9-14 所示。

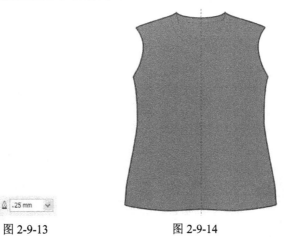

图 2-9-13　　　　　　　　　图 2-9-14

　　（11）继续使用工具箱中的"贝济埃"工具 　结合"形状"工具 　，沿着前后领口的轮廓下边缘外侧，再分别绘制 2 条曲线。在属性栏中设置【轮廓宽度】参数，如图 2-9-13 所示。设置【轮廓样式选择器】中上数第五条虚线，效果如图 2-9-15 所示。

（12）用步骤（11）的方法，分别绘制袖口边缘的虚线，效果如图 2-9-16 所示。

（13）切换到工具箱中的"挑选"工具，单击辅助线，按【Delete】键，将其删除。

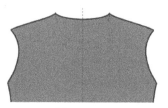

图 2-9-15   图 2-9-16

（14）选中背心轮廓，使用【Ctrl+C】、【Ctrl+V】组合键，在原位置中复制一个背心，在属性栏中设置【轮廓宽度】参数，如图 2-9-13 所示。

（15）单击工具箱中的"形状"工具，在如图 2-9-17 所示的鼠标指针的位置上，双击鼠标左键，添加一个结点；在如图 2-9-18 鼠标指针所示的位置上，双击左键，添加一个结点。

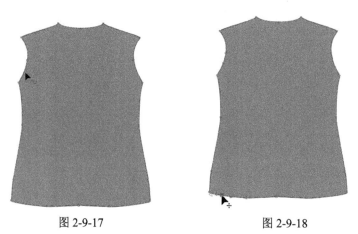

图 2-9-17   图 2-9-18

（16）用鼠标分别框选如图 2-9-19 和图 2-9-20 所示的所有结点，按【Delete】键，将其删除，删除后的效果如图 2-9-21 所示。

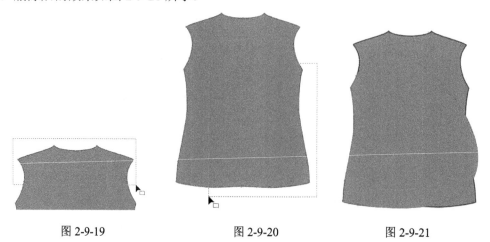

图 2-9-19   图 2-9-20   图 2-9-21

（17）继续使用"形状"工具 ，选中刚刚添加的 2 个结点，在属性栏中，单击【使结点成为尖突】按钮 ，将结点的属性更改成【尖突结点】，拖动结点两侧的调节柄调节线的轮廓形状，调节效果如图 2-9-22 所示。填充颜色为（CMYK：0、20、80、0），效果如图 2-9-23 所示。

图 2-9-22　　　　　　　　　　　　　图 2-9-23

（18）切换到工具箱中的"挑选"工具 ，选中黄色图形，使用【Ctrl+C】、【Ctrl+V】组合键，在原位置中复制一个图形，单击属性栏中【水平镜像】按钮 ，并将其拖动到背心的右侧，调整位置，效果如图 2-9-24 所示。

（19）单击工具箱中的"文本"工具 ，在窗口中单击鼠标左键，在属性栏中设置【字体】及【字体大小】参数，如图 2-9-25 所示。输入"CBA"，其颜色填充为（CMYK：0、20、80、0），轮廓色设置为无。

图 2-9-24　　　　　　　　　　　　　图 2-9-25

（20）切换到工具箱中的"形状"工具 ，在文字的右下角 位置，按住鼠标左键向左拖动，将字间距调小，调整文字位置，如图 2-9-26 所示。

（21）切换到工具箱中的"挑选"工具 ，选中背心。

（22）单击工具箱中的"交互式阴影"工具 ，在背心中心按住鼠标左键向背心右下角拖动，当拖动出背心蓝色轮廓线时，释放鼠标，效果如图 2-9-27 所示。

图 2-9-26

图 2-9-27

背心的正面效果如图 2-9-28 所示。下面制作背心的背面效果。

图 2-9-28

图 2-9-29

（23）单击工具箱中的"挑选"工具，分别选中前领口和其下面虚线、文字"CBA"，将它们删除，效果如图 2-9-29 所示。

（24）切换到工具箱中的"形状"工具，调节后领口的形状，在属性栏中设置【轮廓宽度】参数，如图 2-9-30 所示。下面的虚线宽度不变，效果如图 2-9-31 所示。

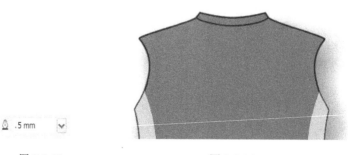

图 2-9-30

图 2-9-31

至此，背心的背面制作完毕。背心的正面、背面效果分别如图 2-9-32 和图 2-9-33 所示。

图 2-9-32　　　　　　　　　　　　　　图 2-9-33

实例 10　男款背心

具体操作步骤如下。

（1）打开 CorelDRAW X4 软件，执行菜单栏中的【文件】→【新建】命令，新建一个空白文件，默认纸张大小，如图 2-10-1 所示。

（2）在页面左侧标尺处，如图 2-10-2 所示。按住鼠标左键，向页面中间拖动出一条垂直辅助线，如图 2-10-3 所示。

图 2-10-1　　　　　　　　　　图 2-10-2

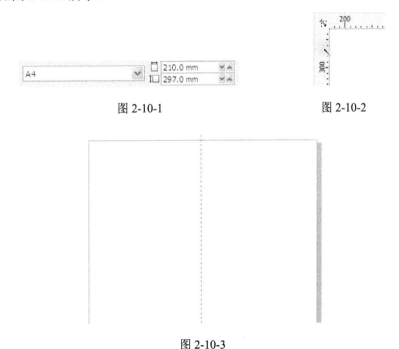

图 2-10-3

（3）执行菜单栏中的【视图】→【贴齐辅助线】命令，单击工具箱中的"贝济埃"工

具 ，在辅助线上方（自动捕捉）单击鼠标左键，定位起始点，将鼠标移动到下一个定位点的位置，再次单击鼠标左键或者按住鼠标左键拖动，定位第二个结点，以此类推，直到辅助线下方（自动捕捉）单击鼠标左键，绘制出背心大概轮廓的左半部分，效果如图 2-10-4 所示。

（4）单击工具箱中的"形状"工具 ，选中欲修改的结点，在属性栏中单击 、 或 按钮可将结点的属性更改成【尖突结点】、【平滑结点】或【对称结点】；单击 或 按钮可将线质【转换曲线为直线】或【转换直线为曲线】，拖动结点两侧的调节柄可以调节曲线的曲度。背心左侧的外轮廓调节效果如图 2-10-5 所示。

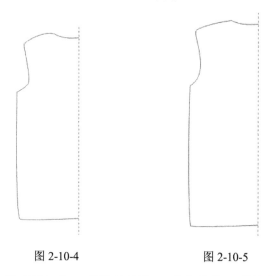

图 2-10-4   图 2-10-5

（5）执行菜单栏中的【窗口】→【泊坞窗】→【变换】→【比例】命令（【Alt+F9】），单击【水平镜像】按钮 ，参数的设置如图 2-10-6 所示，单击 应用到再制 按钮，水平镜像复制左侧轮廓，效果如图 2-10-7 所示。

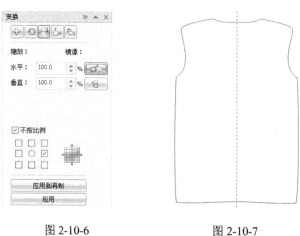

图 2-10-6   图 2-10-7

（6）框选背心的左、右两部分轮廓，单击属性栏中的【焊接】按钮 ，将两个对象焊接为一个对象。

（7）单击工具箱中的"形状"工具 ，框选背心领口中间的结点，如图 2-10-8 所示。

在属性栏中，单击【连接两个结点】按钮，将焊接后的对象此处结点闭合。同样的方法检验背心衣襟底部中间的结点，如图 2-10-9 所示。

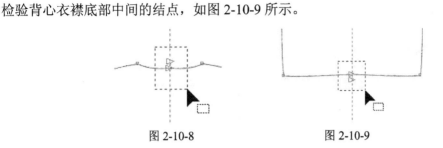

图 2-10-8　　　　　　　　图 2-10-9

（8）在属性栏中设置【轮廓宽度】参数，如图 2-10-10 所示。至此，背心的外轮廓绘制完毕，因为每一个人徒手绘制的轮廓比例都会稍有差别，所以这里给出作者绘制背心轮廓的大概尺寸，如图 2-10-11 所示。

（9）将背心的颜色填充为（CMYK：5、95、75、20），效果如图 2-10-12 所示。

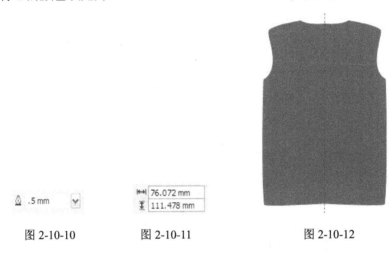

.5 mm

76.072 mm
111.478 mm

图 2-10-10　　　　　图 2-10-11　　　　　　　图 2-10-12

（10）参照步骤（3）～（7）的操作，分别绘制出背心的前后领口部分。在属性栏中设置【轮廓宽度】参数，如图 2-10-13 所示。将其颜色填充为白色，轮廓色设置为黑色，效果如图 2-10-14 所示。

.25 mm

图 2-10-13　　　　　　　　图 2-10-14

（11）继续参照步骤（3）～（7）的操作，沿着前领口的轮廓下边缘，再绘制一个月牙形。在属性栏中设置【轮廓宽度】参数，如图 2-10-13 所示。

（12）单击工具箱中的"图样"工具，如图 2-10-15 所示。在弹出如图 2-10-16 所示的对话框中设置参数，图样填充参数设置完毕后单击【确定】按钮，填充效果如图 2-10-17 所示。

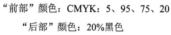

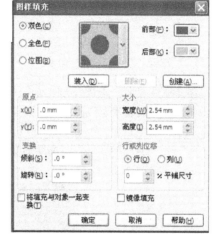

"前部"颜色：CMYK：5、95、75、20

"后部"颜色：20%黑色

图 2-10-15　　　　　　　　　图 2-10-16　　　　　　　　　图 2-10-17

（13）单击工具箱中的"贝济埃"工具，再结合"形状"工具，沿着前后领口的轮廓下边缘外侧，再分别绘制 3 条曲线。在属性栏中设置【轮廓宽度】参数，如图 2-10-13 所示。设置【轮廓样式选择器】中上数第五条虚线，效果如图 2-10-18 所示。

（14）使用工具箱中的"贝济埃"工具结合"形状"工具，绘制出背心的袖口部分，并填充颜色为白色，轮廓色设置为黑色，效果如图 2-10-19 所示。

操作提示

可以绘制出一个袖口，另外一个袖口镜像复制即可

图 2-10-18　　　　　　　　　　　　　　图 2-10-19

（15）用步骤（13）的方法，分别绘制袖口边缘的虚线，效果如图 2-10-20 所示。

（16）切换到工具箱中的"挑选"工具，单击辅助线，按【Delete】键，将其删除。

（17）单击工具箱中的"矩形"工具，绘制一个矩形，在属性栏中设置【对象大小】参数，如图 2-10-21 所示。

图 2-10-20   图 2-10-21

（18）切换到工具箱中的"挑选"工具 ，单击白色领口下面的圆点月牙形，按住鼠标右键拖动至矩形上，当鼠标指针发生变化时，松开鼠标，在弹出的下拉菜单中选择"复制所有属性"选项如图 2-10-22 所示，效果如图 2-10-23 所示。

图 2-10-22   图 2-10-23

（19）选中矩形，按住鼠标右键拖动至背心轮廓上，当鼠标指针发生变化时，释放鼠标，在弹出的下拉菜单中选择"图框精确剪裁内部"选项，如图 2-10-24 所示。

（20）在背心的轮廓上单击鼠标右键，在弹出的下拉菜单中选择"编辑内容"选项，如图 2-10-25 所示。

（21）在背心轮廓的内部将矩形拖动至如图 2-10-26 所示的位置。

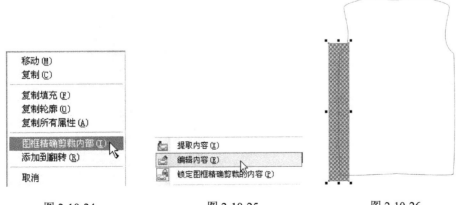

图 2-10-24   图 2-10-25   图 2-10-26

（22）在矩形上单击鼠标右键，在弹出的下拉菜单中选择"结束编辑"选项如图 2-10-27 所示，效果如图 2-10-28 所示。

（23）再绘制一个矩形，在属性栏中设置【对象大小】参数，如图 2-10-29 所示。填充颜色为（CMYK：0、10、100、0），轮廓色设置为黑色，在属性栏中设置【轮廓宽度】为 0.25 mm。

（24）单击工具箱中的"手绘"工具，在黄色矩形左右两侧分别绘制直线，线的【轮廓宽度】设置为 0.25 mm，效果如图 2-10-30 所示。

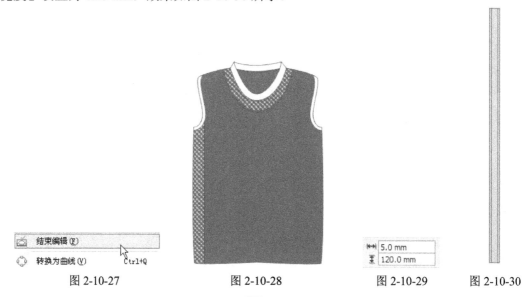

图 2-10-27　　　　　　图 2-10-28　　　　　　图 2-10-29　　　图 2-10-30

（25）切换到工具箱中的"挑选"工具，框选黄色矩形和两条线，单击属性栏中的【群组】按钮，将其暂时组合成一个对象。

（26）选中群组后的对象，按住鼠标右键拖动至背心轮廓上，当鼠标指针发生变化时，松开鼠标，在弹出的下拉菜单中选择"图框精确剪裁内部"选项。在背心轮廓内部调整好群组对象的位置，效果如图 2-10-31 所示。

（27）在黄色矩形上单击鼠标右键，在弹出的下拉菜单中选择"结束编辑"选项，效果如图 2-10-32 所示。

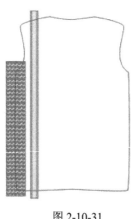

图 2-10-31

图 2-10-32

（28）单击工具箱中的"文本"工具 ，在窗口中单击鼠标左键，属性栏中设置【字体】及【字体大小】参数，如图 2-10-33 所示。输入"CBA"，填充颜色为（CMYK：0、10、100、0），轮廓色设置为无。

（29）切换到工具箱中的"形状"工具 ，在文字的右下角 位置，按住鼠标左键向左拖动，将字间距调小，调整文字位置，效果如图 2-10-34 所示。

（30）选中背心轮廓，单击工具箱中的"交互式阴影"工具 ，在背心中心按住鼠标左键向背心右下角拖动，当拖动出背心蓝色轮廓线时，释放鼠标，效果如图 2-10-35 所示。到此为背心的正面效果，下面继续制作背心的背面效果。

| 图 2-10-33 | 图 2-10-34 | 图 2-10-35 |

（31）单击工具箱中的"挑选"工具 ，框选页面中所有图形，执行菜单栏中的【窗口】→【泊坞窗】→【变换】→【比例】命令（【Alt+F9】），单击【水平镜像】按钮 ，参数的设置如图 2-10-36 所示，单击 应用到再制 按钮，效果如图 2-10-37 所示。

| 图 2-10-36 | 图 2-10-37 |

（32）分别选中前领口和其下面虚线、花色月牙形和下面虚线、文字"CBA"，将它们删除，并用"形状"工具 调整后领口下面虚线的长度，效果如图 2-10-38 所示。

至此，背面制作完毕。背心的正面、背面效果，分别如图 2-10-39 和图 2-10-40 所示。

图 2-10-38   图 2-10-39   图 2-10-40

实例 11　女款圆领 T 恤

具体操作步骤如下。

（1）打开 CorelDRAW X4 软件，执行菜单栏中的【文件】→【新建】命令，新建一个空白文件，默认纸张大小，如图 2-11-1 所示。

（2）在页面左侧标尺处，如图 2-11-2 所示。按住鼠标左键，向页面中间拖动出一条垂直辅助线，如图 2-11-3 所示。

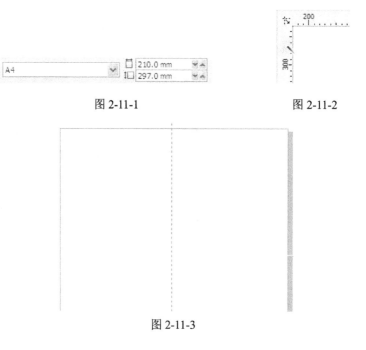

图 2-11-1   图 2-11-2

图 2-11-3

（3）执行菜单栏中的【视图】→【贴齐辅助线】命令，单击工具箱中的"贝济埃"工具 ，在辅助线上方（自动捕捉）单击鼠标左键，定位起始点，将鼠标移动到下一个定位点的位置，再次单击鼠标左键或者按住鼠标左键拖动，定位第二个结点，以此类推，直到辅助线下方（自动捕捉）单击鼠标左键，绘制出 T 恤大概轮廓的左半部分，效果如图 2-11-4 所示。

（4）单击工具箱中的"形状"工具 ，选中欲修改的结点，在属性栏中单击 、 或 按钮可将结点的属性更改成【尖突结点】、【平滑结点】或【对称结点】；单击 或 按钮可将线质【转换曲线为直线】或【转换直线为曲线】，拖动结点两侧的调节柄可以调节曲线的曲度。T 恤左侧的外轮廓调节效果如图 2-11-5 所示。

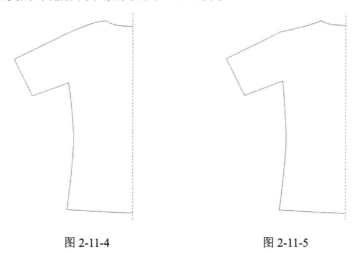

图 2-11-4　　　　　　　　　　　　图 2-11-5

（5）执行菜单栏中的【窗口】→【泊坞窗】→【变换】→【比例】命令（【Alt+F9】），单击【水平镜像】按钮 ，参数的设置如图 2-11-6 所示，单击 应用到再制 按钮，水平镜像复制左侧轮廓，效果如图 2-11-7 所示。

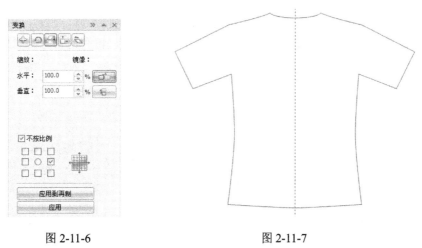

图 2-11-6　　　　　　　　　　　　图 2-11-7

（6）框选 T 恤的左、右两部分轮廓，单击属性栏中的【焊接】按钮 ，将两个对象焊接为一个对象。

（7）单击工具箱中的"形状"工具，框选 T 恤领口中间的结点，如图 2-11-8 所示。在属性栏中，单击【连接两个结点】按钮，将焊接后的对象此处结点闭合。同样的方法检验 T 恤衣襟底部中间的结点，如图 2-11-9 所示。

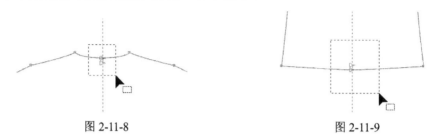

图 2-11-8　　　　　　　　　　　　　　　图 2-11-9

（8）在属性栏中设置【轮廓宽度】参数，如图 2-11-10 所示。至此，T 恤的外轮廓绘制完毕，因为每一个人徒手绘制的轮廓比例都会稍有差别，所以这里给出作者绘制 T 恤轮廓的大概尺寸，如图 2-11-11 所示。

（9）将绘制的 T 恤颜色填充为白色，效果如图 2-11-12 所示。

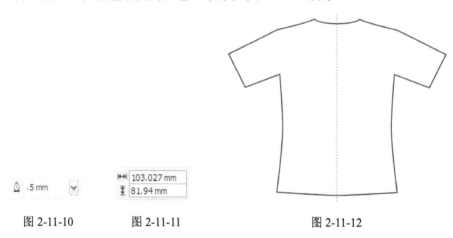

图 2-11-10　　　　　图 2-11-11　　　　　　　　图 2-11-12

（10）参照步骤（3）～（7）的操作，分别绘制出 T 恤的前后领口部分。在属性栏中设置【轮廓宽度】参数，如图 2-11-13 所示。将颜色填充为白色，轮廓色设置为黑色，效果如图 2-11-14 所示。

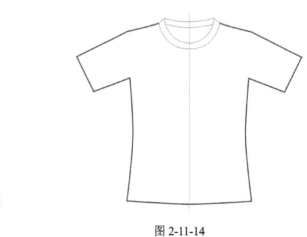

图 2-11-13　　　　　　　　　　图 2-11-14

（11）继续使用工具箱中的"贝济埃"工具 结合"形状"工具 ，沿着前后领口的轮廓下边缘外侧，再分别绘制 2 条曲线。在属性栏中设置【轮廓宽度】参数，如图 2-11-13 所示。设置【轮廓样式选择器】中上数第五条虚线，效果如图 2-11-15 所示。

（12）用步骤（11）的方法，分别绘制肩胛及袖口边缘的曲线和虚线，效果如图 2-11-16 所示。

（13）切换到工具箱中的"挑选"工具 ，单击辅助线，按键盘上的【Delete】键，将其删除。

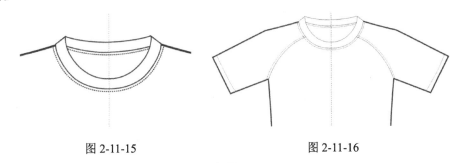

图 2-11-15　　　　　　　　　　　图 2-11-16

（14）使用工具箱中的"贝济埃"工具 结合"形状"工具 ，在 T 恤的右下角绘制如图 2-11-17 所示的图形，并填充颜色为白色，轮廓色设置为黑色，在属性栏中设置【轮廓宽度】参数，如图 2-11-13 所示。

（15）切换到工具箱中的"挑选"工具 ，在如图 2-11-18 所示的鼠标指针所指示的控制点上，按住鼠标左键向左上角拖动，不松开鼠标左键同时单击鼠标右键，放大复制该图形，并填充颜色为（CMYK：80、0、100、0），效果如图 2-11-19 所示。

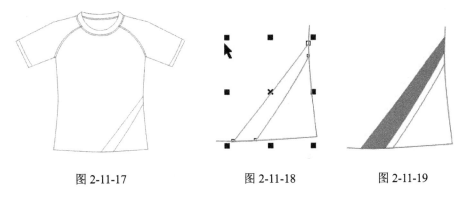

图 2-11-17　　　　　　　图 2-11-18　　　　　　　图 2-11-19

（16）单击工具箱中的"文本"工具 ，在窗口中单击鼠标左键，在属性栏中设置【字体】及【字体大小】参数，如图 2-11-20 所示。输入"CBA"，其颜色填充为（CMYK：80、0、100、0），轮廓色设置为无。

（17）切换到工具箱中的"形状"工具 ，在文字的右下角 位置，按住鼠标左键向左拖动，将字间距调小，调整文字位置，如图 2-11-21 所示。

（18）选中 T 恤轮廓，单击工具箱中的"交互式阴影"工具 ，在 T 恤中心按住鼠标左键向 T 恤右下角拖动，当拖动出 T 恤蓝色轮廓线时，释放鼠标，效果如图 2-11-22 所示。到此为 T 恤的正面效果，下面继续制作 T 恤的背面效果。

图 2-11-20　　　　　　　　　　　　　　　图 2-11-21

图 2-11-22

（19）单击工具箱中的"挑选"工具，框选页面中所有图形，执行菜单栏中的【窗口】→【泊坞窗】→【变换】→【比例】命令（【Alt+F9】），单击【水平镜像】按钮，其参数的设置如图 2-11-23 所示，单击 应用到再制 按钮，效果如图 2-11-24 所示。

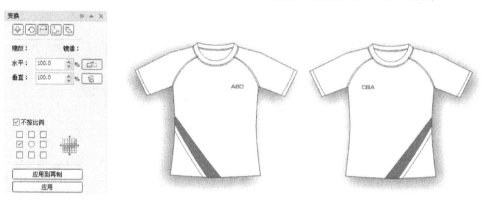

图 2-11-23　　　　　　　　　　　　　图 2-11-24

（20）分别选中前领口和其下面虚线、文字"CBA"，将它们删除，并用"形状"工具调整后领口下面虚线以及肩胛处线的长度，效果如图 2-11-25 所示。

（21）使用工具箱中的"贝济埃"工具 结合"形状"工具，在 T 恤后领口中间绘制如图 2-11-26 的图形，填充颜色为（CMYK：80、0、100、0），在属性栏中设置【轮廓宽度】参数，如图 2-11-13 所示。

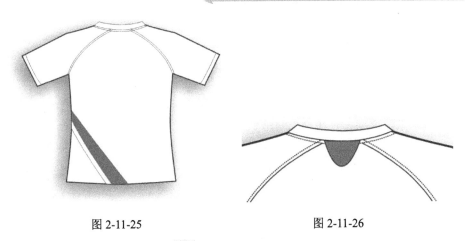

图 2-11-25　　　　　　　　　　　　　图 2-11-26

（22）继续使用"贝济埃"工具 　"结合"形状"工具 　，在刚刚绘制的图形下方绘制一条虚线，效果如图 2-11-27 所示。

（23）单击工具箱中的"挑选"工具 　，配合【Shift】键，加选 T 恤左下角的白色及绿色条状图形，单击属性栏中的【后剪前】按钮 　，并将修剪后的图形颜色填充为（CMYK：80、0、100、0），效果如图 2-11-28 所示。

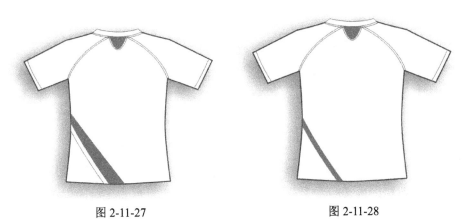

图 2-11-27　　　　　　　　　　　　　图 2-11-28

至此，背面制作完毕。T 恤的正面、背面效果，分别如图 2-11-29 和图 2-11-30 所示。

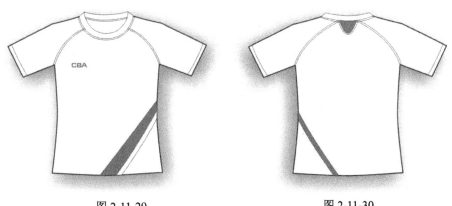

图 2-11-29　　　　　　　　　　　　　图 2-11-30

实例 12　男款圆领 T 恤

具体操作步骤如下。

（1）打开 CorelDRAW X4 软件，执行菜单栏中的【文件】→【新建】命令，新建一个空白文件，默认纸张大小，如图 2-12-1 所示。

（2）在页面左侧标尺处，如图 2-12-2 所示。按住鼠标左键，向页面中间拖动出一条垂直辅助线，如图 2-12-3 所示。

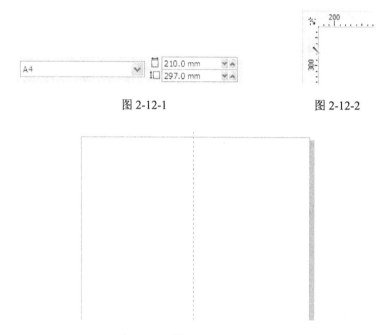

图 2-12-1　　　　　　　　　　　　　　图 2-12-2

图 2-12-3

（3）执行菜单栏中的【视图】→【贴齐辅助线】命令，单击工具箱中的"贝济埃"工具，在辅助线上方（自动捕捉）单击鼠标左键，定位起始点，将鼠标移动到下一个定位点的位置，再次单击鼠标左键或者按住鼠标左键拖动，定位第二个结点，以此类推，直到辅助线下方（自动捕捉）单击鼠标左键，绘制出 T 恤大概轮廓的左半部分，效果如图 2-12-4 所示。

（4）单击工具箱中的"形状"工具，选中欲修改的结点，在属性栏中单击 、 或 按钮可将结点的属性更改成【尖突结点】、【平滑结点】或【对称结点】；单击 或 按钮可将线质【转换曲线为直线】或【转换直线为曲线】，拖动结点两侧的调节柄可以调节曲线的曲度。T 恤左侧的外轮廓调节效果，如图 2-12-5 所示。

（5）执行菜单栏中的【窗口】→【泊坞窗】→【变换】→【比例】命令（【Alt+F9】），单击【水平镜像】按钮，参数的设置如图 2-12-6 所示，单击 应用到再制 按钮，水平镜像复制左侧轮廓，效果如图 2-12-7 所示。

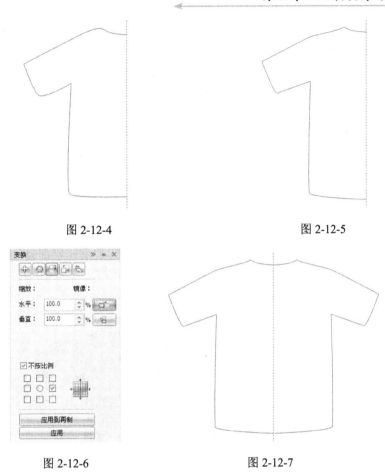

图 2-12-4　　　　　　　　　　　　　　　图 2-12-5

图 2-12-6　　　　　　　　　　　　　　　图 2-12-7

（6）框选 T 恤的左、右两部分轮廓，单击属性栏中的【焊接】按钮 🔲，将两个对象焊接为一个对象。

（7）单击工具箱中的"形状"工具 ，框选 T 恤领口中间的结点，如图 2-12-8 所示，在属性栏中，单击【连接两个结点】按钮 ，将焊接后的对象此处结点闭合。同样的方法检验 T 恤衣襟底部中间的结点，如图 2-12-9 所示。

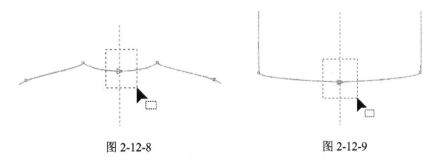

图 2-12-8　　　　　　　　　　　　　　　图 2-12-9

（8）在属性栏中设置【轮廓宽度】参数，如图 2-12-10 所示。至此，T 恤的外轮廓绘制完毕，因为每一个人徒手绘制的轮廓比例都会稍有差别，所以这里给出作者绘制 T 恤轮廓的大概尺寸，如图 2-12-11 所示。

（9）填充颜色为（CMYK：50、0、0、0），轮廓色设置为黑色，效果如图 2-12-12 所示。

.5 mm   137.571 mm
         111.352 mm

图 2-12-10   图 2-12-11   图 2-12-12

（10）参照步骤（3）～（7）的操作，分别绘制出 T 恤的前后领口部分。在属性栏中设置【轮廓宽度】参数，如图 2-12-13 所示。填充颜色为（CMYK：50、0、0、0），轮廓色设置为黑色，效果如图 2-12-14 所示。

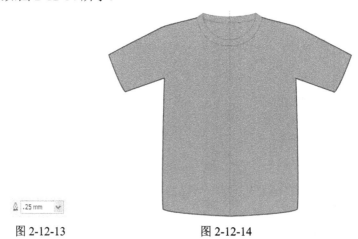

.25 mm

图 2-12-13   图 2-12-14

（11）继续使用工具箱中的"贝济埃"工具 ✎ 结合"形状"工具 ✎，沿着前后领口的轮廓下边缘外侧，再分别绘制 2 条曲线。在属性栏中设置【轮廓宽度】参数，如图 2-12-13 所示。设置【轮廓样式选择器】中上数第五条虚线，效果如图 2-12-15 所示。

（12）用步骤（11）的方法，分别绘制肩胛及袖口边缘的曲线和虚线，效果如图 2-12-16 所示。

（13）切换到工具箱中的"挑选"工具 ⬚，单击辅助线，按【Delete】键，将其删除。

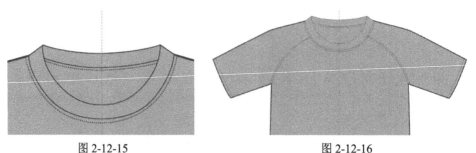

图 2-12-15   图 2-12-16

（14）选中左侧肩胛的实曲线，如图 2-12-17 所示。在原位置复制（【Ctrl+C】）、粘贴（【Ctrl+V】）。

（15）使用工具箱中的"手绘"工具，将鼠标指针放在复制后的实曲线左下角结点处，当鼠标指针变成 形状时单击鼠标左键，连接该曲线，继续绘制如图 2-12-18 所示的图形，并填充颜色为（CMYK：100、50、0、0），轮廓色设置为无。

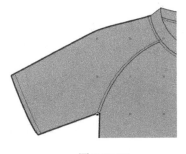
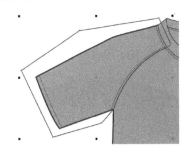

图 2-12-17　　　　　　　　　　　　　图 2-12-18

（16）切换到工具箱中的"挑选"工具，选中刚刚绘制的深蓝色图形，按住鼠标右键拖动至 T 恤轮廓上，当鼠标指针发生变化时，释放鼠标，在弹出的下拉菜单中选择"图框精确剪裁内部"选项，如图 2-12-19 所示。

（17）在 T 恤的轮廓上单击鼠标右键，在弹出的下拉菜单中选择"编辑内容"选项，如图 2-12-20 所示。

（18）在 T 恤轮廓的内部将深蓝色图形拖动至创造的位置，效果如图 2-12-21 所示。

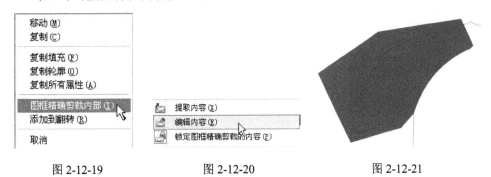

图 2-12-19　　　　　　　　图 2-12-20　　　　　　　　图 2-12-21

（19）在深蓝色图形上单击鼠标右键，在弹出的下拉菜单中选择"结束编辑"选项如图 2-12-22 所示，效果如图 2-12-23 所示。

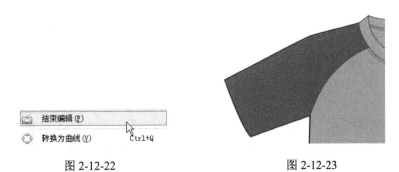

图 2-12-22　　　　　　　　　　　　　图 2-12-23

（20）用同样的方法完成右侧袖子的制作，效果如图 2-12-24 所示。

操作提示

绘制右侧袖子有以下两种方法。

方法一：参照步骤（14）～（19）方法绘制。

方法二：在 T 恤轮廓内部（在 T 恤轮廓上单击鼠标右键，选择"编辑内容"选项），将左侧的深蓝色图形垂直镜像复制一个，拖动至右侧肩胛位置。

（21）单击属性栏中的【导入】按钮 ，导入文字图形，调整好大小，填充颜色为（CMYK：100、50、0、0），轮廓色设置为无，并放置于创造的位置，效果如图 2-12-25 所示。

图 2-12-24　　　　　　　　　　　图 2-12-25

（22）单击工具箱中的"文本"工具 ，在窗口中单击鼠标左键，在属性栏中设置【字体】及【字体大小】参数，如图 2-12-26 所示。输入"CBA"，填充颜色为（CMYK：100、50、0、0），轮廓色设置为无。

（23）切换到工具箱中的"形状"工具 ，在文字的右下角 位置，按住鼠标左键向左拖动，将字间距调小，调整文字位置，如图 2-12-27 所示。

| T 汉仪综艺体简 | 19 pt |

图 2-12-26　　　　　　　　　　　图 2-12-27

（24）选中 T 恤轮廓，单击工具箱中的"交互式阴影"工具 ，在 T 恤中心按住鼠标左键向 T 恤右下角拖动，当拖动出 T 恤蓝色轮廓线时，释放鼠标，效果如图 2-12-28 所示。到此为 T 恤的正面效果，下面继续制作 T 恤的背面效果。

图 2-12-28

（25）单击工具箱中的"挑选"工具，框选页面中所有图形，执行菜单栏中的【窗口】→【泊坞窗】→【变换】→【比例】命令（【Alt+F9】），单击【水平镜像】按钮，参数的设置如图 2-12-29 所示，单击 应用到再制 按钮，效果如图 2-12-30 所示。

图 2-12-29   图 2-12-30

（26）选中 T 恤，单击鼠标右键，在弹出的下拉菜单中选择"提取内容"选项，如图 2-12-31 所示。将左右袖子的深蓝色图形提取出来，按【Delete】键，将它们删除。

（27）分别选中前领口和其下面虚线、文字图形、文字"CBA"，将它们删除，并用"形状"工具调整后领口下面虚线以及肩胛处线的长度，效果如图 2-12-32 所示。

图 2-12-31   图 2-12-32

（28）参照步骤（14）～（19）的方法，重新绘制左右袖子的深蓝色图形，效果如图 2-12-33 所示。

图 2-12-33

至此，背面制作完毕。T 恤的正面、背面效果，如图 2-12-34 和图 2-12-35 所示。

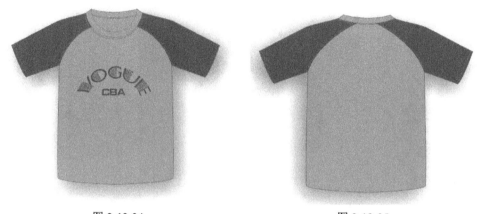

图 2-12-34　　　　　　　　　　　　　　　图 2-12-35

实例 13　女款 V 领 T 恤

具体操作步骤如下。

（1）打开 CorelDRAW X4 软件，执行菜单栏中的【文件】→【新建】命令，新建一个空白文件，默认纸张大小，如图 2-13-1 所示。

（2）在页面左侧标尺处，如图 2-13-2 所示。按住鼠标左键，向页面中间拖动出一条垂直辅助线，如图 2-13-3 所示。

图 2-13-1　　　　　　　　　　　　　　图 2-13-2

图 2-13-3

（3）执行菜单栏中的【视图】→【贴齐辅助线】命令，单击工具箱中的"贝济埃"工具 ，在辅助线上方（自动捕捉）单击鼠标左键，定位起始点，将鼠标移动到下一个定位点的位置，再次单击鼠标左键或者按住鼠标左键拖动，定位第二个结点，以此类推，直到辅助线下方（自动捕捉）单击鼠标左键，绘制出 T 恤大概轮廓的左半部分，效果如图 2-13-4 所示。

（4）单击工具箱中的"形状"工具 ，选中欲修改的结点，在属性栏中单击 、 或 按钮可将结点的属性更改成【尖突结点】、【平滑结点】或【对称结点】；单击 或 按钮可将线质【转换曲线为直线】或【转换直线为曲线】，拖动结点两侧的调节柄可以调节曲线的曲度。T 恤左侧的外轮廓调节效果如图 2-13-5 所示。

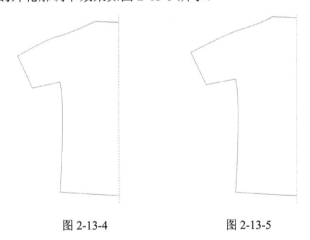

图 2-13-4　　　　　　　　　　　图 2-13-5

（5）执行菜单栏中的【窗口】→【泊坞窗】→【变换】→【比例】命令（【Alt+F9】），单击【水平镜像】按钮 ，参数的设置如图 2-13-6 所示，单击 应用到再制 按钮，水平镜像复制左侧轮廓，效果如图 2-13-7 所示。

（6）框选 T 恤的左、右两部分轮廓，单击属性栏中的【焊接】按钮 ，将两个对象焊接为一个对象。

（7）单击工具箱中的"形状"工具 ，框选 T 恤领口中间的结点，如图 2-13-8 所示。在属性栏中，单击【连接两个结点】按钮 ，将焊接后的对象此处结点闭合。同样的方法检验 T 恤衣襟底部中间的结点，如图 2-13-9 所示。

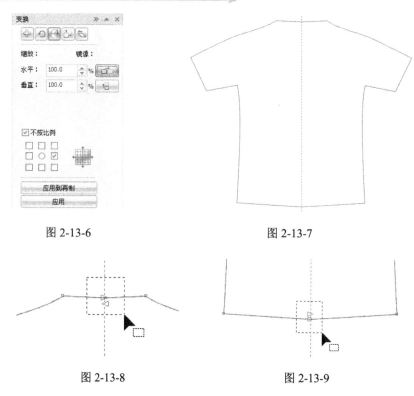

图 2-13-6　　　　　　　　　　　　　　　图 2-13-7

图 2-13-8　　　　　　　　　　　　　　　图 2-13-9

（8）在属性栏中设置【轮廓宽度】参数，如图 2-13-10 所示。至此，T 恤的外轮廓绘制完毕，因为每一个人徒手绘制的轮廓比例都会稍有差别，所以这里给出作者绘制 T 恤轮廓的大概尺寸，如图 2-13-11 所示。

（9）将绘制的 T 恤颜色填充为白色，效果如图 2-13-12 所示。

图 2-13-10　　　　　图 2-13-11　　　　　　　　图 2-13-12

（10）参照步骤（3）～（7）的操作，分别绘制出 T 恤的前后领口部分。在属性栏中设置【轮廓宽度】参数，如图 2-13-13 所示。填充颜色为白色，轮廓色设置为黑色，效果如图 2-13-14 所示。

（11）继续使用工具箱中的"贝济埃"工具 结合"形状"工具 ，沿着前后领口的轮廓下边缘外侧，再分别绘制 2 条曲线。在属性栏中设置【轮廓宽度】参数，如图 2-13-13

所示。设置【轮廓样式选择器】中上数第五条虚线，效果如图 2-13-15 所示。

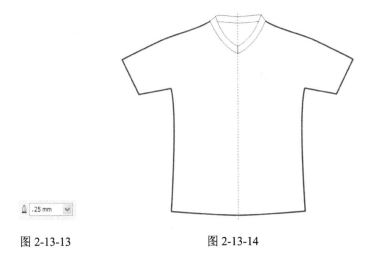

图 2-13-13　　　　　　　　　　　　　　图 2-13-14

（12）用步骤（11）的方法，分别绘制肩胛及袖口边缘的曲线和虚线，效果如图 2-13-16 所示。

（13）切换到工具箱中的"挑选"工具，单击辅助线，按【Delete】键，将其删除。

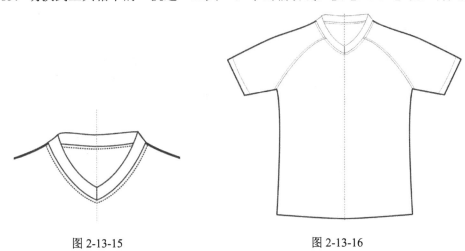

图 2-13-15　　　　　　　　　　　　　　图 2-13-16

（14）使用工具箱中的"贝济埃"工具　结合"形状"工具　，在 T 恤的右肩上绘制如图 2-13-17 所示的 3 条曲线，在属性栏中设置【轮廓宽度】参数，如图 2-13-18 所示，并设置轮廓色为红色（CMYK：0、100、100、0）。

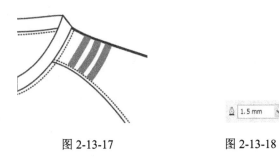

图 2-13-17　　　　　　　　　　图 2-13-18

（15）单击属性栏中的【导入】按钮 ，导入文字图形，调整好大小和位置，效果如图 2-13-19 所示。

（16）单击工具箱中的"文本"工具 ，在窗口中单击鼠标左键，属性栏中设置【字体】及【字体大小】参数，如图 2-13-20 所示。输入"CBA"，填充颜色为红色（CMYK：0、100、100、0），轮廓色设置为无。

图 2-13-19　　　　　　　　　　　　图 2-13-20

（17）切换到工具箱中的"形状"工具 ，在文字的右下角 位置，按住鼠标左键向左拖动，将字间距调小，调整文字位置，如图 2-13-21 所示。

（18）选中 T 恤轮廓，单击工具箱中的"交互式阴影"工具 ，在 T 恤中心按住鼠标左键向 T 恤右下角拖动，当拖动出 T 恤蓝色轮廓线时，释放鼠标，效果如图 2-13-22 所示。到此为 T 恤的正面效果，下面继续制作 T 恤的背面效果。

图 2-13-21　　　　　　　　　　　　图 2-13-22

（19）单击工具箱中的"挑选"工具 ，框选页面中所有图形，执行菜单栏中的【窗口】→【泊坞窗】→【变换】→【比例】命令（【Alt+F9】），单击【水平镜像】按钮 ，其参数的设置如图 2-13-23 所示，单击 应用到再制 按钮，效果如图 2-13-24 所示。

（20）分别选中前领口和其下面虚线、文字图形和文字"CBA"，将它们删除，并用"形状"工具 调整后领口下面虚线、肩胛处线的长度和 3 条红线的长度，效果如图 2-13-25 所示。

图 2-13-23　　　　　　　　　　　图 2-13-24

（21）使用工具箱中的"贝济埃"工具 结合"形状"工具 ，在 T 恤后领口中间绘制如图 2-13-26 的图形。填充颜色为红色（CMYK：0、100、100、0），在属性栏中设置【轮廓宽度】参数，如图 2-13-13 所示。

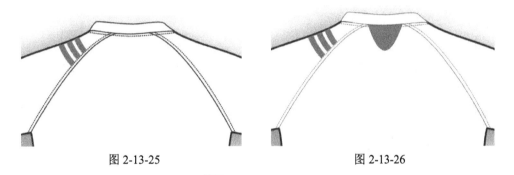

图 2-13-25　　　　　　　　　　　图 2-13-26

（22）继续使用"贝济埃"工具 结合"形状"工具 ，在刚刚绘制的图形下方绘制一条虚线，效果如图 2-13-27 所示。

（23）单击属性栏中的【导入】按钮 ，导入图形，调整好大小及位置，效果如图 2-13-28 所示。

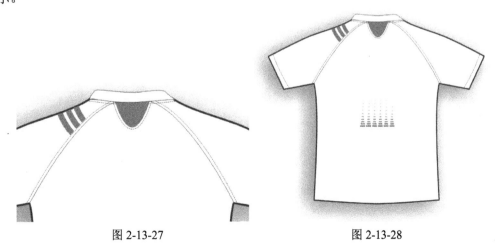

图 2-13-27　　　　　　　　　　　图 2-13-28

至此，背面制作完毕。T 恤的正面、背面效果，分别如图 2-13-29 和图 2-13-30 所示。

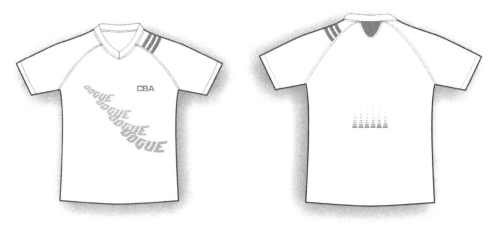

图 2-13-29　　　　　　　　　　　　　　　图 2-13-30

实例 14　男款 V 领 T 恤

具体操作步骤如下。

（1）打开 CorelDRAW X4 软件，执行菜单栏中的【文件】→【新建】命令，新建一个空白文件，默认纸张大小，如图 2-14-1 所示。

（2）在页面左侧标尺处，如图 2-14-2 所示。按住鼠标左键，向页面中间拖动出一条垂直辅助线，如图 2-14-3 所示。

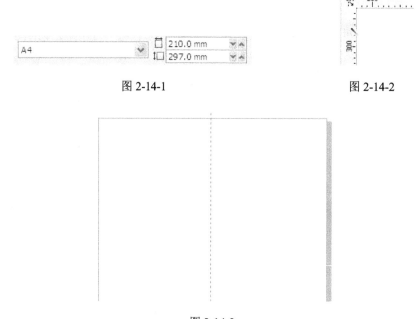

图 2-14-1　　　　　　　　　　　　　图 2-14-2

图 2-14-3

（3）执行菜单栏中的【视图】→【贴齐辅助线】命令，单击工具箱中的"贝济埃"工具，在辅助线上方（自动捕捉）单击鼠标左键，定位起始点，将鼠标移动到下一个定位点的位置，再次单击鼠标左键或者按住鼠标左键拖动，定位第二个结点，以此类推，直到辅助线下方（自动捕捉）单击鼠标左键，绘制出 T 恤大概轮廓的左半部分，效果如图 2-14-4 所示。

（4）单击工具箱中的"形状"工具，选中欲修改的结点，在属性栏中单击、或按钮可将结点的属性更改成【尖突结点】、【平滑结点】或【对称结点】；单击 或 按钮可将线质【转换曲线为直线】或【转换直线为曲线】，拖动结点两侧的调节柄可以调节曲线的曲度。T 恤左侧的外轮廓调节效果如图 2-14-5 所示。

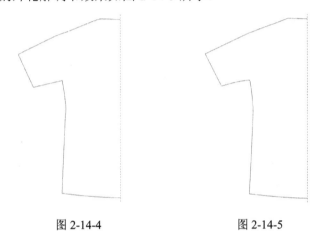

图 2-14-4　　　　　　　　　　　图 2-14-5

（5）执行菜单栏中的【窗口】→【泊坞窗】→【变换】→【比例】命令（【Alt+F9】），单击【水平镜像】按钮，其参数的设置如图 2-14-6 所示，单击 应用到再制 按钮，水平镜像复制左侧轮廓，效果如图 2-14-7 所示。

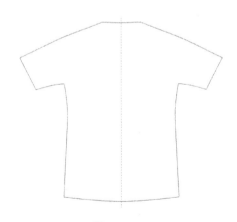

图 2-14-6　　　　　　　　　　　图 2-14-7

（6）框选 T 恤的左、右两部分轮廓，单击属性栏中的【焊接】按钮，将两个对象焊接为一个对象。

（7）单击工具箱中的"形状"工具，框选 T 恤领口中间的结点，如图 2-14-8 所示。

在属性栏中单击【连接两个结点】按钮，将焊接后的对象此处结点闭合。同样的方法检验 T 恤衣襟底部中间的结点，如图 2-14-9 所示。

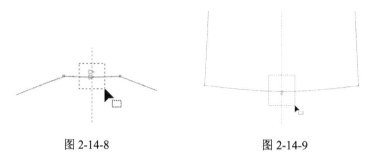

图 2-14-8 　　　　　　　　图 2-14-9

（8）在属性栏中设置【轮廓宽度】参数，如图 2-14-10 所示。至此，T 恤的外轮廓绘制完毕，因为每一个人徒手绘制的轮廓比例都会稍有差别，所以这里给出作者绘制 T 恤轮廓的大概尺寸，如图 2-14-11 所示。

（9）将绘制的 T 恤颜色填充为白色，效果如图 2-14-12 所示。

图 2-14-10 　　　　图 2-14-11 　　　　　　图 2-14-12

（10）参照步骤（3）～（7）的操作，分别绘制出 T 恤的前后领口部分。在属性栏中设置【轮廓宽度】参数，如图 2-14-13 所示。填充颜色为白色，轮廓色设置为黑色，效果如图 2-14-14 所示。

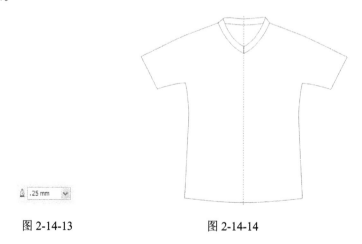

图 2-14-13 　　　　　　　图 2-14-14

（11）继续使用工具箱中的"贝济埃"工具 结合"形状"工具 ，沿着前后领口的轮廓下边缘外侧，再分别绘制 2 条曲线。在属性栏中设置【轮廓宽度】参数，如图 2-14-13 所示。设置【轮廓样式选择器】中上数第五条虚线，效果如图 2-14-15 所示。

（12）用步骤（11）的方法，分别绘制肩胛及袖口边缘的曲线和虚线，效果如图 2-14-16 所示。

（13）切换到工具箱中的"挑选"工具 ，单击辅助线，按【Delete】键，将其删除。

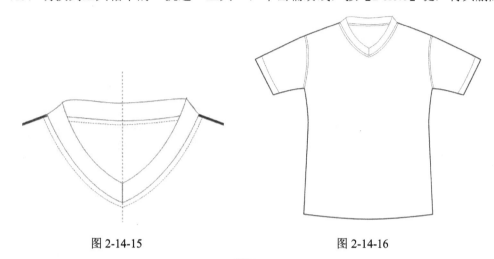

图 2-14-15　　　　　　　　　　　　　　　　图 2-14-16

（14）使用工具箱中的"贝济埃"工具 结合"形状"工具 ，在 T 恤的右肩处绘制如图 2-14-17 所示的曲线，在属性栏中设置【轮廓宽度】参数，如图 2-14-18 所示。

图 2-14-17　　　　　　　　　　　　　　　　图 2-14-18

（15）切换到工具箱中的"挑选"工具 ，选中刚刚绘制的曲线，执行菜单栏中的【排列】→【将轮廓转换为对象】命令，填充颜色为橘红色（CMYK：0、60、100、0），轮廓色设置为黑色，在属性栏中设置【轮廓宽度】参数如图 2-14-13 所示，效果如图 2-14-19 所示。

（16）在如图 2-14-20 所示的鼠标指针所指示的控制点上，按住鼠标左键向右下角拖动，不松开鼠标左键同时单击鼠标右键，放大复制该图形，并填充颜色为白色，效果如图 2-14-21 所示。

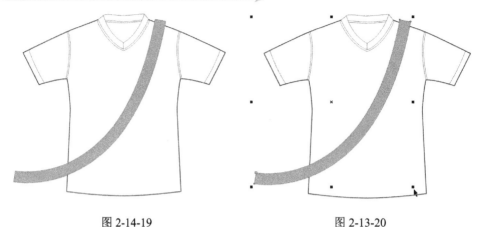

图 2-14-19   图 2-13-20

（17）框选或配合【Shift】键加选 2 条曲线，单击属性栏中的【群组】按钮 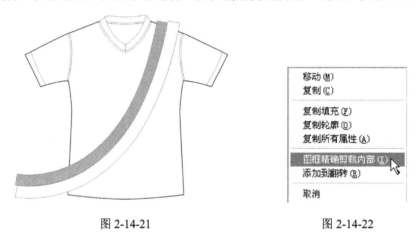 。

（18）选中群组后的两条曲线，按住鼠标右键拖动至 T 恤轮廓上，当鼠标指针发生变化时，释放鼠标，在弹出的下拉菜单中选择"图框精确剪裁内部"选项，如图 2-14-22 所示。

图 2-14-21   图 2-14-22

（19）在 T 恤的轮廓上单击鼠标右键，在弹出的下拉菜单中选择"编辑内容"选项，如图 2-14-23 所示。

（20）在 T 恤轮廓的内部将群组的曲线拖动至如图 2-14-24 所示的位置。

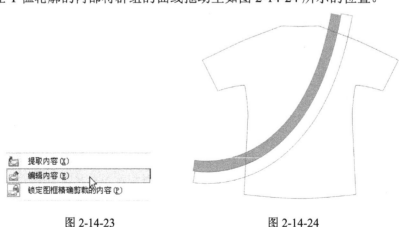

图 2-14-23   图 2-14-24

（21）在曲线上单击鼠标右键，在弹出的下拉菜单中选择"结束编辑"选项如图 2-14-25 所示，效果如图 2-14-26 所示。

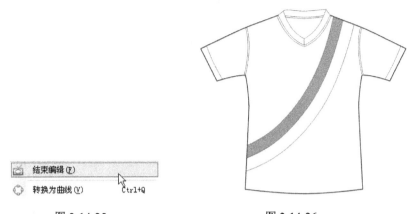

图 2-14-25　　　　　　　　　　　　　　图 2-14-26

（22）单击工具箱中的"文本"工具 字，在窗口中单击鼠标左键，在属性栏中设置【字体】及【字体大小】参数，如图 2-14-27 所示。输入"CBA"，填充颜色为橘红色（CMYK：0、60、100、0），轮廓色设置为无。

（23）切换到工具箱中的"形状"工具，在文字的右下角 位置，按住鼠标左键向左拖动，将字间距调小，调整文字位置，如图 2-14-28 所示。

图 2-14-27　　　　　　　　　　　　　　图 2-14-28

（24）选中 T 恤轮廓，单击工具箱中的"交互式阴影"工具，在 T 恤中心按住鼠标左键向 T 恤右下角拖动，当拖动出 T 恤蓝色轮廓线时，释放鼠标，效果如图 2-14-29 所示。到此为 T 恤的正面效果，下面继续绘制 T 恤的背面效果。

（25）单击工具箱中的"挑选"工具，框选页面中所有图形，执行菜单栏中的【窗口】→【泊坞窗】→【变换】→【比例】命令（【Alt+F9】），单击【水平镜像】按钮，参数的设置如图 2-14-30 所示，单击 应用到再制 按钮，效果如图 2-14-31 所示。

图 2-14-29

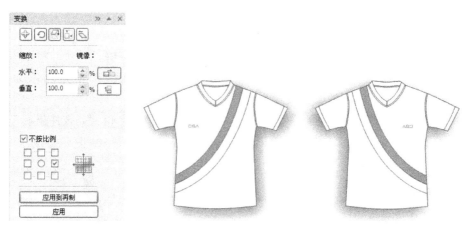

图 2-14-30   图 2-14-31

（26）分别选中前领口和其下面虚线、文字"CBA"，将它们删除，并用"形状"工具调整后领口下面虚线的长度，效果如图 2-14-32 所示。

（27）选中 T 恤轮廓，单击鼠标右键，在弹出的下拉菜单中选择"编辑内容"选项，如图 2-14-33 所示。

图 2-14-32   图 2-14-33

（28）在 T 恤轮廓的内部，选中群组的曲线，单击属性栏中的【取消群组】按钮，在曲线周围空白处单击一下鼠标左键，再次单击白色曲线，将其删除，如图 2-14-34 所示。

（29）在橘红色曲线上单击鼠标右键，在弹出的下拉菜单中选择"结束编辑"选项如图 2-14-35 所示，效果如图 2-14-37 所示。

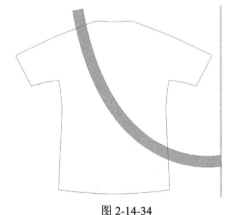

图 2-14-34　　　　　　　　　　图 2-14-35

至此，背面制作完毕。T 恤的正面、背面效果，分别如图 2-14-36 和图 2-14-37 所示。

图 2-14-36　　　　　　　　　　图 2-14-37

实例 15　女款 V 领 T 恤

具体操作步骤如下。

（1）打开 CorelDRAW X4 软件，执行菜单栏中的【文件】→【新建】命令，新建一个空白文件，默认纸张大小，如图 2-15-1 所示。

（2）在页面左侧标尺处，如图 2-15-2 所示。按住鼠标左键，向页面中间拖动出一条垂直辅助线，如图 2-15-3 所示。

图 2-15-1　　　　　　　　　　图 2-15-2

图 2-15-3

（3）执行菜单栏中的【视图】→【贴齐辅助线】命令，单击工具箱中的"贝济埃"工具 ，在辅助线上方（自动捕捉）单击鼠标左键，定位起始点，将鼠标移动到下一个定位点的位置，再次单击鼠标左键或者按住鼠标左键拖动，定位第二个结点，以此类推，直到辅助线下方（自动捕捉）单击鼠标左键，绘制出 T 恤大概轮廓的左半部分，效果如图 2-15-4 所示。

（4）单击工具箱中的"形状"工具 ，选中欲修改的结点，在属性栏中，单击 、 或 按钮可将结点的属性更改成【尖突结点】、【平滑结点】或【对称结点】；单击 或 按钮可将线质【转换曲线为直线】或【转换直线为曲线】，拖动结点两侧的调节柄可以调节曲线的曲度。T 恤左侧的外轮廓调节效果如图 2-15-5 所示。

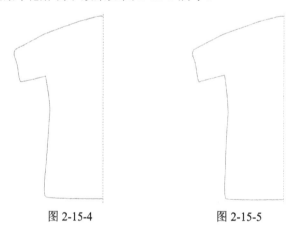

图 2-15-4　　　　　　　　　　　　　图 2-15-5

（5）执行菜单栏中的【窗口】→【泊坞窗】→【变换】→【比例】命令（【Alt+F9】），单击【水平镜像】按钮 ，参数的设置如图 2-15-6 所示，单击 应用到再制 按钮，水平镜像复制左侧轮廓，效果如图 2-15-7 所示。

（6）框选 T 恤的左、右两部分轮廓，单击属性栏中的【焊接】按钮 ，将两个对象焊接为一个对象。

（7）单击工具箱中的"形状"工具 ，框选 T 恤领口中间的结点，如图 2-15-8 所示。在属性栏中，单击【连接两个结点】按钮 ，将焊接后的对象此处结点闭合。同样的方法检验 T 恤衣襟底部中间的结点，如图 2-15-9 所示。

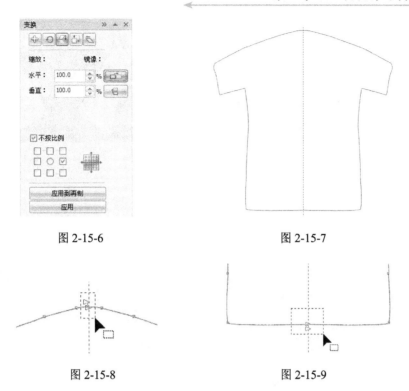

图 2-15-6　　　　　　　　　　　　　　　　图 2-15-7

图 2-15-8　　　　　　　　　　　　　　　　图 2-15-9

（8）在属性栏中设置【轮廓宽度】参数，如图 2-15-10 所示。至此，T 恤的外轮廓绘制完毕，因为每一个人徒手绘制的轮廓比例都会稍有差别，所以这里给出作者绘制 T 恤轮廓的大概尺寸，如图 2-15-11 所示。

（9）将绘制的 T 恤颜色填充为（CMYK：5、100、80、20），效果如图 2-15-12 所示。

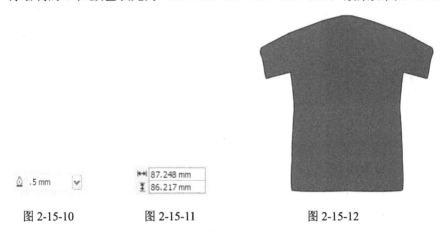

图 2-15-10　　　　　　图 2-15-11　　　　　　　图 2-15-12

（10）使用工具箱中的"贝济埃"工具 结合"形状"工具 ，分别绘制出 T 恤的前后领口部分。在属性栏中设置【轮廓宽度】参数，如图 2-15-13 所示。填充颜色为白色，轮廓色设置为黑色，后领口效果如图 2-15-14 所示，前领口效果如图 2-15-15 所示。

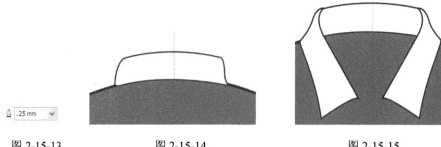

图 2-15-13　　　　　　　图 2-15-14　　　　　　　　　图 2-15-15

操作提示

前领口的绘制：

左边前领口和右边前领口是分别绘制的 2 个对象。可以先绘制 1 个领口，再镜像复制另外 1 个领口，这样可以保持两侧的完全对称。

（11）切换到工具箱中的"挑选"工具 ，选中右侧领口，按住鼠标左键向右下角稍微拖动鼠标，不松开鼠标左键同时单击鼠标右键，移动复制一个右侧领口，效果如图 2-15-16 所示。

（12）选中复制前的右侧领口，执行菜单栏中的【窗口】→【泊坞窗】→【造型】命令，参数的设置。如图 2-15-17 所示，单击 修剪 按钮，当鼠标指针变成 形状，单击复制后的领口，修剪效果如图 2-15-18 所示。

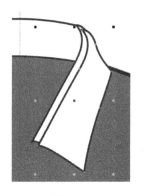

图 2-15-16　　　　　　　　图 2-15-17　　　　　　　　图 2-15-18

（13）使用工具箱中的"形状"工具 ，框选如图 2-15-19、图 2-15-20 所示的几个结点，按【Delete】键，删除结点。

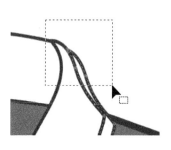
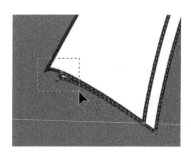

图 2-15-19　　　　　　　　　　图 2-15-20

（14）继续使用"形状"工具 ，分别单击如图 2-15-21、图 2-15-22 所示的 2 个结点，单击属性栏中的【转换曲线为直线】按钮 。修整后的效果如图 2-15-23 所示，并填充颜色为 60%黑色。

图 2-15-21　　　　　　　　　图 2-15-22　　　　　　　　　图 2-15-23

（15）用同样的方法绘制左侧领口的灰色图形，或者将右侧的灰色图形垂直镜像复制一个，效果如图 2-15-24 所示。

（16）使用工具箱中的"手绘"工具 ，绘制如图 2-15-25 所示的图形。填充颜色为白色，在属性栏中设置【轮廓宽度】参数，如图 2-15-13 所示。

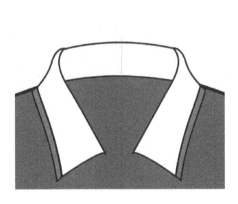

图 2-15-24　　　　　　　　　　　　　图 2-15-25

（17）继续使用工具箱中的"手绘"工具 ，绘制如图 2-15-26 所示的图形。填充颜色为 60%黑色，在属性栏中设置【轮廓宽度】参数，如图 2-15-13 所示。

（18）切换到工具箱中的"挑选"工具 ，选中刚刚绘制的灰色图形，执行菜单栏中的【排列】→【顺序】→【置于此对象后】命令，当鼠标指针变成 形状，单击右侧白色领口；再次执行此操作，单击左侧白色领口，排列顺序调整后的效果如图 2-15-27 所示。

（19）使用工具箱中的"贝济埃"工具 结合"形状"工具 ，在左侧肩胛位置绘制如图 2-15-28 所示的图形。在属性栏中设置【轮廓宽度】参数，如图 2-15-13 所示。

（20）单击工具箱中的"图样"工具，如图 2-15-29 所示。在弹出如图 2-15-30 所示的对话框中设置图样填充的参数，然后单击【确定】按钮，填充效果如图 2-15-31 所示。

图 2-15-26　　　　　　　　　图 2-15-27　　　　　　　　　图 2-15-28

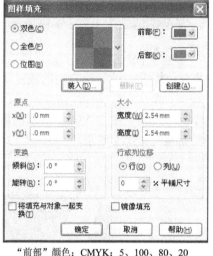

"前部"颜色：CMYK：5、100、80、20

"后部"颜色：60%黑色

图 2-15-29　　　　　　　　　图 2-15-30　　　　　　　　　图 2-15-31

（21）切换到工具箱中的"挑选"工具，选中刚填充的图形，执行菜单栏中的【排列】→【顺序】→【置于此对象后】命令，当鼠标指针变成 ➡ 形状，单击左侧领口灰色图形，排列顺序调整后的效果，如图 2-15-32 所示。

（22）将此图形垂直镜像复制一个，置于右侧肩胛位置，效果如图 2-15-33 所示。

（23）单击辅助线，按【Delete】键，将其删除。

图 2-15-32　　　　　　　　　图 2-15-33

（24）打开【贴齐对象】命令或按【Alt+Z】组合键，使用工具箱中的"贝济埃"工具

，从左袖口的结点上开始，沿着左侧肩胛图形上缘、前领口、右侧肩胛图形上缘、右袖口绘制如图 2-15-34 所示的图形。

（25）将此图形颜色填充为（CMYK：0、30、100、0），轮廓色设置为无。

（26）确定此图形被选中，按住鼠标右键拖动至 T 恤轮廓上，当鼠标指针发生变化时，释放鼠标，在弹出的下拉菜单中选择"图框精确剪裁内部"选项，如图 2-15-35 所示。

图 2-15-34　　　　　　　　　　　　　　　　　图 2-15-35

（27）在 T 恤的轮廓上单击鼠标右键，在弹出的下拉菜单中选择"编辑内容"选项，如图 2-15-36 所示。

（28）在 T 恤轮廓的内部，将鼠标指针放在该图形左边下角的结点上，按住鼠标左键拖动至左袖口的下角位置，对应的位置如图 2-15-37 所示，调整后的位置如图 2-15-38 所示。

图 2-15-36　　　　　　　　图 2-15-37　　　　　　　　图 2-15-38

（29）在黄色的图形上单击鼠标右键，在弹出的下拉菜单中选择"结束编辑"选项，如图 2-15-39 所示，效果如图 2-15-40 所示。

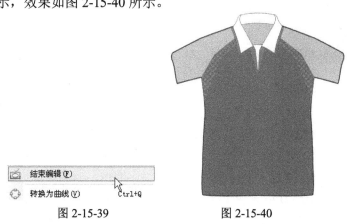

图 2-15-39　　　　　　　　图 2-15-40

（30）使用工具箱中的"贝济埃"工具 结合"形状"工具 ，在左袖口位置绘制如图 2-15-41 所示的曲线。在属性栏中设置【轮廓宽度】参数，如图 2-15-13 所示。

（31）单击工具箱中的"挑选"工具 ，选中该曲线，按住鼠标左键向右拖动一点距离，不松开鼠标左键直接单击鼠标右键，移动复制一条曲线，再用同样方法复制第二条曲线。

（32）分别将复制的两条曲线，在属性栏中设置【轮廓样式选择器】中上数第五条虚线，效果如图 2-15-42 所示。

图 2-15-41　　　　　　　　　　图 2-15-42

（33）框选 3 条曲线（1 条实曲线、2 条虚曲线），垂直镜像复制到右侧袖口，效果如图 2-15-43 所示。

（34）单击工具箱中的"文本"工具 ，在窗口中单击鼠标左键，在属性栏中设置【字体】及【字体大小】参数，如图 2-15-44 所示。输入"CBA"，填充颜色为（CMYK：5、100、80、20），轮廓色设置为无。

图 2-15-43　　　　　　　　　　图 2-15-44

（35）切换到工具箱中的"形状"工具 ，在文字的右下角 位置，按住鼠标左键向左拖动，将字间距调小，调整文字位置。并再次单击文字，旋转一定角度，效果如图 2-15-45 所示。

（36）单击属性栏中的【导入】按钮 ，导入文字图形，调整好大小及位置，填充颜色为（CMYK：0、30、100、0），轮廓色设置为黑色。在属性栏中设置【轮廓宽度】参数如图 2-15-46 所示，效果如图 2-15-47 所示。

图 2-15-45　　　　　　图 2-15-46　　　　　　图 2-15-47

（37）选中 T 恤轮廓，单击工具箱中的"交互式阴影"工具，在 T 恤中心按住鼠标左键向 T 恤右下角拖动，当拖动出 T 恤蓝色轮廓线时，释放鼠标，效果如图 2-15-48 所示。到此为 T 恤的正面效果，下面继续制作 T 恤的背面效果。

（38）单击工具箱中的"挑选"工具，框选页面中所有图形，执行菜单栏中的【窗口】→【泊坞窗】→【变换】→【比例】命令（【Alt+F9】），单击【水平镜像】按钮，参数的设置如图 2-15-49 所示，单击 应用到再制 按钮，效果如图 2-15-50 所示。

图 2-15-48

图 2-15-49　　　　　　　　图 2-15-50

（39）分别选中前领口和其下面黑白图形、文字图形、文字"CBA"，将它们删除。

（40）使用"形状"工具，选中左侧肩胛图形，在如图 2-15-51 所示的结点上单击鼠标左键，在属性栏中单击【分割曲线】按钮，效果如图 2-15-52 所示。

（41）通过双击鼠标左键，删除多余的结点，保留如图 2-15-53 所示的折线。

（42）选中该折线上面的结点，将其拖动至合适的位置，效果如图 2-15-54 所示。

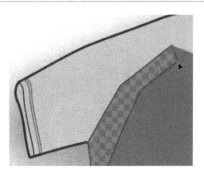

图 2-15-51   图 2-15-52

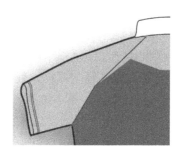

图 2-15-53   图 2-15-54

（43）用同样的方法制作右侧肩胛的折线，效果如图 2-15-55 所示。

（44）单击工具箱中的"挑选"工具，选中 T 恤轮廓，单击鼠标右键，在弹出的下拉菜单中选择"编辑内容"选项，如图 2-15-56 所示。

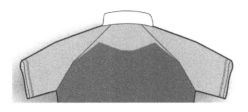

图 2-15-55   图 2-15-56

（45）在 T 恤轮廓的内部，使用"形状"工具，框选如图 2-15-57 所示的结点，将它们删除，删除后效果如图 2-15-58 所示。

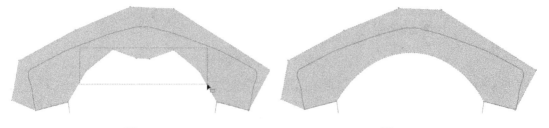

图 2-15-57   图 2-15-58

（46）单击如图 2-15-59 所示的结点，单击属性栏中的【转换曲线为直线】按钮，效果如图 2-15-60 所示。

图 2-15-59

图 2-15-60

（47）单击工具箱中的"挑选"工具 ，在黄色图形上单击鼠标右键，在弹出的下拉菜单中选择"结束编辑"选项如图 2-15-61 所示，效果如图 2-15-62 所示。

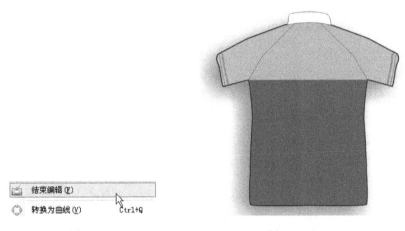

图 2-15-61

图 2-15-62

（48）选中白色后领口，在原位置复制（【Ctrl+C】）、粘贴（【Ctrl+V】）。

（49）选中复制的领口，按住鼠标左键向上拖动一点距离，不松开鼠标左键，直接单击鼠标右键，将复制的领口再次移动复制一个，效果如图 2-15-63 所示。

（50）配合【Shift】键，加选复制的 2 个领口，在属性栏中单击【后剪前】按钮 ，并将修剪后的图形颜色填充为 60%黑色，轮廓属性保持不变，效果如图 2-15-64 所示。

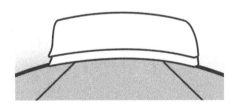

图 2-15-63

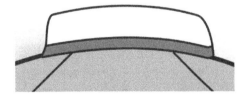

图 2-15-64

（51）将 T 恤正面肩胛处的文字移动复制到后领口，在属性栏中设置【旋转角度】为 0，【文字大小】为 8pt，填充颜色为 60%黑色，效果如图 2-15-65 所示。

（52）单击属性栏中的【导入】按钮 ，导入文字图形，调整好大小及位置，填充颜色为 60%黑色，轮廓色设置为无，效果如图 2-15-66 所示。

至此，背面制作完毕。T 恤的正面、背面效果，分别如图 2-15-67 和图 2-15-68 所示。

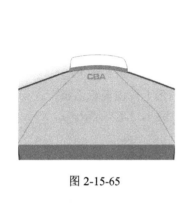

图 2-15-65

图 2-15-66

图 2-15-67

图 2-15-68

实例 16 男款 V 领 T 恤

具体操作步骤如下。

（1）打开 CorelDRAW X4 软件，执行菜单栏中的【文件】→【新建】命令，新建一个空白文件，默认纸张大小，如图 2-16-1 所示。

（2）在页面左侧标尺处，如图 2-16-2 所示。按住鼠标左键，向页面中间拖动出一条垂直辅助线，如图 2-16-3 所示。

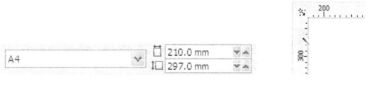

图 2-16-1

图 2-16-2

图 2-16-3

（3）执行菜单栏中的【视图】→【贴齐辅助线】命令，单击工具箱中的"贝济埃"工具 ，在辅助线上方（自动捕捉）单击鼠标左键，定位起始点，将鼠标移动到下一个定位点的位置，再次单击鼠标左键或者按住鼠标左键拖动，定位第二个结点，以此类推，直到辅助线下方（自动捕捉）单击鼠标左键，绘制出 T 恤大概轮廓的左半部分，效果如图 2-16-4 所示。

（4）单击工具箱中的"形状"工具 ，选中欲修改的结点，在属性栏中，单击 、 或 按钮可将结点的属性更改成【尖突结点】、【平滑结点】或【对称结点】；单击 或 按钮可将线质【转换曲线为直线】或【转换直线为曲线】，拖动结点两侧的调节柄可以调节曲线的曲度。T 恤左侧的外轮廓调节效果如图 2-16-5 所示。

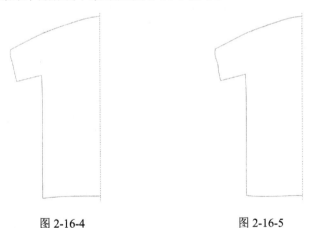

图 2-16-4   图 2-16-5

（5）执行菜单栏中的【窗口】→【泊坞窗】→【变换】→【比例】命令（【Alt+F9】），单击【水平镜像】按钮 ，参数的设置如图 2-16-6 所示，单击 应用到再制 按钮，水平镜像复制左侧轮廓，效果如图 2-16-7 所示。

（6）框选 T 恤的左、右两部分轮廓，单击属性栏中的【焊接】按钮 ，将两个对象焊接为一个对象。

（7）单击工具箱中的"形状"工具 ，框选 T 恤领口中间的结点，如图 2-16-8 所示，在属性栏中，单击【连接两个结点】按钮 ，将焊接后的对象此处结点闭合。同样的方法检验 T 恤衣襟底部中间的结点，如图 2-16-9 所示。

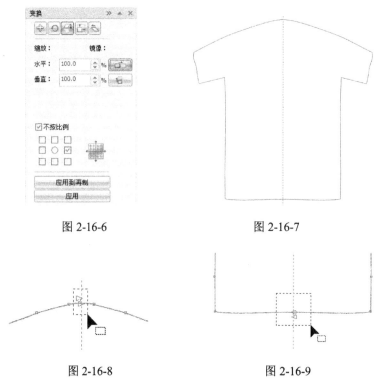

图 2-16-6   图 2-16-7

图 2-16-8   图 2-16-9

（8）在属性栏中设置【轮廓宽度】参数，如图 2-16-10 所示。至此，T 恤的外轮廓绘制完毕，因为每一个人徒手绘制的轮廓比例都会稍有差别，所以这里给出作者绘制 T 恤轮廓的大概尺寸，如图 2-16-11 所示。

（9）将绘制的 T 恤颜色填充为（CMYK：20、95、90、0），效果如图 2-16-12 所示。

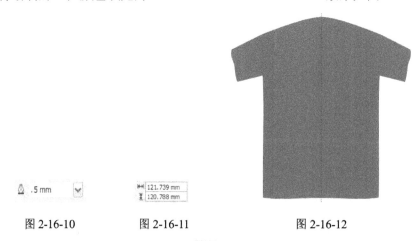

图 2-16-10   图 2-16-11   图 2-16-12

（10）使用工具箱中的"贝济埃"工具 结合"形状"工具 ，分别绘制出 T 恤的前后领口部分。在属性栏中设置【轮廓宽度】参数，如图 2-16-13 所示。填充颜色为白色，轮廓色设置为黑色，后领口效果如图 2-16-14 所示，前领口效果如图 2-16-15 所示。

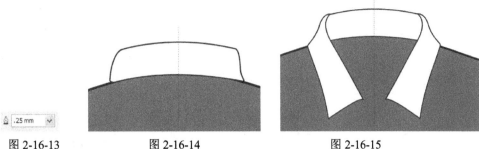

图 2-16-13　　　　　　图 2-16-14　　　　　　　　图 2-16-15

操作提示

前领口的绘制：

左边前领口和右边前领口是分别绘制的 2 个对象。可以先绘制 1 个领口，再镜像复制另外 1 个领口，这样可以保持两侧的完全对称。

（11）切换到工具箱中的"挑选"工具 ，选中右侧领口，按住鼠标左键向右下角稍微拖动鼠标，不松开鼠标左键同时单击鼠标右键，移动复制一个右侧领口，效果如图 2-16-16 所示。

（12）选中复制前的右侧领口，执行菜单栏中的【窗口】→【泊坞窗】→【造型】命令，参数的设置如图 2-16-17 所示，单击 修剪 按钮，当鼠标指针变成 形状，单击复制后的领口，修剪效果如图 2-16-18 所示。

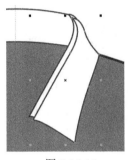　　　　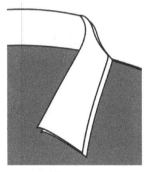

图 2-16-16　　　　　　图 2-16-17　　　　　　　图 2-16-18

（13）使用工具箱中的"形状"工具 ，框选如图 2-16-19、图 2-16-20 所示的几个结点，按【Delete】键，删除结点。

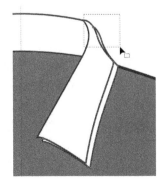　　　　　　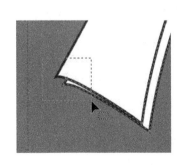

图 2-16-19　　　　　　　图 2-16-20

（14）继续使用"形状"工具，分别单击如图 2-16-21、图 2-16-22 所示的两个结点，单击属性栏中的【转换曲线为直线】按钮。修整后的效果如图 2-16-23 所示，并填充颜色为（CMYK：20、95、90、0）。

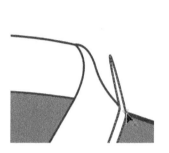 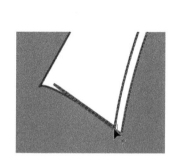 

图 2-16-21 　　　　　　　　图 2-16-22 　　　　　　　　图 2-16-23

（15）用同样的方法绘制左侧领口的灰色图形，或者将右侧的灰色图形垂直镜像复制一个，效果如图 2-16-24 所示。

（16）使用工具箱中的"手绘"工具，绘制如图 2-16-25 所示的图形，填充颜色的白色，在属性栏中设置【轮廓宽度】参数，如图 2-16-13 所示。

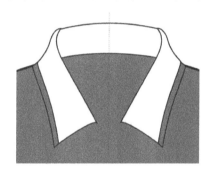 

图 2-16-24 　　　　　　　　　　　　　　图 2-16-25

（17）继续使用工具箱中的"手绘"工具，绘制如图 2-16-26 所示的图形，填充颜色为 60%黑色，在属性栏中设置【轮廓宽度】参数，如图 2-16-13 所示。

（18）切换到工具箱中的"挑选"工具，选中刚刚绘制的灰色图形，执行菜单栏中的【排列】→【顺序】→【置于此对象后】命令，当鼠标指针变成➡形状，单击右侧白色领口；再次执行此操作，单击左侧白色领口，排列顺序调整后的效果，如图 2-16-27 所示。

（19）使用工具箱中的"贝济埃"工具，在左侧绘制如图 2-16-28 所示的图形，并填充颜色为 60%黑色。在属性栏中设置【轮廓宽度】参数，如图 2-16-13 所示。

（20）在如图 2-16-28 所示的鼠标指针所示的控制点上，配合【Ctrl】键，按住鼠标左键向右侧拖动，不松开鼠标左键同时单击鼠标右键，垂直镜像复制一个该图形，效果如图 2-16-29 所示。

（21）切换到工具箱中的"挑选"工具，配合【Shift】键，加选两个灰色图形，单击属性栏中的【焊接】按钮。

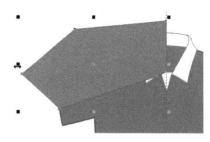

图 2-16-26 　　　　　　　　　图 2-16-27 　　　　　　　　　图 2-16-28

（22）确定焊接后的图形被选中，按住鼠标右键拖动至 T 恤轮廓上，当鼠标指针发生变化时，释放鼠标，在弹出的下拉菜单中选择"图框精确剪裁内部"选项，如图 2-16-30 所示。

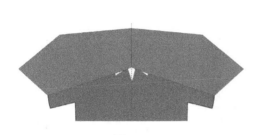

图 2-16-29 　　　　　　　　　　　　　图 2-16-30

（23）在 T 恤的轮廓上单击鼠标右键，在弹出的下拉菜单中选择"编辑内容"选项，如图 2-16-31 所示。

（24）在 T 恤轮廓的内部，将鼠标指针放在该图形左边下角的结点上，按住鼠标左键拖动至左袖口上，调整后的位置，如图 2-16-32 所示。

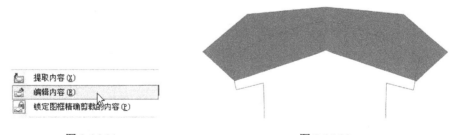

图 2-16-31 　　　　　　　　　　　　图 2-16-32

（25）在灰色图形上单击鼠标右键，在弹出的下拉菜单中选择"结束编辑"选项如图 2-16-33 所示，效果如图 2-16-34 所示。

（26）执行【贴齐对象】命令或按【Alt+Z】组合键，用工具箱中的"贝济埃"工具，分别捕捉左袖口、腋下、领口尖部几个结点，绘制如图 2-16-35 所示的图形，并填充颜色为白色，轮廓色设置为黑色，在属性栏中设置【轮廓宽度】参数，如图 2-16-13 所示。

（27）切换到工具箱中的"挑选"工具，确定白色图形被选中，按住鼠标右键拖动至 T 恤轮廓上，当鼠标指针发生变化时，释放鼠标，在弹出的下拉菜单中选择"图框精确剪裁内部"选项，如图 2-16-36 所示。

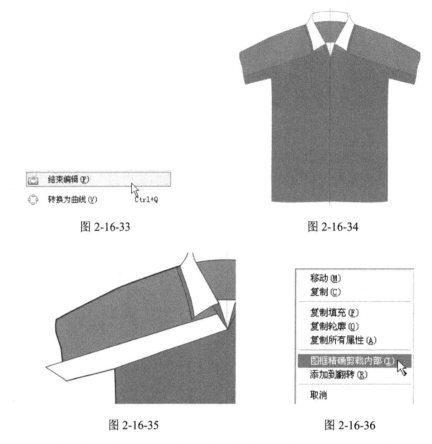

图 2-16-33   图 2-16-34

图 2-16-35   图 2-16-36

（28）在 T 恤的轮廓上单击鼠标右键，在弹出的下拉菜单中选择"编辑内容"选项，如图 2-16-37 所示。

（29）在 T 恤轮廓的内部，将鼠标指针放在该图形左边下角的结点上，按住鼠标左键拖动至左袖口下面的结点处，调整后的位置，如图 2-16-38 所示。

（30）参考步骤（19）的方法，垂直镜像复制白色图形，放于右袖口处，效果如图 2-16-39 所示。

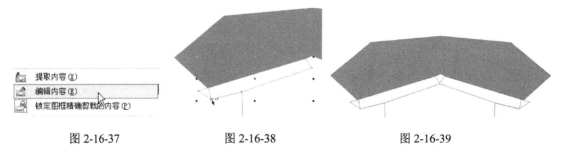

图 2-16-37   图 2-16-38   图 2-16-39

（31）在白色图形上单击鼠标右键，在弹出的下拉菜单中选择"结束编辑"选项如图 2-16-40 所示，效果如图 2-16-41 所示。

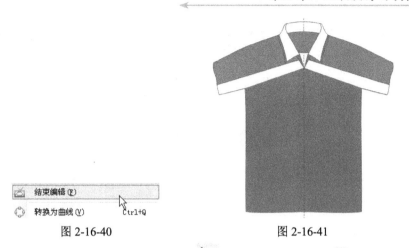

结束编辑 (F)

转换为曲线 (V) 　　Ctrl+Q

图 2-16-40　　　　　　　　　　　　　　　　　　图 2-16-41

（32）使用工具箱中的"贝济埃"工具 ，结合"形状"工具 ，在左袖口位置绘制如图 2-16-42 所示的曲线。在属性栏中设置【轮廓宽度】参数，如图 2-16-13 所示。

（33）单击工具箱中的"挑选"工具 ，选中该曲线，按住鼠标左键向右拖动一点距离，不松开鼠标左键直接单击鼠标右键，移动复制一条曲线，再用同样方法复制第二条曲线。

（34）分别将复制的两条曲线，在属性栏中设置【轮廓样式选择器】中上数第五条虚线，效果如图 2-16-43 所示。

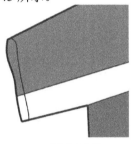　　　　　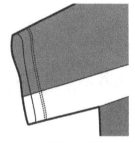

图 2-16-42　　　　　　　　　　　　　　　　　　图 2-16-43

（35）框选 3 条曲线（1 条实曲线、2 条虚曲线），参考步骤（19）的方法，垂直镜像复制到右侧袖口，效果如图 2-16-44 所示。

（36）单击工具中的"手绘"工具 ，绘制如图 2-16-45 所示的虚线，在属性栏中设置【轮廓宽度】参数如图 2-16-13 所示，设置【轮廓样式选择器】中上数第五条虚线。

　　　　　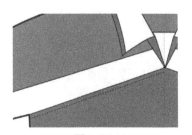

图 2-16-44　　　　　　　　　　　　　　　　　　图 2-16-45

（37）参考步骤（20）的方法，垂直镜像复制该虚线，效果如图 2-16-46 所示。

（38）用同样方法绘制灰色区域上的虚线，效果如图 2-16-47 所示。

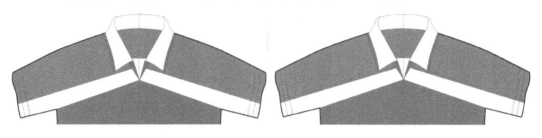

图 2-16-46　　　　　　　　　　　　　　图 2-16-47

（39）使用工具箱中的"贝济埃"工具 结合"形状"工具 ，分别在左右肩位置绘制如图 2-16-48 所示的曲线，在属性栏中设置【轮廓宽度】参数，如图 2-16-13 所示。

（40）切换到工具箱中的"挑选"工具 ，单击辅助线，按【Delete】键，将其删除。

（41）单击工具箱中的"文本"工具 ，在窗口中单击鼠标左键，在属性栏中设置【字体】及【字体大小】参数，如图 2-16-49 所示。输入"CBA"，填充颜色为黑色，轮廓色设置为无。

图 2-16-48　　　　　　　　　　　　　　图 2-16-49

（42）切换到工具箱中的"形状"工具 ，在文字的右下角 位置，按住鼠标左键向左拖动，将字间距调小，调整文字位置，效果如图 2-16-50 所示。

图 2-16-50　　　　　　　　　　　　　　图 2-16-51

（43）单击属性栏中的【导入】按钮 ，导入文字图形"08"，调整好大小及位置，填充颜色为（CMYK：0、30、100、0），轮廓色设置为黑色。在属性栏中设置【轮廓宽度】为 1mm，效果如图 2-16-51 所示。

（44）选中 T 恤轮廓，单击工具箱中的"交互式阴影"工具 ，在 T 恤中心按住鼠标左键向 T 恤右下角拖动，当拖动出 T 恤蓝色轮廓线时，释放鼠标，效果如图 2-16-52 所示。到此为 T 恤的正面效果，下面继续制作 T 恤的背面效果。

图 2-16-52

（45）单击工具箱中的"挑选"工具 ，框选页面中所有图形，执行菜单栏中的【窗口】→【泊坞窗】→【变换】→【比例】命令（【Alt+F9】），单击【水平镜像】按钮 ，参数的设置如图 2-16-53 所示，单击 应用到再制 按钮，效果如图 2-16-54 所示。

图 2-16-53   图 2-16-54

（46）分别选中前领口和其下面红白图形、文字图形"08"、文字"CBA"，将它们删除。

（47）在 T 恤轮廓上，单击鼠标右键，在弹出的下拉菜单中选择"编辑内容"选项，如图 2-16-55 所示。

（48）在 T 恤轮廓的内部，配合【Shift】键，加选 2 个白色图形，单击属性栏中的【焊接】按钮 。

（49）使用"形状"工具 ，通过拖动结点位置以及双击删除多余结点，将焊接后的图形修整成如图 2-16-56 所示的图形。

图 2-16-55　　　　　　　　　　　　　图 2-16-56

（50）在白色图形上单击鼠标右键，在弹出的下拉菜单中选择"结束编辑"选项如图 2-16-57 所示，效果如图 2-16-58 所示。

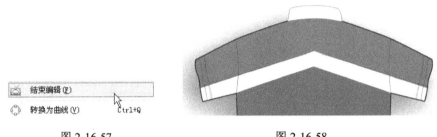

图 2-16-57　　　　　　　　　　　　　图 2-16-58

（51）继续使用"形状"工具 ，将灰色区域上的虚线调整好位置，效果如图 2-16-59 所示。

（52）选中白色后领口，在原位置复制（【Ctrl+C】）、粘贴（【Ctrl+V】）。

（53）选中复制的领口，按住鼠标左键向上拖动一点距离，不松开鼠标左键，直接单击鼠标右键，将复制的领口再次移动复制一个，效果如图 2-16-60 所示。

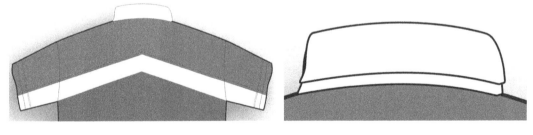

图 2-16-59　　　　　　　　　　　　　图 2-16-60

（54）配合【Shift】键，加选复制的 2 个领口，在属性栏中单击【后剪前】按钮 ，并将修剪后的图形颜色填充为（CMYK：20、95、90、0），轮廓属性保持不变，效果如图 2-16-61 所示。

（55）将 T 恤正面胸口处的文字移动复制到后领口，效果如图 2-16-62 所示。

至此，背面制作完毕。T 恤的正面、背面效果，分别如图 2-16-63 和图 2-16-64 所示。

图 2-16-61

图 2-16-62

图 2-16-63

图 2-16-64

第3章

下装设计与制作

实例 17 短裙

具体操作步骤如下。

（1）打开 CorelDRAW X4 软件，执行菜单栏中的【文件】→【新建】命令，新建一个空白文件，默认纸张大小，如图 3-17-1 所示。

（2）在页面左侧标尺处，如图 3-17-2 所示，按住鼠标左键，向页面中间拖动出一条垂直辅助线，如图 3-17-3 所示。

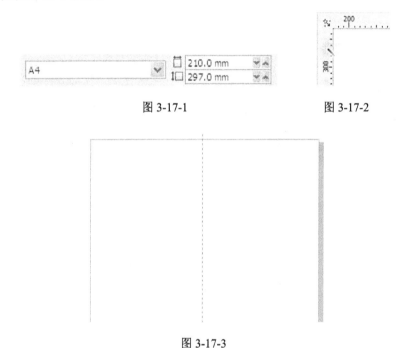

图 3-17-1   图 3-17-2

图 3-17-3

（3）执行菜单栏中的【视图】→【贴齐辅助线】命令，单击工具箱中的"贝济埃"工具，在辅助线上方（自动捕捉）单击鼠标左键，定位起始点，将鼠标移动到下一个定位点的位置，再次单击鼠标左键或者按住鼠标左键拖动，定位第二个结点，以此类推，直到辅助线下方（自动捕捉）单击鼠标左键，绘制出短裙大概轮廓的左半部分，效果如图 3-17-4 所示。

⬤ 操作提示

使用"贝济埃"工具 ✑ 生成结点时，如果单击鼠标左键，生成的结点属性为尖角结点，与上一个结点之间的线质为直线；如果按住鼠标左键拖动，生成的结点属性为平滑结点，与上一个结点之间的线质为曲线。结点属性和线质可以使用"形状"工具 ✑，在属性栏中修改。

（4）单击工具箱中的"形状"工具 ✑，选中欲修改的结点，在属性栏中，单击 ✑、✑ 或 ✑ 按钮可将结点的属性更改成【尖突结点】、【平滑结点】或【对称结点】；单击 ✑ 或 ✑ 按钮可将线质【转换曲线为直线】或【转换直线为曲线】，拖动结点两侧的调节柄可以调节曲线的曲度。短裙左侧的外轮廓调节效果，如图 3-17-5 所示。

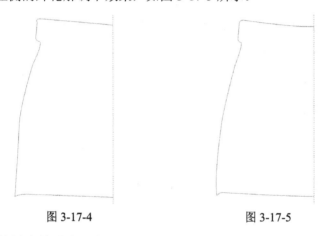

图 3-17-4　　　　　　　　　　图 3-17-5

（5）执行菜单栏中的【窗口】→【泊坞窗】→【变换】→【比例】命令（【Alt+F9】），单击【水平镜像】按钮 ▭，参数的设置如图 3-17-6 所示，单击 ▭应用到再制▭ 按钮，水平镜像复制左侧轮廓，效果如图 3-17-7 所示。

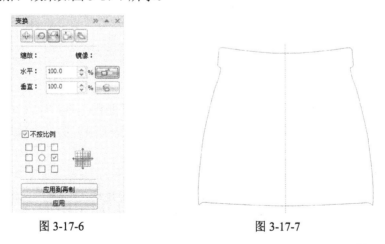

图 3-17-6　　　　　　　　　　图 3-17-7

（6）框选短裙的左、右两部分轮廓，单击属性栏中的【焊接】按钮 ▭，将两个对象焊接为一个对象。

（7）单击工具箱中的"形状"工具 ✑，框选短裙腰部中间的结点，如图 3-17-8 所示，在属性栏中，单击【连接两个结点】按钮 ▭，将焊接后的对象此处结点闭合。同样的方法检验短裙底部中间的结点，如图 3-17-9 所示。

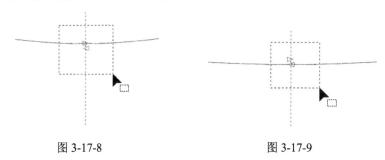

图 3-17-8   图 3-17-9

操作提示

注意：在 CorelDRAW 中，如果图形内部需要填充颜色，则图形必须是封闭的，所以此处需要闭合结点，以封闭图形。

（8）在属性栏中设置【轮廓宽度】参数，如图 3-17-10 所示。至此，短裙的外轮廓绘制完毕，因为每一个人徒手绘制的轮廓比例都会稍有差别，所以这里给出作者绘制短裙轮廓的大概尺寸，如图 3-17-11 所示。

（9）使用"贝济埃"工具 ，在左下角裙摆上绘制一条曲线，在属性栏中设置【轮廓宽度】参数，如图 3-17-10 所示。将短裙颜色填充为白色，效果如图 3-17-12 所示。

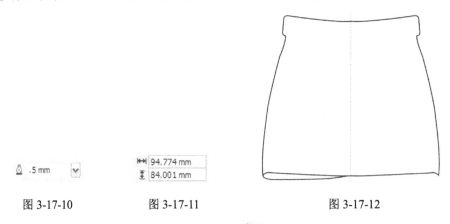

图 3-17-10   图 3-17-11   图 3-17-12

（10）继续使用工具箱中的"贝济埃"工具 结合"形状"工具 ，在短裙的腰部绘制左侧的松紧带。在属性栏中设置【轮廓宽度】参数如图 3-17-13 所示，效果如图 3-17-14 所示。

图 3-17-13   图 3-17-14

（11）执行菜单栏中的【窗口】→【泊坞窗】→【变换】→【比例】命令（【Alt+F9】），单击【水平镜像】按钮，参数的设置如图 3-17-6 所示，单击　应用到再制　按钮，水平镜像复制左侧松紧带，效果如图 3-17-15 所示。

（12）框选松紧带的左、右两部分，单击属性栏中的【焊接】按钮，将两个对象焊接为一个对象。

（13）单击工具箱中的"椭圆形"工具，配合使用【Ctrl】键，分别绘制 2 个正圆形，尺寸如图 3-17-16 所示。

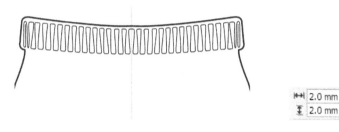

图 3-17-15　　　　　　　　　　　图 3-17-16

（14）将 2 个圆形内部颜色填充为 50%黑色，轮廓色设置为黑色，在属性栏中设置【轮廓宽度】参数如图 3-17-13 所示，效果如图 3-17-17 所示。

（15）使用工具箱中的"贝济埃"工具结合"形状"工具，在 2 个圆形之间绘制如图 3-17-18 所示的图形，并填充颜色为 80%黑色，轮廓色设置为无。

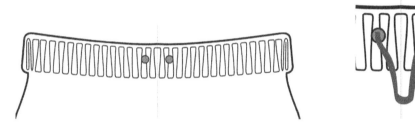

图 3-17-17　　　　　　　　　　　图 3-17-18

（16）单击工具箱中的"椭圆形"工具，绘制一个椭圆形，尺寸如图 3-17-19 所示，在属性栏中设置【轮廓宽度】参数如图 3-17-13 所示，效果如图 3-17-20 所示。

图 3-17-19　　　　图 3-17-20　　　　　　图 3-17-21

（17）单击工具箱中的"渐变填充"工具，如图 3-17-21 所示。在弹出如图 3-17-22 所示的对话框中设置渐变填充参数，填充效果如图 3-17-23 所示。

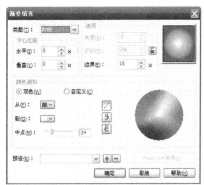

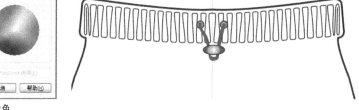

从：80%黑色　到：白色

图 3-17-22　　　　　　　　　　　　　　　　　图 3-17-23

（18）使用工具箱中的"贝济埃"工具 结合"形状"工具 ，在短裙左侧绘制如图 3-17-24 所示的图形，并填充颜色为（CMYK：55、0、100、0），轮廓色设置为无。

（19）继续使用工具箱中的"贝济埃"工具 结合"形状"工具 ，在短裙右侧绘制如图 3-17-25 所示的图形，并填充颜色为（CMYK：55、0、100、0），轮廓色设置为无。

图 3-17-24　　　　　　　　　　　　　　　　　图 3-17-25

（20）继续使用工具箱中的"贝济埃"工具 结合"形状"工具 ，在短裙腰部及右侧绘制如图 3-17-26 所示的 2 个灰色阴影图形，并填充颜色为 50%黑色，轮廓色设置为无。

（21）切换到工具箱中的"挑选"工具 ，选中刚绘制的腰部灰色图形，执行菜单栏中的【排列】→【顺序】→【置于此对象后】命令，当鼠标指针变成 形状，单击腰部的灰色绳子，使其位于绳子的下层。

●操作提示

　　腰部灰色图形是在绳子图形之后绘制，所以是在绳子图形之上，也就是覆盖了部分绳子和扣子，因为该颜色稍浅，所以不容易看出，可以通过放大这部分看出来，所以此处的这项顺序调整的操作是不可免的。

（22）单击工具箱中的"文本"工具 ，在窗口中单击鼠标左键，在属性栏中设置【字体】及【字体大小】参数，如图 3-17-27 所示。输入"CBA"，填充颜色为（CMYK：55、

0、100、0），轮廓色设置为无。

图 3-17-26　　　　　　　　　　　　图 3-17-27

（23）切换到工具箱中的"形状"工具，在文字的右下角 位置，按住鼠标左键向左拖动，将字间距调小，调整文字位置，如图 3-17-28 所示。

（24）单击工具箱中的"交互式阴影"工具，在短裙中心按住鼠标左键向短裙右下角拖动，当拖动出短裙蓝色轮廓线时，释放鼠标，效果如图 3-17-29 所示。

（25）切换到工具箱中的"挑选"工具，选中垂直辅助线，按【Delete】键将其删除。短裙的最终效果如图 3-17-30 所示。

图 3-17-28　　　　　　　　　　　图 3-17-29

图 3-17-30

实例 18　短裤

具体操作步骤如下。

（1）打开 CorelDRAW X4 软件，执行菜单栏中的【文件】→【新建】命令，新建一个空白文件，默认纸张大小，如图 3-18-1 所示。

（2）在页面左侧标尺处，如图 3-18-2 所示，按住鼠标左键，向页面中间拖动出一条垂直辅助线，如图 3-18-3 所示。

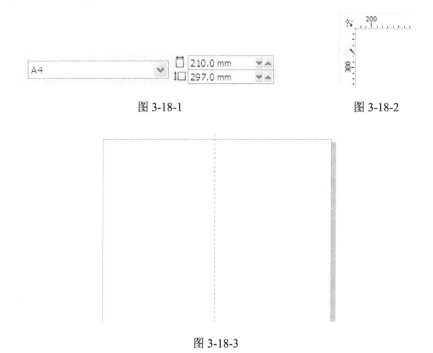

图 3-18-1　　　　　　　　　　　　　　　　　　图 3-18-2

图 3-18-3

（3）执行菜单栏中的【视图】→【贴齐辅助线】命令，单击工具箱中的"贝济埃"工具，在辅助线上方（自动捕捉）单击鼠标左键，定位起始点，将鼠标移动到下一个定位点的位置，再次单击鼠标左键或者按住鼠标左键拖动，定位第二个结点，以此类推，直到辅助线下方（自动捕捉）单击鼠标左键，绘制出短裤大概轮廓的左半部分，效果如图 3-18-4 所示。

（4）单击工具箱中的"形状"工具，选中欲修改的结点，在属性栏中，单击、或按钮可将结点的属性更改成【尖突结点】、【平滑结点】或【对称结点】；单击或按钮可将线质【转换曲线为直线】或【转换直线为曲线】，拖动结点两侧的调节柄可以调节曲线的曲度。短裤左侧的外轮廓调节效果，如图 3-18-5 所示。

（5）执行菜单栏中的【窗口】→【泊坞窗】→【变换】→【比例】命令（【Alt+F9】），单击【水平镜像】按钮，参数的设置如图 3-18-6 所示，单击 应用到再制 按钮，水平镜像复制左侧轮廓，效果如图 3-18-7 所示。

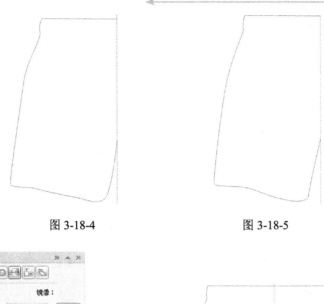

图 3-18-4　　　　　　　　　　　　　　图 3-18-5

图 3-18-6

图 3-18-7

（6）框选短裤的左、右两部分轮廓，单击属性栏中的【焊接】按钮，将两个对象焊接为一个对象。

（7）单击工具箱中的"形状"工具，框选短裤腰部中间的结点，如图 3-18-8 所示。在属性栏中，单击【连接两个结点】按钮，将焊接后的对象此处结点闭合。同样的方法检验短裤裆部中间的结点，如图 3-18-9 所示。

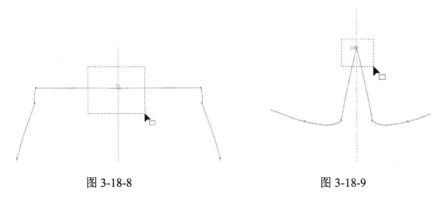

图 3-18-8　　　　　　　　　　　　　　图 3-18-9

（8）在属性栏中设置【轮廓宽度】参数，如图 3-18-10 所示。至此，短裤的外轮廓绘制完毕，因为每一个人徒手绘制的轮廓比例都会稍有差别，所以这里给出作者绘制短裤轮廓的大概尺寸，如图 3-18-11 所示。

（9）将短裤的颜色填充为 20%黑色，效果如图 3-18-12 所示。

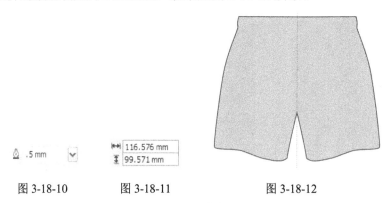

图 3-18-10　　　　　图 3-18-11　　　　　　　　图 3-18-12

（10）继续使用工具箱中的"贝济埃"工具 结合"形状"工具 ，在短裤的腰部绘制左侧的松紧带。在属性栏中设置【轮廓宽度】参数如图 3-18-13 所示，效果如图 3-18-14 所示。

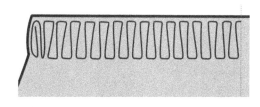

图 3-18-13　　　　　　　　　　图 3-18-14

（11）执行菜单栏中的【窗口】→【泊坞窗】→【变换】→【比例】命令（【Alt+F9】），单击【水平镜像】按钮 ，参数的设置如图 3-18-6 所示，单击 应用到再制 按钮，水平镜像复制左侧松紧带，效果如图 3-18-15 所示。

（12）框选松紧带的左、右两部分，单击属性栏中的【焊接】按钮 ，将两个对象焊接为一个对象。

（13）使用工具箱中的"贝济埃"工具 结合"形状"工具 ，在短裤的松紧带下面绘制一条曲线。在属性栏中设置【轮廓宽度】参数，如图 3-18-13 所示。设置【轮廓样式选择器】中上数第五条虚线，效果如图 3-18-16 所示。

图 3-18-15　　　　　　　　　　　　　图 3-18-16

（14）执行菜单栏中【视图】→【贴齐对象】命令，使用工具箱中的"手绘"工具 ，在刚刚绘制的虚线中心点单击鼠标左键，将鼠标指针移动到短裤裆部再次单击鼠标左键，绘制一条垂直分割线。在属性栏中设置【轮廓宽度】参数如图 3-18-13 所示，效果如图 3-18-17 所示。

（15）使用工具箱中的"贝济埃"工具 结合"形状"工具 ，在短裤的 2 条裤腿口位置分别绘制曲线。在属性栏中设置【轮廓宽度】参数，如图 3-18-13 所示。设置【轮廓样式选择器】中上数第五条虚线，效果如图 3-18-18 所示。

图 3-18-17

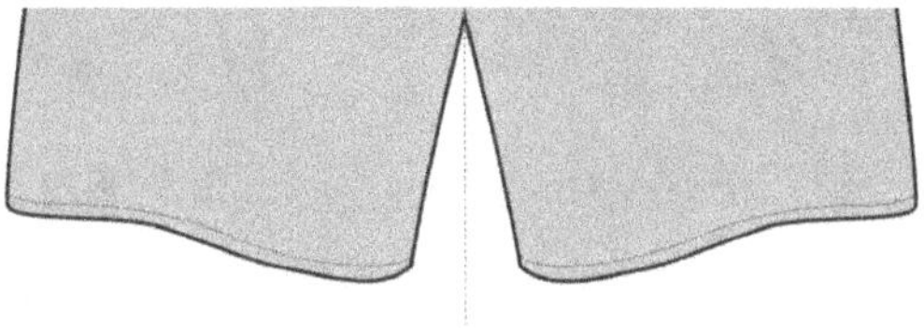

图 3-18-18

（16）参考步骤（3）～（7），绘制如图 3-18-19 所示的图形，填充颜色为橘红色（CMYK：0、60、100、0），轮廓色设置为无。

操作提示

步骤（14）绘制的垂直分割线是在步骤（16）的橘色图形之前绘制，所以会被之后绘制的橘色图形所覆盖。在此需要绘制完橘色图形后，把垂直分割线调整到橘色图形之上。方法是配合【Alt】键，选中垂直分割线，执行菜单栏中的【排列】→【顺序】→【置于此对象前】命令，单击橘色图形即可。

（17）单击工具箱中的"文本"工具 ，在窗口中单击鼠标左键，在属性栏中设置【字体】及【字体大小】参数，如图 3-18-20 所示。输入"CBA"，填充颜色为白色，轮廓色为无。

图 3-18-19

图 3-18-20

（18）切换到工具箱中的"形状"工具 ，在文字的右下角 位置，按住鼠标左键向左拖动，将字间距调小，调整文字位置，效果如图 3-18-21 所示。

（19）切换到工具箱中的"挑选"工具 ，再次单击 CBA 文字，将鼠标指针放在如图 3-18-22 所示的位置上，发生变化时，按住鼠标左键拖动，将文字旋转一定角度，效果如图 3-18-23 所示。

（20）选中本实例开始拖动出的虚线辅助线，按【Delete】键将其删除。

图 3-18-21   图 3-18-22   图 3-18-23

（21）单击工具箱中的"交互式阴影"工具，在短裤中心按住鼠标左键向短裤右下角拖动，当拖动出短裤蓝色轮廓线时，释放鼠标。此实例最终效果如图 3-18-24 所示。

图 3-18-24

实例 19　女款三分裤

具体操作步骤如下。

（1）打开 CorelDRAW X4 软件，执行菜单栏中的【文件】→【新建】命令，新建一个空白文件，默认纸张大小，如图 3-19-1 所示。

（2）在页面左侧标尺处，如图 3-19-2 所示，按住鼠标左键，向页面中间拖动出一条垂直辅助线，如图 3-19-3 所示。

图 3-19-1   图 3-19-2

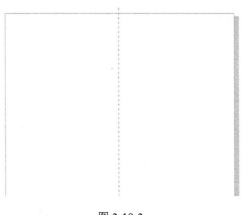

图 3-19-3

（3）执行菜单栏中的【视图】→【贴齐辅助线】命令，单击工具箱中的"贝济埃"工具 ，在辅助线上方（自动捕捉）单击鼠标左键，定位起始点，将鼠标移动到下一个定位点的位置，再次单击鼠标左键或者按住鼠标左键拖动，定位第二个结点，以此类推，直到辅助线下方（自动捕捉）单击鼠标左键，绘制出三分裤大概轮廓的左半部分，效果如图 3-19-4 所示。

（4）单击工具箱中的"形状"工具 ，选中欲修改的结点，在属性栏中，单击 、 或 按钮可将结点的属性更改成【尖突结点】、【平滑结点】或【对称结点】；单击 或 按钮可将线质【转换曲线为直线】或【转换直线为曲线】，拖动结点两侧的调节柄可以调节曲线的曲度。三分裤左侧的外轮廓调节效果，如图 3-19-5 所示。

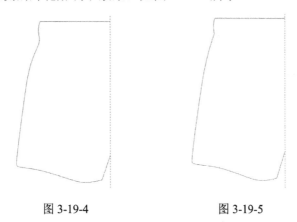

图 3-19-4　　　　　　　　　　　　图 3-19-5

（5）执行菜单栏中的【窗口】→【泊坞窗】→【变换】→【比例】命令（【Alt+F9】），单击【水平镜像】按钮 ，参数的设置如图 3-19-6 所示，单击 应用到再制 按钮，水平镜像复制左侧轮廓，效果如图 3-19-7 所示。

（6）框选三分裤的左、右两部分轮廓，单击属性栏中【焊接】按钮 ，将两个对象焊接为一个对象。

（7）单击工具箱中的"形状"工具 ，框选三分裤腰部中间的结点，如图 3-19-8 所示。在属性栏中，单击【连接两个结点】按钮 ，将焊接后的对象此处结点闭合。同样的方法检验三分裤裆部中间的结点，如图 3-19-9 所示。

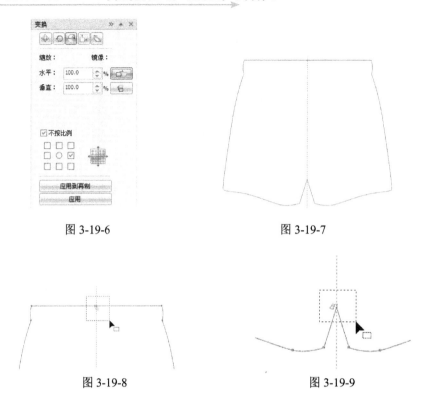

图 3-19-6　　　　　　　　　　　　　图 3-19-7

图 3-19-8　　　　　　　　　　　　　图 3-19-9

（8）在属性栏中设置【轮廓宽度】参数，如图 3-19-10 所示。至此，三分裤的外轮廓绘制完毕，因为每一个人徒手绘制的轮廓比例都会稍有差别，所以这里给出作者绘制三分裤轮廓的大概尺寸，如图 3-19-11 所示。

（9）将三分裤的颜色填充为 10%黑色，效果如图 3-19-12 所示。

图 3-19-10　　　　　　图 3-19-11　　　　　　　　　图 3-19-12

（10）继续使用工具箱中的"贝济埃"工具 ，在三分裤的腰部绘制左侧的松紧带。在属性栏中设置【轮廓宽度】参数如图 3-19-13 所示，效果如图 3-19-14 所示。

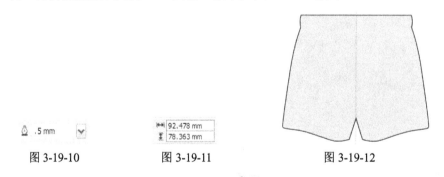

图 3-19-13　　　　　　　　　　　图 3-19-14

（11）执行菜单栏中的【窗口】→【泊坞窗】→【变换】→【比例】命令（【Alt+F9】），单击【水平镜像】按钮，参数的设置如图 3-19-6 所示，单击 应用到再制 按钮，水平镜像复制左侧松紧带，效果如图 3-19-15 所示。

（12）框选松紧带的左、右两部分，单击属性栏中的【焊接】按钮，将两个对象焊接为一个对象。

（13）使用工具箱中的"贝济埃"工具结合"形状"工具，在三分裤的松紧带下面绘制一条曲线。在属性栏中设置【轮廓宽度】参数，如图 3-19-13 所示。设置【轮廓样式选择器】中上数第四条虚线，效果如图 3-19-16 所示。

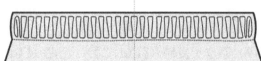

图 3-19-15　　　　　　　　　　　　　　　　图 3-19-16

（14）执行菜单栏中的【视图】→【贴齐对象】命令，使用工具箱中的"手绘"工具，在刚刚绘制的虚线中心点单击鼠标左键，将鼠标指针移动到三分裤裆部再次单击鼠标左键，绘制一条垂直分割线。在属性栏中设置【轮廓宽度】参数如图 3-19-13 所示，效果如图 3-19-17 所示。

（15）使用工具箱中的"贝济埃"工具结合"形状"工具，在三分裤的 2 条裤腿口位置分别绘制曲线。在属性栏中设置【轮廓宽度】参数，如图 3-19-13 所示。设置【轮廓样式选择器】中上数第四条虚线，效果如图 3-19-18 所示。

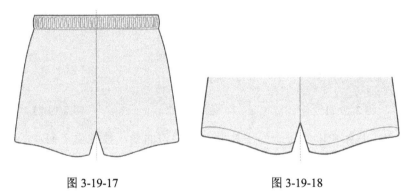

图 3-19-17　　　　　　　　　　　　　　　　图 3-19-18

（16）使用工具箱中的"贝济埃"工具结合"形状"工具，绘制如图 3-19-19 所示的图形，填充颜色为（CMYK：0、80、0、0），在属性栏中设置【轮廓宽度】参数，如图 3-19-13 所示。

（17）切换到工具箱中的"挑选"工具，在刚刚绘制的图形上按住鼠标左键向左侧拖动，不松开鼠标左键直接单击鼠标右键，移动复制一个该图形，复制后的效果，如图 3-19-20 所示。

（18）选中复制前的图形，填充颜色为洋红色（CMYK：0、100、0、0），效果如图 3-19-21 所示。

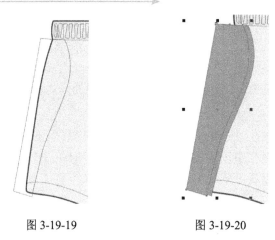

图 3-19-19   图 3-19-20

（19）原位置复制（【Ctrl+C】）、粘贴（【Ctrl+V】）洋红色图形，单击工具箱中的"形状"工具，选中复制后的洋红色图形左上角的结点，结点位置如图 3-19-22 所示，在属性栏中，单击【分割曲线】按钮，在轮廓的各个结点上双击鼠标左键，删除多余结点，保留如图 3-19-23 所示的曲线。（注：此处为了读者看清楚曲线，笔者将其他图形隐藏）

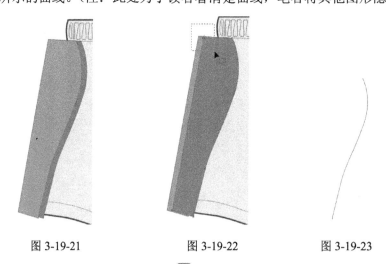

图 3-19-21   图 3-19-22   图 3-19-23

（20）切换到工具箱中的"挑选"工具，选中该曲线，按键盘上向左的方向键 5～6 次，在属性栏中设置该曲线的【轮廓宽度】参数，如图 3-19-13 所示。设置【轮廓样式选择器】中上数第四条虚线，效果如图 3-19-24 所示。

（21）框选如图 3-19-24 所示的红色图形 3 个部分（包括 1 个洋红色图形、1 个比洋红色稍浅的图形及 1 条曲线），单击属性栏中的【群组】按钮，将 3 部分暂时组合成一个对象。

（22）选中群组后的图形，按住鼠标右键拖动至三分裤的轮廓上，当鼠标指针发生变化时，释放鼠标，在弹出的下拉菜单中选择"图框精确剪裁内部"选项，如图 3-19-25 所示。

（23）选中三分裤轮廓，单击鼠标右键，在弹出的下拉菜单中选择"编辑内容"选项，如图 3-19-26 所示。

（24）在三分裤轮廓的内部，选中群组的图形，调整好位置，效果如图 3-19-27 所示。

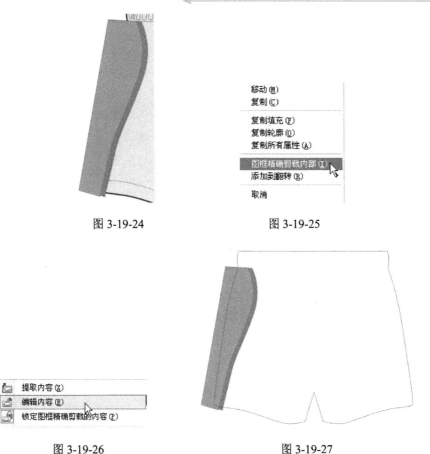

图 3-19-24　　　　　　　　　　　图 3-19-25

图 3-19-26　　　　　　　　　　　图 3-19-27

（25）执行菜单栏中的【窗口】→【泊坞窗】→【变换】→【比例】命令（【Alt+F9】），单击【水平镜像】按钮，参数的设置如图 3-19-28 所示，单击 [应用到再制] 按钮，水平镜像复制群组的图形，并将复制后的图形拖动至合适的位置，效果如图 3-19-29 所示。

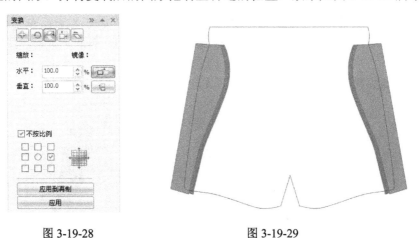

图 3-19-28　　　　　　　　　　　图 3-19-29

（26）在群组的图形上单击鼠标右键，在弹出的下拉菜单中选择"结束编辑"选项如图 3-19-30 所示，效果如图 3-19-31 所示。

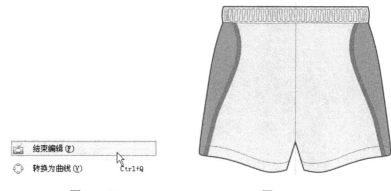

图 3-19-30   图 3-19-31

（27）单击工具箱中的"文本"工具 字，在窗口中单击鼠标左键，在属性栏中设置【字体】及【字体大小】参数，如图 3-19-32 所示。输入"CBA"，填充颜色的洋红色，轮廓色设置为无。

（28）切换到工具箱中的"形状"工具 ，在文字的右下角 位置，按住鼠标左键向左拖动，将字间距调小，调整文字位置，效果如图 3-19-33 所示。

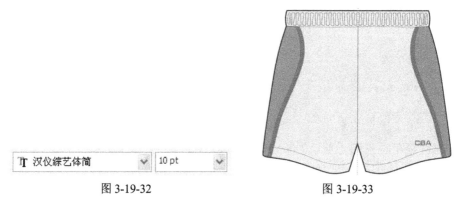

图 3-19-32   图 3-19-33

（29）切换到工具箱中的"挑选"工具 ，再次单击 CBA 文字，将鼠标指针放在如图 3-19-34 所示的位置上，发生变化时，按住鼠标左键拖动，将文字旋转一定角度，效果如图 3-19-35 所示。

（30）选中本实例开始拖动出的虚线辅助线，按【Delete】键将其删除。

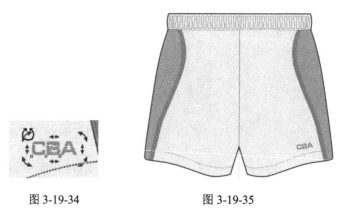

图 3-19-34   图 3-19-35

（31）单击工具箱中的"交互式阴影"工具，在三分裤中心按住鼠标左键向三分裤右下角拖动，当拖动出三分裤蓝色轮廓线时，释放鼠标。此实例最终效果如图 3-19-36 所示。

图 3-19-36

实例 20　男款三分裤

具体操作步骤如下。

（1）打开 CorelDRAW X4 软件，执行菜单栏中的【文件】→【新建】命令，新建一个空白文件，默认纸张大小，如图 3-20-1 所示。

（2）在页面左侧标尺处，如图 3-20-2 所示，按住鼠标左键，向页面中间拖动出一条垂直辅助线，如图 3-20-3 所示。

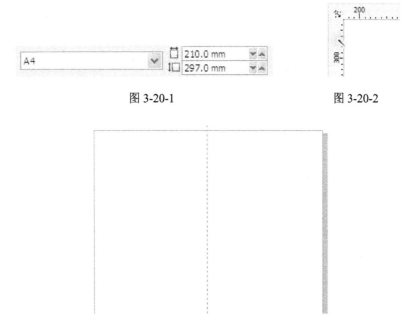

图 3-20-1　　　　　　　　　　　　　　图 3-20-2

图 3-20-3

（3）执行菜单栏中的【视图】→【贴齐辅助线】命令，单击工具箱中的"贝济埃"工具，在辅助线上方（自动捕捉）单击鼠标左键，定位起始点，将鼠标移动到下一个定位点的位置，再次单击鼠标左键或者按住鼠标左键拖动，定位第二个结点，以此类推，直到辅助线下方（自动捕捉）单击鼠标左键，绘制出三分裤大概轮廓的左半部分，效果如图 3-20-4 所示。

（4）单击工具箱中的"形状"工具，选中欲修改的结点，在属性栏中，单击 、 或 按钮可将结点的属性更改成【尖突结点】、【平滑结点】或【对称结点】；单击 或 按钮可将线质【转换曲线为直线】或【转换直线为曲线】，拖动结点两侧的调节柄可以调节曲线的曲度。三分裤左侧的外轮廓调节效果，如图 3-20-5 所示。

图 3-20-4　　　　　　　　　　　　图 3-20-5

（5）执行菜单栏中的【窗口】→【泊坞窗】→【变换】→【比例】命令（【Alt+F9】），单击【水平镜像】按钮，参数的设置如图 3-20-6 所示，单击 应用到再制 按钮，水平镜像复制左侧轮廓，效果如图 3-20-7 所示。

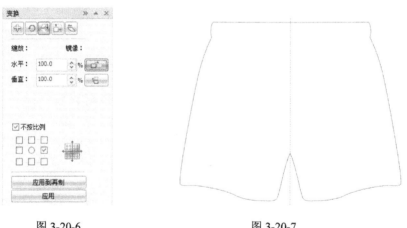

图 3-20-6　　　　　　　　　　　　图 3-20-7

（6）框选三分裤的左、右两部分轮廓，单击属性栏中的【焊接】按钮，将两个对象焊接为一个对象。

（7）单击工具箱中的"形状"工具，框选三分裤腰部中间的结点，如图 3-20-8 所示。在属性栏中，单击【连接两个结点】按钮，将焊接后的对象此处结点闭合。同样的方法检验三分裤裆部中间的结点，如图 3-20-9 所示。

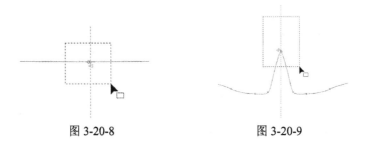

图 3-20-8 图 3-20-9

（8）在属性栏中设置【轮廓宽度】参数，如图 3-20-10 所示。至此，三分裤的外轮廓绘制完毕，因为每一个人徒手绘制的轮廓比例都会稍有差别，所以这里给出作者绘制三分裤轮廓的大概尺寸，如图 3-20-11 所示。

（9）将三分裤的颜色填充为 40%黑色，效果如图 3-20-12 所示。

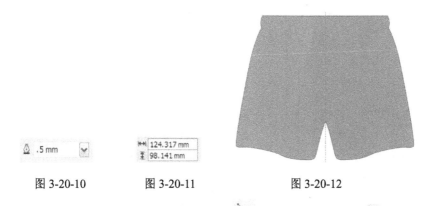

图 3-20-10 图 3-20-11 图 3-20-12

（10）继续使用工具箱中的"贝济埃"工具结合"形状"工具，在三分裤的腰部绘制左侧的松紧带。在属性栏中设置【轮廓宽度】参数如图 3-20-13 所示，效果如图 3-20-14 所示。

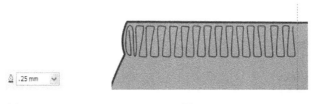

图 3-20-13 图 3-20-14

（11）执行菜单栏中的【窗口】→【泊坞窗】→【变换】→【比例】命令（【Alt+F9】），单击【水平镜像】按钮，参数的设置如图 3-20-6 所示，单击 应用到再制 按钮，水平镜像复制左侧松紧带，效果如图 3-20-15 所示。

（12）框选松紧带的左、右两部分，单击属性栏中的【焊接】按钮，将两个对象焊接为一个对象。

（13）使用工具箱中的"贝济埃"工具结合"形状"工具，在三分裤的松紧带下面绘制一条曲线。在属性栏中设置【轮廓宽度】参数，如图 3-20-13 所示。设置【轮廓样式选择器】中上数第五条虚线，效果如图 3-20-16 所示。

图 3-20-15   图 3-20-16

（14）执行菜单栏中的【视图】→【贴齐对象】命令，使用工具箱中的"手绘"工具 ，在刚刚绘制的虚线中心点单击鼠标左键，将鼠标指针移动到三分裤裆部再次单击鼠标左键，绘制一条垂直分割线。在属性栏中设置【轮廓宽度】参数如图 3-20-13 所示，效果如图 3-20-17 所示。

（15）单击工具箱中的"矩形"工具 ，在三分裤腰部绘制一个矩形，填充颜色为白色，在属性栏中设置【轮廓宽度】参数如图 3-20-13 所示，效果如图 3-20-18 所示。

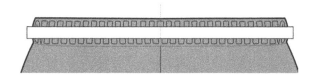

图 3-20-17   图 3-20-18

（16）切换到工具箱中的"挑选"工具 ，选中白色矩形，按住鼠标右键拖动至三分裤的轮廓上，当鼠标指针发生变化时，释放鼠标，在弹出的下拉菜单中选择"图框精确剪裁内部"选项，如图 3-20-19 所示。

（17）选中三分裤轮廓，单击鼠标右键，在弹出的下拉菜单中选择"编辑内容"选项，如图 3-20-20 所示。

图 3-20-19   图 3-20-20

（18）在三分裤轮廓的内部，选中白色矩形，调整位置如图 3-20-21 所示。

（19）在白色图形上单击鼠标右键，在弹出的下拉菜单中选择"结束编辑"选项如图 3-20-22 所示，效果如图 3-20-23 所示。

图 3-20-21　　　　　　　　　　　　图 3-20-22

（20）选中三分裤轮廓，按住鼠标左键向上拖动，不松开鼠标左键直接单击鼠标右键，移动复制一个三分裤轮廓，复制后的效果，如图 3-20-24 所示。

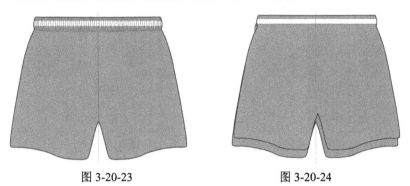

图 3-20-23　　　　　　　　　　　　图 3-20-24

（21）将鼠标指针放于复制后三分裤左侧的中间控制点上，位置如图 3-20-25 所示的圆圈内，按住鼠标左键向左拖动，调整效果如图 3-20-26 所示。

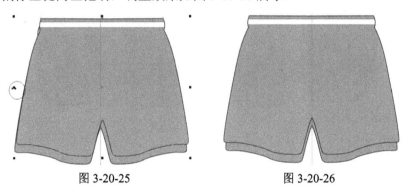

图 3-20-25　　　　　　　　　　　　图 3-20-26

（22）选中复制后的三分裤轮廓，执行菜单栏中的【窗口】→【泊坞窗】→【造型】命令，其参数的设置如图 3-20-27 所示，单击 修剪 按钮，当鼠标指针变成 形状，单击原三分裤轮廓，修剪效果如图 3-20-28 所示。

图 3-20-27　　　　　　　　　　　　图 3-20-28

（23）用工具箱中的"形状"工具，分别框选如图 3-20-29 所示的圆圈内 2 个结点，单击属性栏中的【分割曲线】按钮。

（24）继续使用"形状"工具，选中分割后的上面的结点，双击删除，效果如图 3-20-30 所示。

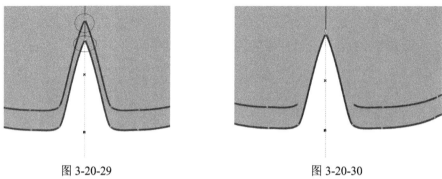

图 3-20-29   图 3-20-30

（25）选中分割后下面的结点，调整到如图 3-20-31 所示的位置，并调整好其下面曲线的曲度。

（26）选中如图 3-20-32 所示的结点，将其拖动至如图 3-20-31 所示的结点上，2 个结点会自动闭合，效果如图 3-20-33 所示。

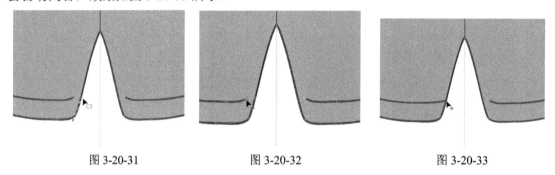

图 3-20-31   图 3-20-32   图 3-20-33

（27）右侧裤腿口的图形调节参照步骤（25）～（26）。将调整后的图形颜色填充为白色，效果如图 3-20-34 所示。

（28）使用工具箱中的"贝济埃"工具结合"形状"工具，在三分裤的 2 条裤腿口位置分别绘制曲线。在属性栏中设置【轮廓宽度】参数，如图 3-20-13 所示。设置【轮廓样式选择器】中上数第五条虚线，效果如图 3-20-35 所示。

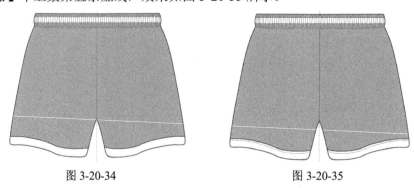

图 3-20-34   图 3-20-35

（29）单击工具箱中的"矩形"工具 ▫，在如图 3-20-36 所示的位置分别绘制 2 个正方形，小正方形颜色填充为白色，大正方形颜色填充为黑色，轮廓色均设置为无。

（30）选择工具箱中的"交互式调和"工具 ▨，按住鼠标左键从白色正方形上拖动至黑色正方形上，当 2 个正方形中间出现蓝色轮廓时，释放鼠标。在属性栏中设置【步长和形状之间的偏移量】参数如图 3-20-37 所示，效果如图 3-20-38 所示。

图 3-20-36　　　　　　　　图 3-20-37　　　　　　　　图 3-20-38

（31）单击工具箱中的"文本"工具 字，在窗口中单击鼠标左键，在属性栏中设置【字体】及【字体大小】参数，如图 3-20-39 所示。输入"CBA"，并填充颜色为黑色，轮廓色设置为无。

（32）切换到工具箱中的"形状"工具 ▨，在文字的右下角 ⫿ 位置，按住鼠标左键向左拖动，将字间距调小，调整文字位置，效果如图 3-20-40 所示。

图 3-20-39　　　　　　　　　　　　　图 3-20-40

（33）切换到工具箱中的"挑选"工具 ▨，再次单击 CBA 文字，将鼠标指针放在如图 3-20-41 所示的位置上，发生变化时，按住鼠标左键拖动，将文字旋转一定角度，效果如图 3-20-42 所示。

图 3-20-41　　　　　　　　图 3-20-42

（34）选中本实例开始拖动出的虚线辅助线，按【Delete】键将其删除。

（35）单击工具箱中的"交互式阴影"工具，在三分裤中心按住鼠标左键向三分裤右下角拖动，当拖动出三分裤蓝色轮廓线时，释放鼠标。此实例最终效果如图 3-20-43 所示。

图 3-20-43

实例 21　女款五分裤

具体操作步骤如下。

（1）打开 CorelDRAW X4 软件，执行菜单栏中的【文件】→【新建】命令，新建一个空白文件，默认纸张大小，如图 3-21-1 所示。

（2）在页面左侧标尺处，如图 3-21-2 所示，按住鼠标左键，向页面中间拖动出一条垂直辅助线，如图 3-21-3 所示。

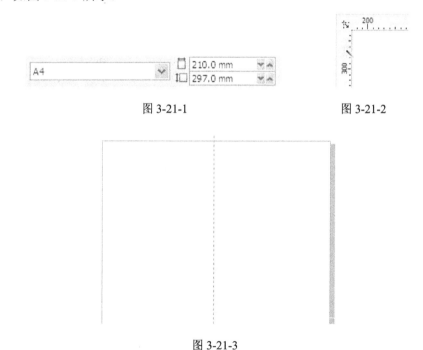

图 3-21-1　　　　　　　　　　　　图 3-21-2

图 3-21-3

（3）执行菜单栏中的【视图】→【贴齐辅助线】命令，单击工具箱中的"贝济埃"工具 ，在辅助线上方（自动捕捉）单击鼠标左键，定位起始点，将鼠标移动到下一个定位点的位置，再次单击鼠标左键或者按住鼠标左键拖动，定位第二个结点，以此类推，直到辅助线下方（自动捕捉）单击鼠标左键，绘制出五分裤大概轮廓的左半部分，效果如图 3-21-4 所示。

（4）单击工具箱中的"形状"工具 ，选中欲修改的结点，在属性栏中，单击 、 或 按钮可将结点的属性更改成【尖突结点】、【平滑结点】或【对称结点】；单击 或 按钮可将线质【转换曲线为直线】或【转换直线为曲线】，拖动结点两侧的调节柄可以调节曲线的曲度。五分裤左侧的外轮廓调节效果，如图 3-21-5 所示。

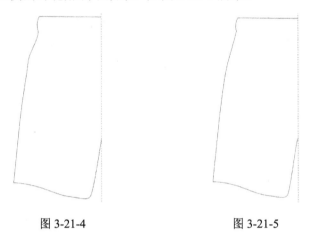

图 3-21-4　　　　　　　　　　　图 3-21-5

（5）执行菜单栏中的【窗口】→【泊坞窗】→【变换】→【比例】命令（【Alt+F9】），单击【水平镜像】按钮 ，参数的设置如图 3-21-6 所示，单击 应用到再制 ，水平镜像复制左侧轮廓，效果如图 3-21-7 所示。

图 3-21-6　　　　　　　　　　　图 3-21-7

（6）框选五分裤的左、右两部分轮廓，单击属性栏中的【焊接】按钮 ，将两个对象焊接为一个对象。

（7）单击工具箱中的"形状"工具 ，框选五分裤腰部中间的结点，如图 3-21-8 所示。在属性栏中，单击【连接两个结点】按钮，将焊接后的对象此处结点闭合。同样的方法检验五分裤裆部中间的结点，如图 3-21-9 所示。

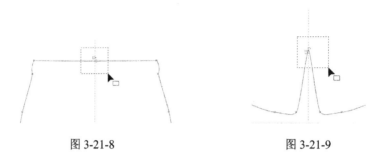

图 3-21-8   图 3-21-9

（8）在属性栏中设置【轮廓宽度】参数，如图 3-21-10 所示。至此，五分裤的外轮廓绘制完毕，因为每一个人徒手绘制的轮廓比例都会稍有差别，所以这里给出作者绘制五分裤轮廓的大概尺寸，如图 3-21-11 所示。

（9）将五分裤的颜色填充为白色，效果如图 3-21-12 所示。

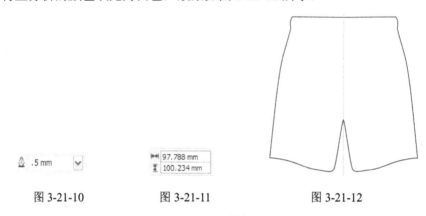

图 3-21-10   图 3-21-11   图 3-21-12

（10）继续使用工具箱中的"贝济埃"工具结合"形状"工具，在五分裤的腰部绘制左侧的松紧带。在属性栏中设置【轮廓宽度】参数如图 3-21-13 所示，效果如图 3-21-14 所示。

图 3-21-13   图 3-21-14

（11）执行菜单栏中的【窗口】→【泊坞窗】→【变换】→【比例】命令（【Alt+F9】），单击【水平镜像】按钮，其参数的设置如图 3-21-6 所示，单击　应用到再制　按钮，水平镜像复制左侧松紧带，效果如图 3-21-15 所示。

（12）框选松紧带的左、右两部分，单击属性栏中的【焊接】按钮，将两个对象焊接为一个对象。

（13）使用工具箱中的"贝济埃"工具结合"形状"工具，在五分裤的松紧带下面绘制一条曲线。在属性栏中设置【轮廓宽度】参数，如图 3-21-13 所示。设置【轮廓样式选择器】中上数第四条虚线，效果如图 3-21-16 所示。

图 3-21-15　　　　　　　　　　　　　　　　图 3-21-16

（14）执行菜单栏中的【视图】→【贴齐对象】命令，使用工具箱中的"手绘"工具，在刚刚绘制的虚线中心点单击鼠标左键，将鼠标指针移动到五分裤裆部再次单击鼠标左键，绘制一条垂直分割线。在属性栏中设置【轮廓宽度】参数如图 3-21-13 所示，效果如图 3-21-17 所示。

（15）使用工具箱中的"贝济埃"工具 结合"形状"工具，在五分裤的两条裤腿口位置分别绘制曲线。在属性栏中设置【轮廓宽度】参数，如图 3-21-13 所示。设置【轮廓样式选择器】中上数第四条虚线，效果如图 3-21-18 所示。

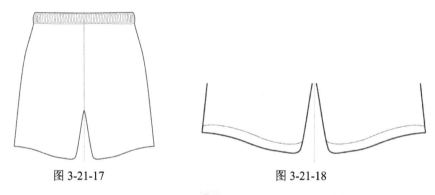

图 3-21-17　　　　　　　　　　　　　　图 3-21-18

（16）使用工具箱中的"贝济埃"工具 结合"形状"工具，绘制如图 3-21-19 所示的图形，填充颜色为白色，在属性栏中设置【轮廓宽度】参数，如图 3-21-13 所示。设置【轮廓样式选择器】中上数第四条虚线。

（17）切换到工具箱中的"挑选"工具，在刚刚绘制的图形上按住鼠标左键向左侧拖动，不松开鼠标左键直接单击鼠标右键，移动复制一个该图形，复制后的效果，如图 3-21-20 所示。

图 3-21-19　　　　　　　　　　　　图 3-21-20

（18）选中复制后的图形，填充颜色为（CMYK：50、0、100、0），在属性栏中，设置【轮廓样式选择器】中上数第一条实线，效果如图 3-21-21 所示。

（19）框选白色及绿色 2 个图形，单击属性栏中的【群组】按钮，将其暂时组合成一个对象。

（20）选中群组后的图形，按住鼠标右键拖动至五分裤的轮廓上，当鼠标指针发生变化时，释放鼠标，在弹出的下拉菜单中选择"图框精确剪裁内部"选项，如图 3-21-22 所示。

（21）选中五分裤轮廓，单击鼠标右键，在弹出的下拉菜单中选择"编辑内容"选项，如图 3-21-23 所示。

图 3-21-21　　　　　　　　图 3-21-22　　　　　　　　图 3-21-23

（22）在五分裤轮廓的内部，选中群组的图形，调整好位置，效果如图 3-21-24 所示。

（23）执行菜单栏中的【窗口】→【泊坞窗】→【变换】→【比例】命令（【Alt+F9】），单击【水平镜像】按钮，参数的设置如图 3-21-25 所示，单击 应用到再制 按钮，水平镜像复制群组的图形，并将复制后的图形拖动至合适的位置，效果如图 3-21-26 所示。

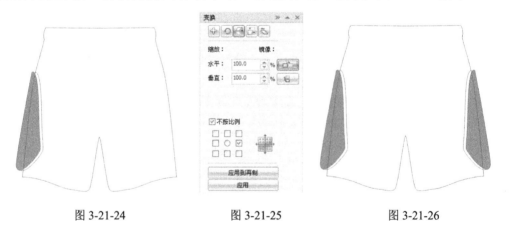

图 3-21-24　　　　　　　　图 3-21-25　　　　　　　　图 3-21-26

（24）在群组的图形上单击鼠标右键，在弹出的下拉菜单中选择"结束编辑"选项如图 3-21-27 所示，效果如图 3-21-28 所示。

（25）单击工具箱中的"文本"工具，在窗口中单击鼠标左键，在属性栏中设置【字体】及【字体大小】参数，如图 3-21-29 所示。输入"CBA"，填充颜色为（CMYK：50、0、100、0），轮廓色设置为无。

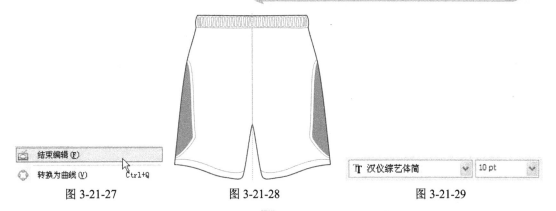

图 3-21-27　　　　　　图 3-21-28　　　　　　图 3-21-29

（26）切换到工具箱中的"形状"工具，在文字的右下角 位置，按住鼠标左键向左拖动，将字间距调小，调整文字位置，效果如图 3-21-30 所示。

（27）选中本实例开始拖动出的虚线辅助线，按【Delete】键将其删除。

（28）单击工具箱中的"交互式阴影"工具，在五分裤中心按住鼠标左键向五分裤右下角拖动，当拖动出五分裤蓝色轮廓线时，释放鼠标。此实例最终效果如图 3-21-31 所示。

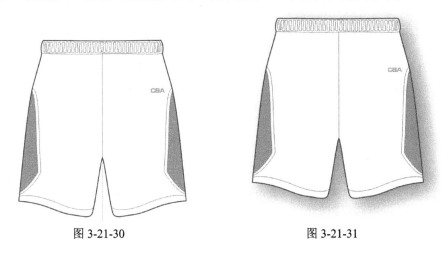

图 3-21-30　　　　　　　　　　　图 3-21-31

实例 22　男款五分裤

具体操作步骤如下。

（1）打开 CorelDRAW X4 软件，执行菜单栏中的【文件】→【新建】命令，新建一个空白文件，默认纸张大小，如图 3-22-1 所示。

（2）在页面左侧标尺处，如图 3-22-2 所示。按住鼠标左键，向页面中间拖动出一条垂直辅助线，如图 3-22-3 所示。

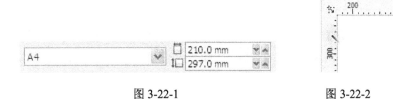

图 3-22-1　　　　　　　　　　　图 3-22-2

图 3-22-3

（3）执行菜单栏中的【视图】→【贴齐辅助线】命令，单击工具箱中的"贝济埃"工具，在辅助线上方（自动捕捉）单击鼠标左键，定位起始点，将鼠标移动到下一个定位点的位置，再次单击鼠标左键或者按住鼠标左键拖动，定位第二个结点，以此类推，直到辅助线下方（自动捕捉）单击鼠标左键，绘制出五分裤大概轮廓的左半部分，效果如图 3-22-4 所示。

（4）单击工具箱中的"形状"工具，选中欲修改的结点，在属性栏中，单击、、或按钮可将结点的属性更改成【尖突结点】、【平滑结点】或【对称结点】；单击或按钮可将线质【转换曲线为直线】或【转换直线为曲线】，拖动结点两侧的调节柄可以调节曲线的曲度。五分裤左侧的外轮廓调节效果，如图 3-22-5 所示。

图 3-22-4   图 3-22-5

（5）执行菜单栏中的【窗口】→【泊坞窗】→【变换】→【比例】命令（【Alt+F9】），单击【水平镜像】按钮，参数的设置如图 3-22-6 所示，单击 应用到再制 按钮，水平镜像复制左侧轮廓，效果如图 3-22-7 所示。

（6）框选五分裤的左、右两部分轮廓，单击属性栏中的【焊接】按钮，将两个对象焊接为一个对象。

（7）单击工具箱中的"形状"工具，框选五分裤腰部中间的结点，如图 3-22-8 所示。在属性栏中单击【连接两个结点】按钮，将焊接后的对象此处结点闭合。同样的方法检验五分裤裆部中间的结点，如图 3-22-9 所示。

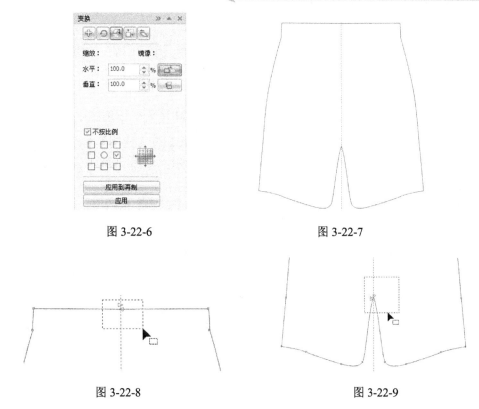

图 3-22-6　　　　　　　　　　　　　　图 3-22-7

图 3-22-8　　　　　　　　　　　　　　图 3-22-9

（8）在属性栏中设置【轮廓宽度】参数，如图 3-22-10 所示。至此，五分裤的外轮廓绘制完毕，因为每一个人徒手绘制的轮廓比例都会稍有差别，所以这里给出作者绘制五分裤轮廓的大概尺寸，如图 3-22-11 所示。

（9）将五分裤颜色填充为白色，效果如图 3-22-12 所示。

图 3-22-10　　　　　　图 3-22-11　　　　　　　　图 3-22-12

（10）继续使用工具箱中的"贝济埃"工具 结合"形状"工具 ，在五分裤的腰部绘制左侧的松紧带。在属性栏中设置【轮廓宽度】参数如图 3-22-13 所示，效果如图 3-22-14 所示。

图 3-22-13　　　　　　　　　　　　　　　　图 3-22-14

（11）执行菜单栏中的【窗口】→【泊坞窗】→【变换】→【比例】命令（【Alt+F9】），单击【水平镜像】按钮，参数的设置如图 3-22-6 所示，单击 应用到再制 按钮，水平镜像复制左侧松紧带，效果如图 3-22-15 所示。

（12）框选松紧带的左、右两部分，单击属性栏中的【焊接】按钮，将两个对象焊接为一个对象。

（13）使用工具箱中的"贝济埃"工具结合"形状"工具，在五分裤的松紧带下面绘制一条曲线。在属性栏中设置【轮廓宽度】参数，如图 3-22-13 所示。设置【轮廓样式选择器】中上数第四条虚线，效果如图 3-22-16 所示。

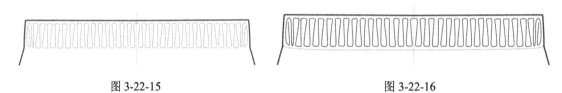

图 3-22-15　　　　　　　　　　　　　　　　图 3-22-16

（14）执行菜单栏中的【视图】→【贴齐对象】命令，用工具箱中的"手绘"工具，在刚刚绘制的虚线中心点单击鼠标左键，将鼠标指针移动到五分裤裆部再次单击鼠标左键，绘制一条垂直分割线。在属性栏中设置【轮廓宽度】参数如图 3-22-13 所示，效果如图 3-22-17 所示。

（15）使用工具箱中的"贝济埃"工具结合"形状"工具，在五分裤的两条裤腿口位置分别绘制曲线。在属性栏中设置【轮廓宽度】参数，如图 3-22-13 所示。设置【轮廓样式选择器】中上数第四条虚线，效果如图 3-22-18 所示。

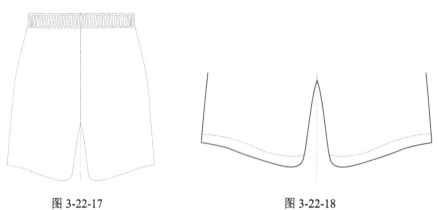

图 3-22-17　　　　　　　　　　　　　　　　图 3-22-18

（16）使用工具箱中的"矩形"工具，绘制如图 3-22-19 所示的矩形，填充颜色为（CMYK：50、0、100、0），在属性栏中设置【轮廓宽度】参数，如图 3-22-13 所示。

（17）切换到工具箱中的"挑选"工具 ⏎，选中绿色矩形，按住鼠标右键拖动至五分裤的轮廓上，当鼠标指针发生变化时，释放鼠标，在弹出的下拉菜单中选择"图框精确剪裁内部"选项，如图 3-22-20 所示。

图 3-22-19　　　　　　　　　　　　图 3-22-20

（18）选中五分裤轮廓，单击鼠标右键，在弹出的下拉菜单中选择"编辑内容"选项，如图 3-22-21 所示。

（19）在五分裤轮廓的内部，选中矩形，再一次单击矩形，将鼠标指针放于如图 3-22-22 所示的位置，按住鼠标左键拖动鼠标，调整好矩形的角度及位置，效果如图 3-22-23 所示。

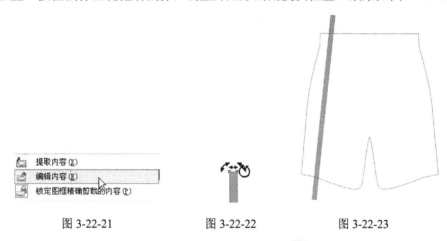

图 3-22-21　　　　　　　图 3-22-22　　　　　　　图 3-22-23

（20）在五分裤轮廓的内部，继续使用"矩形"工具 ⏎，在五分裤右侧绘制一个矩形，填充颜色为（CMYK：50、0、100、0），在属性栏中设置【轮廓宽度】参数如图 3-22-13 所示，效果如图 3-22-24 所示。

（21）切换到工具箱中的"挑选"工具 ⏎，再次单击刚刚绘制的矩形，将鼠标指针放于如图 3-22-25 所示的位置，按住鼠标左键拖动，调整好矩形的角度及位置，效果如图 3-22-26 所示。

（22）继续在五分裤轮廓的内部，使用"矩形"工具 ⏎，在五分裤腰部位置绘制一个矩形，填充颜色为白色，轮廓色设置为无，效果如图 3-22-27 所示。（注：白色矩形是为了遮挡住穿过腰部的 2 个绿色矩形，这里为了让读者看清楚该白色矩形的大小及位置，先将轮廓色设置为黑色，稍后的图中会去掉黑色轮廓。）

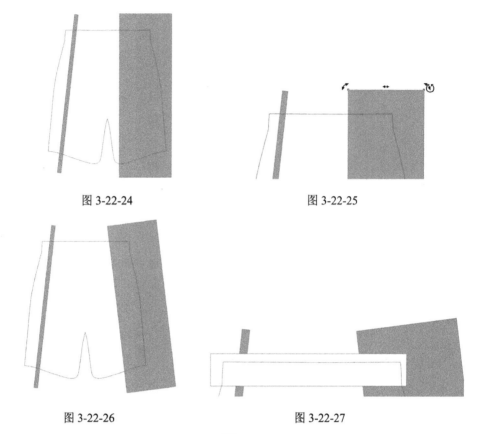

图 3-22-24 图 3-22-25

图 3-22-26 图 3-22-27

（23）切换到工具箱中的"挑选"工具，在白色矩形上单击鼠标右键，在弹出的下拉菜单中选择"结束编辑"选项如图 3-22-28 所示，效果如图 3-22-29 所示。

（24）单击工具箱中的"文本"工具，在窗口中单击鼠标左键，属性栏中设置【字体】及【字体大小】参数，如图 3-22-30 所示。输入"CBA"，填充颜色为黑色，轮廓色设置为无。

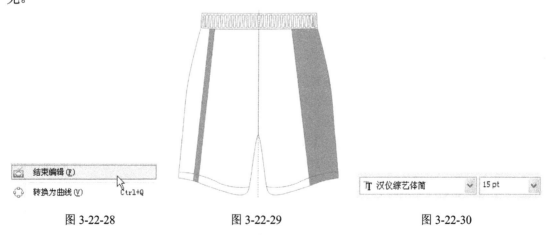

图 3-22-28 图 3-22-29 图 3-22-30

（25）切换到工具箱中的"形状"工具，在文字的右下角 位置，按住鼠标左键向左拖动，将字间距调小，调整文字位置，效果如图 3-22-31 所示。

（26）选中本实例开始拖动出的虚线辅助线，按【Delete】键将其删除。

（27）单击工具箱中的"交互式阴影"工具，在五分裤中心按住鼠标左键向五分裤右下角拖动，当拖动出五分裤蓝色轮廓线时，释放鼠标。此实例最终效果如图 3-22-32 所示。

图 3-22-31   图 3-22-32

实例 23 女款七分裤

具体操作步骤如下。

（1）打开 CorelDRAW X4 软件，执行菜单栏中的【文件】→【新建】命令，新建一个空白文件，默认纸张大小，如图 3-23-1 所示。

（2）在页面左侧标尺处，如图 3-23-2 所示。按住鼠标左键，向页面中间拖动出一条垂直辅助线，如图 3-23-3 所示。

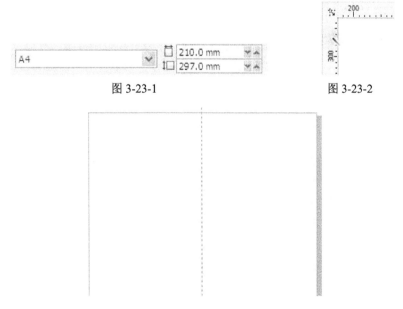

图 3-23-1   图 3-23-2

图 3-23-3

（3）执行菜单栏中的【视图】→【贴齐辅助线】命令，单击工具箱中的"贝济埃"工具，在辅助线上方（自动捕捉）单击鼠标左键，定位起始点，将鼠标移动到下一个定位点的位置，再次单击鼠标左键或者按住鼠标左键拖动，定位第二个结点，以此类推，直到辅助线下方（自动捕捉）单击鼠标左键，绘制出七分裤大概轮廓的左半部分，效果如图 3-23-4 所示。

（4）单击工具箱中"形状"工具，选中欲修改的结点，在属性栏中，单击 、 或 按钮可将结点的属性更改成【尖突结点】、【平滑结点】或【对称结点】；单击 或 按钮可将线质【转换曲线为直线】或【转换直线为曲线】，拖动结点两侧的调节柄可以调节曲线的曲度。七分裤左侧的外轮廓调节效果，如图 3-23-5 所示。

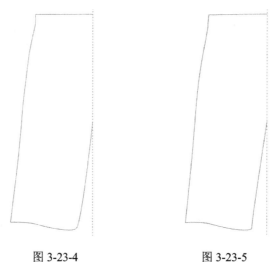

图 3-23-4　　　　　　　　　　　图 3-23-5

（5）执行菜单栏中的【窗口】→【泊坞窗】→【变换】→【比例】命令（【Alt+F9】），单击【水平镜像】按钮，参数的设置如图 3-23-6 所示，单击 应用到再制 按钮，水平镜像复制左侧轮廓，效果如图 3-23-7 所示。

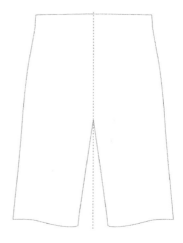

图 3-23-6　　　　　　　　　　　图 3-23-7

（6）框选七分裤的左、右两部分轮廓，单击属性栏中的【焊接】按钮 ，将两个对象焊接为一个对象。

（7）单击工具箱中的"形状"工具 ，框选腰部中间的结点，如图 3-23-8 所示。在属性栏中，单击【连接两个结点】按钮 ，将焊接后的对象此处结点闭合。同样的方法检验裆部中间的结点，如图 3-23-9 所示。

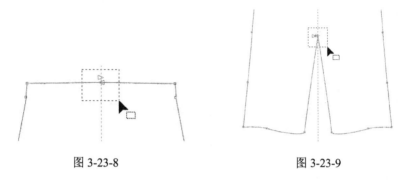

图 3-23-8　　　　　　　　　　　　　　图 3-23-9

（8）在属性栏中设置【轮廓宽度】参数，如图 3-23-10 所示。至此，七分裤的外轮廓绘制完毕，因为每一个人徒手绘制的轮廓比例都会稍有差别，所以这里给出作者绘制七分裤轮廓的大概尺寸，如图 3-23-11 所示。

（9）将绘制的七分裤颜色填充为（CMYK：15、10、20、10），效果如图 3-23-12 所示。

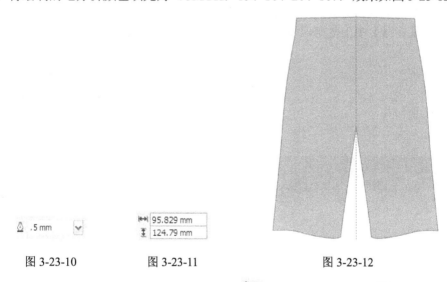

图 3-23-10　　　　　　　图 3-23-11　　　　　　　　图 3-23-12

（10）继续使用工具箱中的"贝济埃"工具 结合"形状"工具 ，在七分裤的腰部绘制左侧的松紧带。在属性栏中设置【轮廓宽度】参数如图 3-23-13 所示，效果如图 3-23-14 所示。

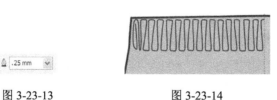

图 3-23-13　　　　　　　　图 3-23-14

（11）执行菜单栏中的【窗口】→【泊坞窗】→【变换】→【比例】命令（【Alt+F9】），单击【水平镜像】按钮，参数的设置如图 3-23-6 所示，单击 应用到再制 按钮，水平镜像复制左侧松紧带，效果如图 3-23-15 所示。

（12）框选松紧带的左、右两部分，单击属性栏中的【焊接】按钮，将两个对象焊接为一个对象。

（13）使用工具箱中的"贝济埃"工具结合"形状"工具，在七分裤的松紧带下面绘制一条曲线。在属性栏中设置【轮廓宽度】参数如图 3-23-13 所示，效果如图 3-23-16 所示。

图 3-23-15   图 3-23-16

（14）继续使用"贝济埃"工具结合"形状"工具，在刚刚绘制的曲线下面再绘制一条曲线。在属性栏中设置【轮廓宽度】参数，如图 3-23-13 所示。设置【轮廓样式选择器】中上数第四条虚线，效果如图 3-23-17 所示。

（15）继续使用"贝济埃"工具结合"形状"工具，在腰部左侧位置分别绘制 2 条曲线。在属性栏中设置 2 条曲线的【轮廓宽度】参数，如图 3-23-13 所示。设置右侧曲线的【轮廓样式选择器】中上数第四条虚线，效果如图 3-23-18 所示。

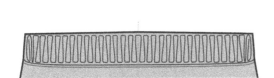 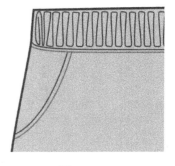

图 3-23-17   图 3-23-18

（16）重复步骤（15）的操作，绘制右侧的 2 条曲线，效果如图 3-23-19 所示。

（17）执行菜单栏中的【视图】→【贴齐对象】命令，用工具箱中的"手绘"工具，在步骤（14）中所绘制的虚线中心点单击鼠标左键，将鼠标指针移动到七分裤裆部再次单击鼠标左键，绘制一条垂直分割线。在属性栏中设置【轮廓宽度】参数如图 3-23-13 所示，效果如图 3-23-20 所示。

（18）使用工具箱中的"贝济埃"工具结合"形状"工具，在裆部位置绘制如图 3-23-21 所示的曲线，在属性栏中设置【轮廓宽度】参数，如图 3-23-13 所示。

（19）继续使用"贝济埃"工具结合"形状"工具，在七分裤的 2 条裤腿口位置分别绘制曲线。在属性栏中设置【轮廓宽度】参数，如图 3-23-13 所示。设置【轮廓样式选择器】中上数第四条虚线，效果如图 3-23-22 所示。

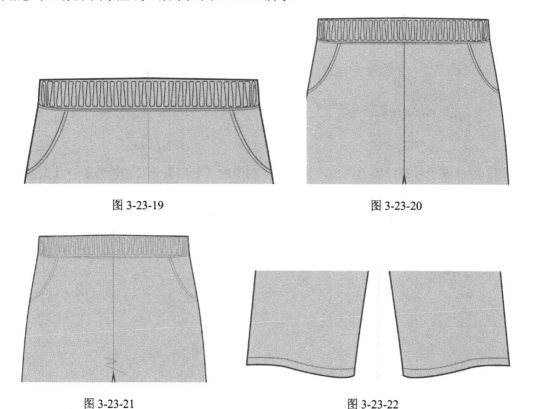

图 3-23-19　　　　　　　　　　　　　　　　图 3-23-20

图 3-23-21　　　　　　　　　　　　　图 3-23-22

（20）使用"贝济埃"工具 结合"形状"工具 ，绘制如图 3-23-23 所示的图形，填充颜色为白色，在属性栏中设置【轮廓色宽度】参数，如图 3-23-13 所示。

（21）切换到工具箱中的"挑选"工具 ，选中刚刚绘制的图形，按住鼠标右键拖动至七分裤的轮廓上，当鼠标指针发生变化时，释放鼠标，在弹出的下拉菜单中选择"图框精确剪裁内部"选项，如图 3-23-24 所示。

图 3-23-23　　　　　　　　　　　　图 3-23-24

（22）选中七分裤轮廓，单击鼠标右键，在弹出的下拉菜单中选择"编辑内容"选项，如图 3-23-25 所示。

（23）在七分裤轮廓的内部，调整白色图形的位置，效果如图 3-23-26 所示。

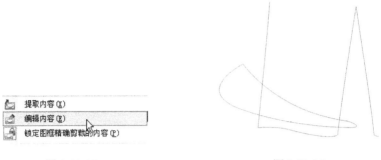

图 3-23-25 图 3-23-26

（24）继续在七分裤轮廓的内部，执行菜单栏中的【窗口】→【泊坞窗】→【变换】→【比例】命令（【Alt+F9】），单击【水平镜像】按钮 ，参数的设置如图 3-23-27 所示，单击 应用到再制 按钮，水平镜像复制白色图形，并将其拖动到右侧裤腿上，效果如图 3-23-28 所示。

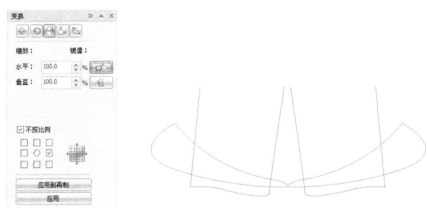

图 3-23-27 图 3-23-28

（25）在白色图形上单击鼠标右键，在弹出的下拉菜单中选择"结束编辑"选项如图 3-23-29 所示，效果如图 3-23-30 所示。

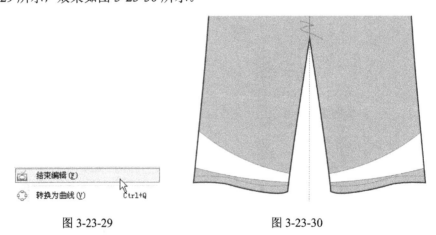

图 3-23-29 图 3-23-30

（26）使用"贝济埃"工具 结合"形状"工具 ，在左右两个白色图形上面分别绘制两条曲线。在属性栏中设置【轮廓宽度】参数，如图 3-23-13 所示。设置【轮廓样式选择器】中上数第四条虚线，效果如图 3-23-31 所示。

（27）单击工具箱中的"文本"工具字，在窗口中单击鼠标左键，在属性栏中设置【字体】及【字体大小】参数，如图 3-23-32 所示，输入"CBA"，填充颜色为白色，轮廓色设置为无。

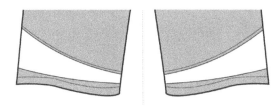

图 3-23-31　　　　　　　　　　　　　　图 3-23-32

（28）切换到工具箱中的"形状"工具，在文字的右下角位置，按住鼠标左键向左拖动，将字间距调小，调整文字位置，效果如图 3-23-33 所示。

（29）选中本实例开始拖动出的虚线辅助线，按【Delete】键将其删除。

（30）单击工具箱中的"交互式阴影"工具，在七分裤中心按住鼠标左键向七分裤右下角拖动，当拖动出蓝色轮廓线时，释放鼠标。此实例最终效果如图 3-23-34 所示。

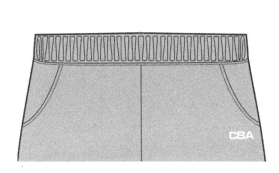

图 3-23-33　　　　　　　　　　　　　　图 3-23-34

实例 24　男款七分裤

具体操作步骤如下。

（1）打开 CorelDRAW X4 软件，执行菜单栏中的【文件】→【新建】命令，新建一个空白文件，默认纸张大小，如图 3-24-1 所示。

（2）在页面左侧标尺处，如图 3-24-2 所示。按住鼠标左键，向页面中间拖动出一条垂直辅助线，如图 3-24-3 所示。

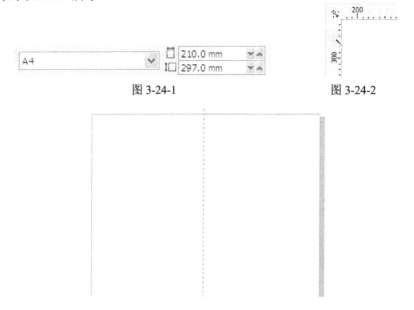

图 3-24-1   图 3-24-2

图 3-24-3

（3）执行菜单栏中的【视图】→【贴齐辅助线】命令，单击工具箱中的"贝济埃"工具 ，在辅助线上方（自动捕捉）单击鼠标左键，定位起始点，将鼠标移动到下一个定位点的位置，再次单击鼠标左键或者按住鼠标左键拖动，定位第二个结点，以此类推，直到辅助线下方（自动捕捉）单击鼠标左键，绘制出七分裤大概轮廓的左半部分，效果如图 3-24-4 所示。

（4）单击工具箱中的"形状"工具 ，选中欲修改的结点，在属性栏中，单击 、 或 按钮可将结点的属性更改成【尖突结点】、【平滑结点】或【对称结点】；单击 或 按钮可将线质【转换曲线为直线】或【转换直线为曲线】，拖动结点两侧的调节柄可以调节曲线的曲度。七分裤左侧的外轮廓调节效果，如图 3-24-5 所示。

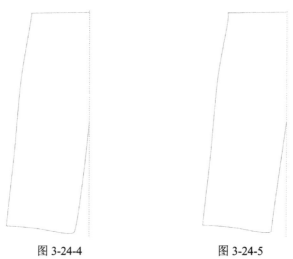

图 3-24-4   图 3-24-5

（5）执行菜单栏中的【窗口】→【泊坞窗】→【变换】→【比例】命令（【Alt+F9】），单击【水平镜像】按钮，参数的设置如图 3-24-6 所示，单击████████按钮，水平镜像复制左侧轮廓，效果如图 3-24-7 所示。

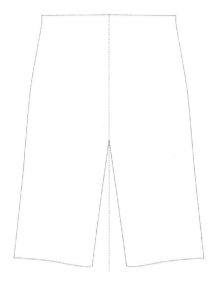

图 3-24-6　　　　　　　　　　　　　　　　　　图 3-24-7

（6）框选七分裤的左、右两部分轮廓，单击属性栏中的【焊接】按钮，将两个对象焊接为一个对象。

（7）单击工具箱中的"形状"工具，框选腰部中间的结点，如图 3-24-8 所示。在属性栏中，单击【连接两个结点】按钮，将焊接后的对象此处结点闭合。同样的方法检验裆部中间的结点，如图 3-24-9 所示。

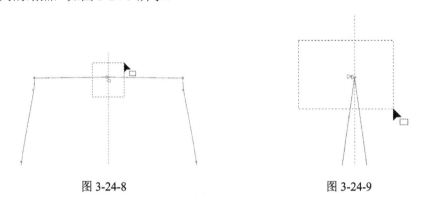

图 3-24-8　　　　　　　　　　　　　　　　图 3-24-9

（8）在属性栏中设置【轮廓宽度】参数，如图 3-24-10 所示。至此，七分裤的外轮廓绘制完毕，因为每一个人徒手绘制的轮廓比例都会稍有差别，所以这里给出作者绘制七分裤轮廓的大概尺寸，如图 3-24-11 所示。

（9）将绘制的七分裤颜色填充为 30% 黑色，效果如图 3-24-12 所示。

（10）继续使用工具箱中的"贝济埃"工具结合"形状"工具，在七分裤的腰部绘制左侧的松紧带。在属性栏中设置【轮廓宽度】参数如图 3-24-13 所示，效果如图 3-24-14

所示。

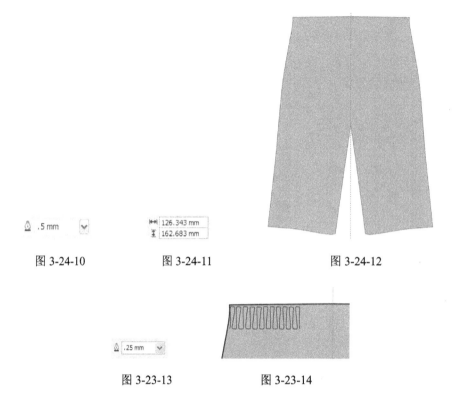

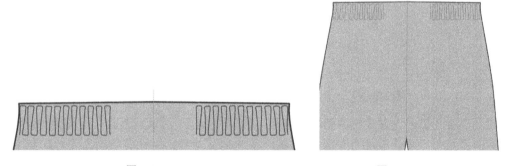

图 3-24-10   图 3-24-11   图 3-24-12

图 3-23-13   图 3-23-14

（11）执行菜单栏中的【窗口】→【泊坞窗】→【变换】→【比例】命令（【Alt+F9】），单击【水平镜像】按钮，参数的设置如图 3-24-6 所示，单击 应用到再制 按钮，水平镜像复制左侧松紧带，并调整到合适位置，效果如图 3-24-15 所示。

（12）执行菜单栏中的【视图】→【贴齐对象】命令，用工具箱中的"手绘"工具，在七分裤腰部中心点单击鼠标左键，将鼠标指针移动到七分裤裆部再次单击鼠标左键，绘制一条垂直分割线。在属性栏中设置【轮廓宽度】参数如图 3-24-13 所示，效果如图 3-24-16 所示。

图 3-24-15   图 3-24-16

（13）使用工具箱中的"贝济埃"工具 结合"形状"工具，在刚刚绘制的垂直分割线右侧分别绘制 2 条曲线。在属性栏中设置【轮廓宽度】参数，如图 3-24-13 所示。设置

【轮廓样式选择器】中上数第四条虚线，效果如图 3-24-17 所示。

（14）继续使用"贝济埃"工具 结合"形状"工具 ，在左右两侧松紧带下面分别绘制曲线。在属性栏中设置【轮廓宽度】参数如图 3-24-13 所示，效果如图 3-24-18 所示。

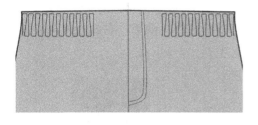

图 3-24-17　　　　　　　　　　　　　图 3-24-18

（15）继续使用"贝济埃"工具 结合"形状"工具 ，在刚刚绘制的两条曲线下面再分别绘制两条曲线。在属性栏中设置两条曲线的【轮廓宽度】参数，如图 3-24-13 所示。设置【轮廓样式选择器】中上数第四条虚线，效果如图 3-24-19 所示。

（16）继续使用"贝济埃"工具 结合"形状"工具 ，在腰部左侧位置分别绘制 2 条曲线。在属性栏中设置两条曲线的【轮廓宽度】参数，如图 3-24-13 所示。设置左侧曲线的【轮廓样式选择器】中上数第四条虚线，效果如图 3-24-20 所示。

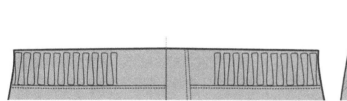
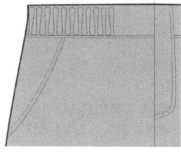

图 3-24-19　　　　　　　　　　　　　图 3-24-20

（17）重复步骤（16）的操作，绘制右侧的 2 条曲线，效果如图 3-24-21 所示。

（18）使用工具箱中的"贝济埃"工具 结合"形状"工具 ，在裆部位置绘制如图 3-24-22 所示的曲线，在属性栏中设置【轮廓宽度】参数，如图 3-24-13 所示。

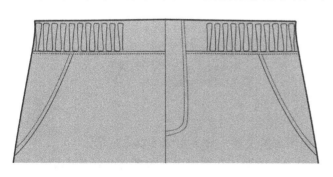
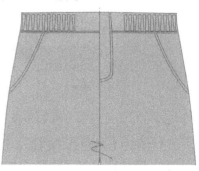

图 3-24-21　　　　　　　　　　　　　图 3-24-22

（19）继续使用"贝济埃"工具 结合"形状"工具 ，在七分裤的两条裤腿口位置分别绘制曲线。在属性栏中设置【轮廓宽度】参数，如图 3-24-13 所示。设置【轮廓样式选择器】中上数第四条虚线，效果如图 3-24-23 所示。

（20）使用"贝济埃"工具 结合"形状"工具 ，绘制如图 3-24-24 所示的图形，填充颜色为白色，轮廓色设置为无。（注：为了令读者看清楚该白色图形，在此先将图形轮廓色填充黑色，稍后会去掉黑色轮廓。）

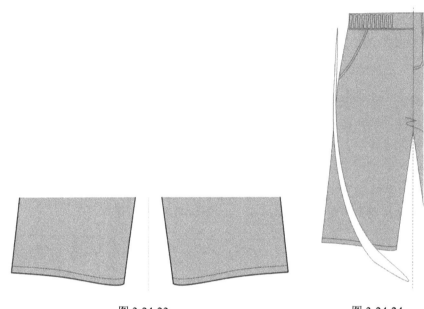

图 3-24-23　　　　　　　　　　　　　　图 3-24-24

（21）切换到工具箱中的"挑选"工具 ，选中刚刚绘制的图形，按住鼠标右键拖动至七分裤的轮廓上，当鼠标指针发生变化时，释放鼠标，在弹出的下拉菜单中选择"图框精确剪裁内部"选项，如图 3-24-25 所示。

（22）选中七分裤轮廓，单击鼠标右键，在弹出的下拉菜单中选择"编辑内容"选项，如图 3-24-26 所示。

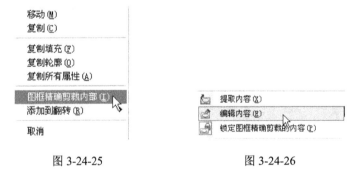

图 3-24-25　　　　　　　　　　　　　　图 3-24-26

（23）在七分裤轮廓的内部，调整白色图形的位置，效果如图 3-24-27 所示。

（24）继续在七分裤轮廓的内部，选中白色图形，在图形中心位置按住鼠标左键向下拖动一段距离，不松开鼠标左键，直接单击鼠标右键，快速移动复制一个该图形，效果如

图 3-24-28 所示。

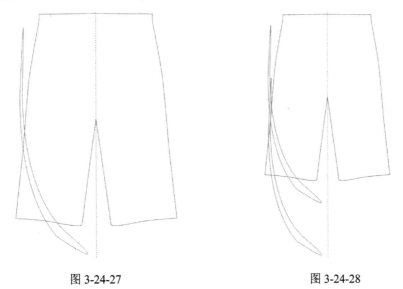

图 3-24-27　　　　　　　　　　　　图 3-24-28

（25）再次单击复制后的图形，在如图 3-24-29 所示的鼠标指针的位置上按住鼠标左键拖动，将该图形旋转一定角度，效果如图 3-24-30 所示。

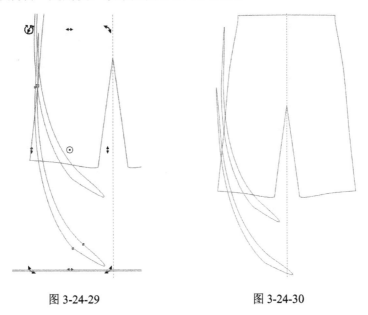

图 3-24-29　　　　　　　　　　　　图 3-24-30

（26）继续在七分裤轮廓的内部，执行菜单栏中的【窗口】→【泊坞窗】→【变换】→【比例】命令（【Alt+F9】），单击【水平镜像】按钮，参数的设置如图 3-24-31 所示，单击 应用到再制 按钮，水平镜像左侧的 2 个白色图形，调整好位置，效果如图 3-24-32 所示。

（27）在任一白色图形上单击鼠标右键，在弹出的下拉菜单中选择"结束编辑"选项如图 3-24-33 所示，效果如图 3-24-34 所示。

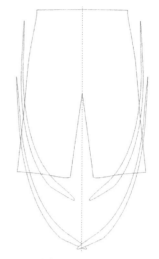

图 3-24-31　　　　　　　　　　　　图 3-24-32

图 3-24-33　　　　　　　　　　　　图 3-24-34

（28）使用"贝济埃"工具 结合"形状"工具 ，在左裤腿脚处绘制一条曲线。在属性栏中设置【轮廓宽度】参数如图 3-24-13 所示，效果如图 3-24-35 所示。

（29）切换到工具箱中的"挑选"工具 ，选中该曲线，执行菜单栏中的【排列】→【顺序】→【到图层后面】命令，效果如图 3-24-36 所示。

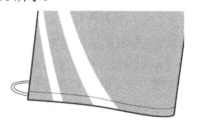

图 3-24-35　　　　　　　　　　　　图 3-24-36

（30）单击工具箱中的"椭圆形"工具 ，在刚刚绘制的曲线上绘制一个椭圆，在属性栏中设置【轮廓宽度】参数如图 3-24-13 所示，效果如图 3-24-38 所示。

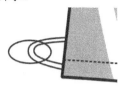

图 3-24-37　　　　　　　　　　　　图 3-24-38

（31）单击工具箱中的"填充"工具 ，在其下拉工具中选择"渐变填充"选项，如图 3-24-39 所示，在弹出如图 3-24-40 所示的对话框中设置渐变填充参数。

图 3-24-39　　　　　　　　　　　　图 3-24-40

（32）在图 3-24-40 所示的对话框中的"颜色调和"选项区域内的"位置"和"矩形渐变色块"的设置，如图 3-24-41～图 3-24-47 所示。

操作提示

渐变填充"颜色调和"选项内，"当前"后面显示的颜色是与其下面的小方块（黑色）或小三角（黑色）所指的颜色相对应。如果想更改颜色，单击调色盘下方的"其他"按钮，即可选择所需的颜色。

（33）设置完成后，单击 确定 按钮，填充效果如图 3-24-48 所示。

CMYK: 0、0、0、70　　　CMYK: 0、0、0、70　　　CMYK: 0、0、0、0

图 3-24-41　　　　　　　　图 3-24-42　　　　　　　　图 3-24-43

（34）切换到工具箱中的"挑选"工具，选中椭圆及下面曲线，执行菜单栏中的【窗口】→【泊坞窗】→【变换】→【比例】命令（【Alt+F9】），单击【水平镜像】按钮，参数的设置如图 3-24-31 所示，单击 应用到再制 按钮，调整好位置，效果如图 3-24-49 所示。

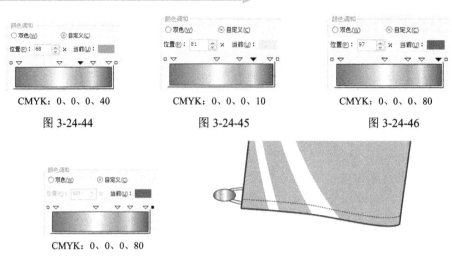

CMYK：0、0、0、40   CMYK：0、0、0、10   CMYK：0、0、0、80

图 3-24-44   图 3-24-45   图 3-24-46

CMYK：0、0、0、80

图 3-24-47   图 3-24-48

（35）单击工具箱中的"椭圆形"工具 ，在如图 3-24-50 所示的位置，配合【Ctrl】键绘制一个正圆形，在属性栏中设置【轮廓宽度】参数，如图 3-24-13 所示。

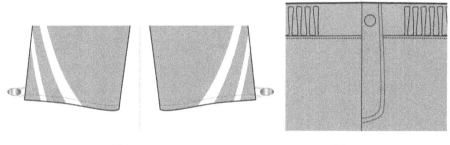

图 3-24-49   图 3-24-50

（36）单击工具箱中的"填充"工具 ，在弹出如图 3-24-51 所示的对话框中设置渐变填充参数。

（37）在图 3-24-51 所示的对话框中的"颜色调和"选项区域内的"位置"和"矩形渐变色块"的设置，如图 3-24-41～图 3-24-47 所示。设置完成后，单击 确定 按钮，效果如图 3-24-52 所示。

图 3-24-51

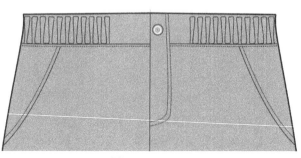

图 3-24-52

（38）单击工具箱中的"文本"工具字，在窗口中单击鼠标左键，在属性栏中设置【字体】及【字体大小】参数，如图 3-24-53 所示。输入"CBA"，填充颜色为红色，轮廓色设置为无。

（39）切换到工具箱中的"形状"工具，在文字的右下角 位置，按住鼠标左键向左拖动，将字间距调小，调整文字位置，效果如图 3-24-54 所示。

图 3-24-53　　　　　　　　　　　　　　图 3-24-54

（40）选中本实例开始拖动出的虚线辅助线，按【Delete】键将其删除。

（41）单击工具箱中的"交互式阴影"工具，在七分裤中心按住鼠标左键向七分裤右下角拖动，当拖动出蓝色轮廓线时，释放鼠标。此实例最终效果如图 3-24-55 所示。

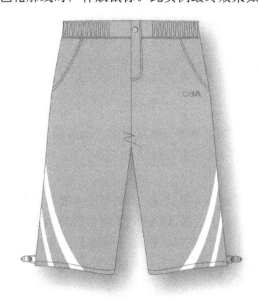

图 3-24-55

第4章

包袋系列设计与制作

实例 25　手机袋系列

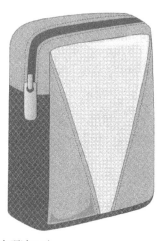

具体操作步骤如下。

（1）打开 CorelDRAW X4，执行菜单栏中的【文件】→【新建】命令或使用【Ctrl+N】组合键，新建一个空白页，设定纸张大小为 A4，横向摆放，如图 4-25-1 所示。

图 4-25-1

（2）首先绘制手机袋的正面。单击工具箱中的"贝济埃"工具和"形状"工具，在页面中合适位置绘制图形并填充颜色为浅灰色（CMYK：0、0、0、30），效果如图 4-25-2 所示。

（3）单击工具箱中的"手绘"工具，绘制如图 4-25-3 所示直线，线条轮廓颜色设置为灰色（CMYK：0、0、0、40），并按【Ctrl+G】组合键将两条直线群组。

（4）选中群组后的图形，执行菜单栏中的【编辑】→【步长和重复】命令，打开【步长和重复】泊坞窗，参数的设置如图 4-25-4 所示，单击【应用】按钮，效果如图 4-25-5 所示。

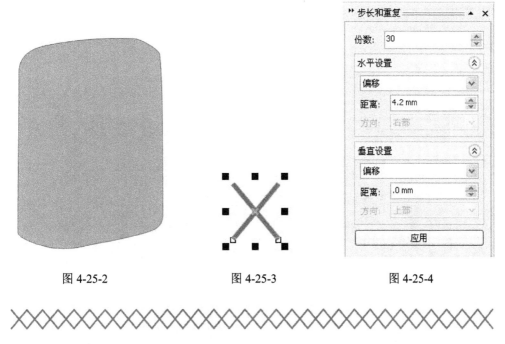

图 4-25-2　　　　　　　　　　图 4-25-3　　　　　　　　　　图 4-25-4

图 4-25-5

（5）选中上一步复制生成的图形并群组（【Ctrl+G】），再次执行菜单栏中的【编辑】→
【步长和重复】命令，参数的设置如图 4-25-6 所示，单击【应用】按钮，效果如图 4-25-7 所
示。

图 4-25-6　　　　　　　　　　　　　　　　图 4-25-7

（6）将复制生成的所有对象群组，并调整其大小。确认群组后的图形处于选中状态，
执行菜单栏中的【效果】→【精确裁切】→【放置在容器中】命令，并将鼠标移至图 4-25-2
所示图形上单击，效果如图 4-25-8 所示。

（7）利用前面的方法，将网状图形再作一层，如图 4-25-9 所示。

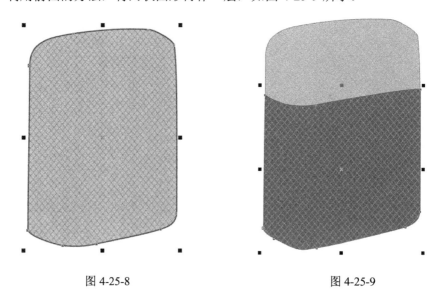

图 4-25-8 图 4-25-9

（8）用同样的方法，将网状图形再作一层，如图 4-25-10 所示。

（9）单击工具箱中的"贝济埃"工具 和"形状"工具 ，在页面中合适的位置绘制图形，设置其填充颜色为灰色（CMYK：0、0、0、78）。调整其各图形中的层次顺序，效果如图 4-25-11 所示。

（10）单击工具箱中的"贝济埃"工具 和"形状"工具 ，在页面中合适的位置绘制图形，并设置其填充颜色为（CMYK：0、10、100、0），效果如图 4-25-12 所示。

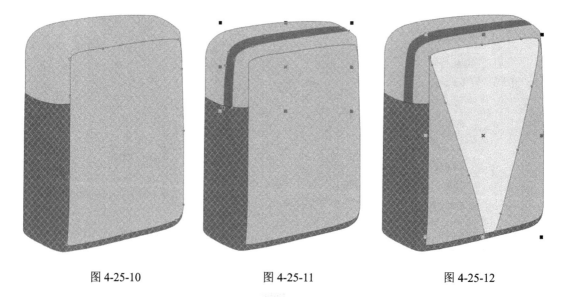

图 4-25-10 图 4-25-11 图 4-25-12

（11）单击工具箱中的"矩形"工具 ，在页面中绘制矩形，其填充颜色设置为黑色。执行菜单栏中的【排列】→【锁定对象】命令，效果如图 4-25-13 所示。

（12）单击工具箱中的"椭圆形"工具 ，按住【Ctrl】键在页面中合适的位置拖动鼠标绘制一个正圆形。其填充颜色设置为白色，轮廓色设置为无，效果如图 4-25-14 所示。

图 4-25-13

图 4-25-14

（13）将所绘制的正圆形调整大小。利用复制、粘贴命令对正圆形进行复制，效果如图 4-25-15 所示。

（14）将图 4-25-15 所示的正圆形群组。利用【编辑】→【步长与重复】命令，将群组后的图形进行多重复制，并将复制后的图形进行群组，效果如图 4-25-16 所示。

图 4-25-15

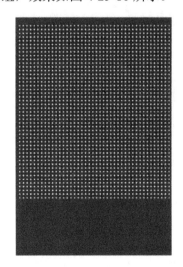

图 4-25-16

（15）确认群组后的图形处于选中状态，执行菜单栏中的【效果】→【精确裁切】→【放置在容器中】命令，并将鼠标移至图 4-25-12 所示的图形上单击，效果如图 4-25-17 所示。

（16）将前面绘制的所有图形选中群组。单击工具箱中的"贝济埃"工具和"形状"工具，在页面中合适的位置绘制曲线，并设置其轮廓样式为虚线，效果如图 4-25-18 所示。

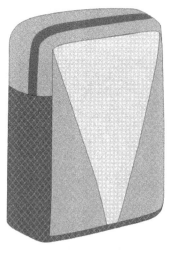
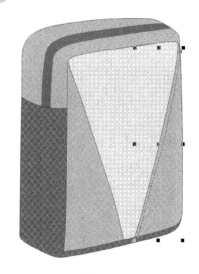

图 4-25-17 　　　　　　　　　　　　　　图 4-25-18

（17）在手机袋上其他位置，用同样方法绘制虚线线条，效果如图 4-25-19 所示。

（18）单击工具箱中的"贝济埃"工具 和"形状"工具 ，在页面中合适的位置绘制图形，其填充颜色设置为白色，效果如图 4-25-20 示。

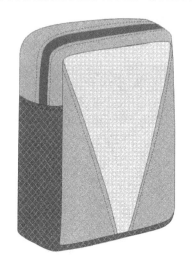
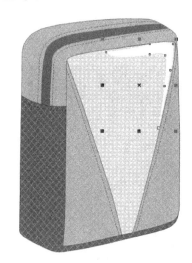

图 4-25-19 　　　　　　　　　　　　　　图 4-25-20

（19）选中图 4-25-20 所示的图形，单击工具箱中的"交互式透明"工具 ，然后在属性栏中设置参数，如图 4-25-21 所示。原对象产生如图 4-25-22 所示透明效果。

图 4-25-21

（20）用同样的方法绘制手机袋上其他图形，填充相应的颜色，并设置透明度，效果如图 4-25-23 所示。

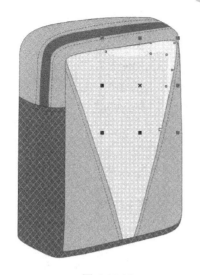 

图 4-25-22　　　　　　　　　　　　　　　图 4-25-23

（21）下面绘制手机袋上的拉链。单击工具箱中的"贝济埃"工具 和"形状"工具，在页面中合适的位置绘制图形，如图 4-25-24 所示。单击"填充"展开工具栏中的"渐变填充"工具 或按【F11】键，在弹出的【渐变填充】对话框中设置参数，如图 4-25-25 所示。设置完毕后，效果如图 4-25-26 所示。

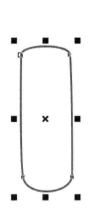 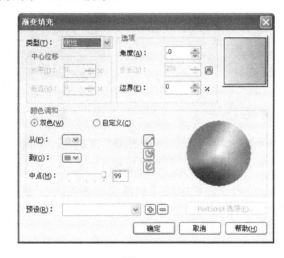 

图 4-25-24　　　　　　　　　　　图 4-25-25　　　　　　　　　　　图 4-25-26

（22）单击工具箱中的"椭圆形"工具 ，按住【Ctrl】键在页面合适的位置绘制一个正圆形，效果如图 4-25-27 所示。将所绘制的正圆形与图 4-25-26 所示的图形同时选中，单击属性栏的【后减前】按钮 ，操作后的效果如图 4-25-28 所示。

（23）用同样的方法绘制组成拉链的其他图形，填充相应的渐变色，效果如图 4-25-29 所示。将绘制的所有图形选中群组，手机袋的正面效果绘制完成。

（24）接下来绘制手机袋的背面。利用前面所讲的方法，绘制图形并制作网状效果，如图 4-25-30 所示。

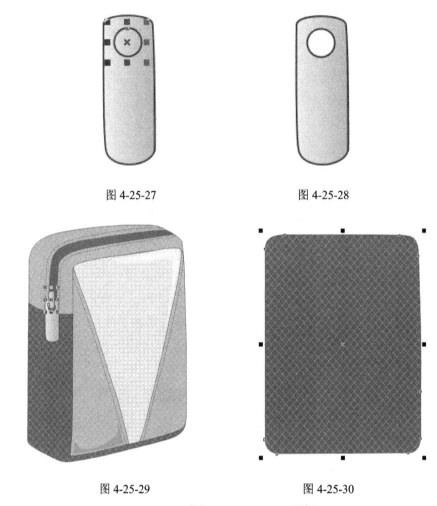

图 4-25-27　　　　　　　　　　图 4-25-28

图 4-25-29　　　　　　　　　　图 4-25-30

（25）单击工具箱中的"贝济埃"工具 和"形状"工具 ，绘制如图 4-25-31 所示的图形。

（26）单击工具箱中的"贝济埃"工具 和"形状"工具 ，绘制如图 4-25-32 所示的图形。

（27）将两图形选中，单击属性栏中的【后减前】按钮 ，操作后的效果如图 4-25-33 所示。

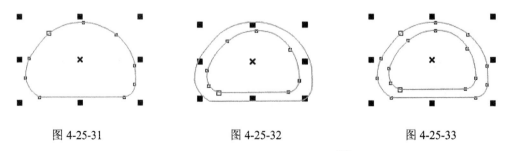

图 4-25-31　　　　　　　图 4-25-32　　　　　　　图 4-25-33

（28）单击"填充"展开工具栏中的"渐变填充"工具 或按【F11】键，为图形设置渐变填充，效果如图 4-25-34 所示。

（29）单击工具箱中的"贝济埃"工具 ✍ 和"形状"工具 ⚖，绘制如图 4-25-35 所示图形，其填充颜色设置为灰色（CMYK：0、0、0、80）。

（30）单击工具箱中的"贝济埃"工具 ✍ 和"形状"工具 ⚖，在手机袋合适的位置绘制曲线，并设置其轮廓样式为虚线，效果如图 4-25-36 所示。

 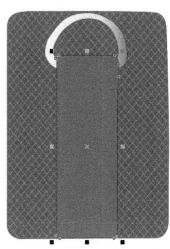 

图 4-25-34   图 4-25-35   图 4-25-36

（31）单击工具箱中的"贝济埃"工具 ✍ 和"形状"工具 ⚖，绘制图形，其填充颜色设置为灰色（CMYK：0、0、0、80）。单击工具箱中的"交互式透明"工具 ⏳，然后在属性栏中设置参数，如图 4-25-37 所示。原对象产生如图 4-25-38 所示的透明效果。

图 4-25-37

（32）手机袋绘制完成。反正面效果图，如图 4-25-39 所示。

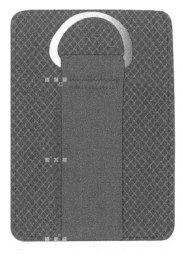 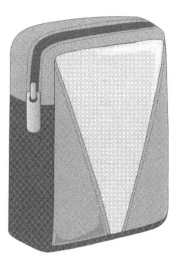 

图 4-25-38   图 4-25-39

实例 26　眼镜袋系列

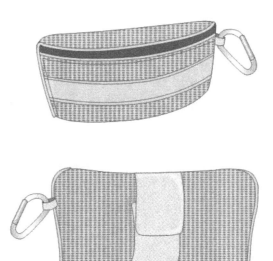

具体操作步骤如下。

（1）打开 CorelDRAW X4，执行菜单栏中的【文件】→【新建】命令或使用【Ctrl+N】组合键，新建一个空白页，设定纸张大小为 A4，横向摆放，如图 4-26-1 所示。

图 4-26-1

（2）首先绘制眼镜袋的正面。 单击工具箱中的"贝济埃"工具 和"形状"工具 ，在页面中合适的位置绘制图形并填充颜色为（CMYK：10、0、85、0），效果如图 4-26-2 所示。

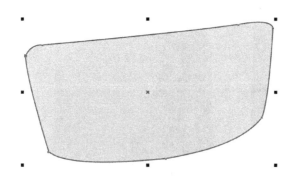

图 4-26-2

（3）单击工具箱中的"椭圆形"工具 ，拖动鼠标绘制一个椭圆形。其填充颜色设置为（CMYK：44、31、99、2），轮廓色设置为（CMYK：44、37、99、2），效果如图 4-26-3 所示。

（4）选中图 4-26-3 所示的图形，执行菜单栏中的【编辑】→【步长和重复】命令，打开【步长与重复】泊坞窗，参数的设置如图 4-26-4 所示，单击【应用】按钮，效果如图 4-26-5 所示。

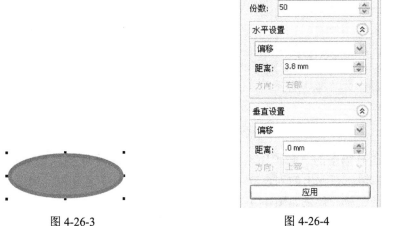

图 4-26-3　　　　　　　　　　　　　　　　　　　图 4-26-4

图 4-26-5

（5）选中上一步复制生成的图形并群组（【Ctrl+G】），再次执行菜单栏中的【编辑】→【步长和重复】命令，参数的设置如图 4-26-6 所示，单击【应用】按钮，效果如图 4-26-7 所示。

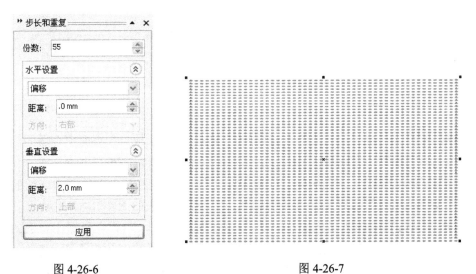

图 4-26-6　　　　　　　　　　　　　图 4-26-7

（6）将复制生成的所有对象群组，并调整其大小。确认群组后的图形处于选中状态，执行菜单栏中的【效果】→【精确裁切】→【放置在容器中】命令，并将鼠标移至图 4-26-2 所示的图形上单击，效果如图 4-26-8 所示。

（7）单击工具箱中的"贝济埃"工具 和"形状"工具 ，在页面中合适的位置绘制图形，效果如图 4-26-9 所示。

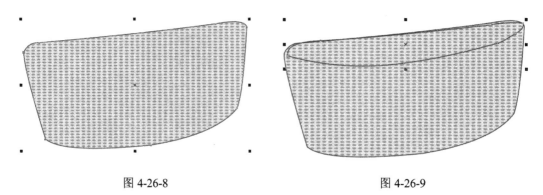

图 4-26-8　　　　　　　　　　　　　　　图 4-26-9

（8）单击工具箱中的"吸管"工具 ，在属性栏中指定复制类型为【对象属性】，并单击【效果】按钮，在弹出的列表框中选择【图框精确剪裁】复选框，如图 4-26-10 所示。单击【确定】按钮后，效果如图 4-26-11 所示。

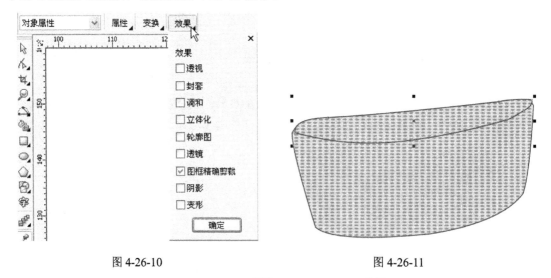

图 4-26-10　　　　　　　　　　　　　　　图 4-26-11

（9）单击工具箱中的"贝济埃"工具 和"形状"工具 ，在页面中合适的位置绘制图形，其填充颜色设置为（CMYK：0、11、65、0），效果如图 4-26-12 所示。

（10）单击工具箱中的"贝济埃"工具 和"形状"工具 ，在页面中合适的位置绘制图形，并设置其填充颜色为（CMYK：0、0、0、80），效果如图 4-26-13 所示。

（11）单击工具箱中的"贝济埃"工具 和"形状"工具 ，在页面中合适的位置绘制曲线。单击工具箱中的"轮廓"展开工具栏中的"轮廓画笔对话框"工具或按【F12】键，在弹出的【轮廓笔】对话框中设置参数，如图 4-26-14 所示。单击【确定】按钮后，效果如图 4-26-15 所示。

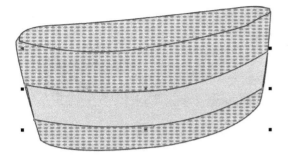

图 4-26-12

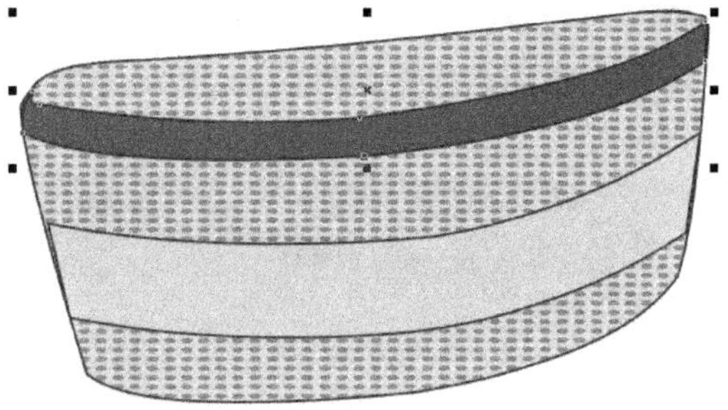

图 4-26-13

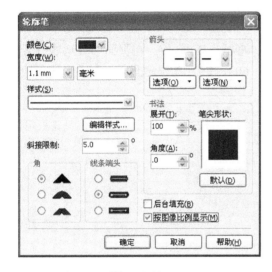

图 4-26-14

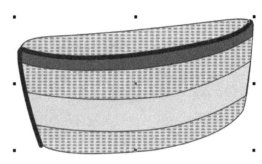

图 4-26-15

（12）选中图 4-26-15 所示的曲线，执行【排列】→【将轮廓转换为对象】命令。为转换得到的图形设置其填充颜色为（CMYK：10、0、85、0），效果如图 4-26-16 所示。

（13）用上述同样的方法绘制如图 4-26-17 所示的图形。

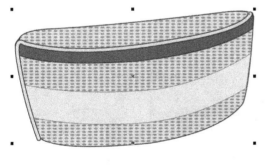

图 4-26-16

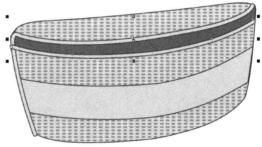

图 4-26-17

（14）执行菜单栏中的【排列】→【顺序】命令，调整与前面所绘制图形的层次，效果如图 4-26-18 所示。

（15）将前面绘制的所有图形选中群组。单击工具箱中的"贝济埃"工具和"形状"

工具 ，在页面中合适的位置绘制图形，其填充颜色设置为（CMYK：10、0、85、0），调整其与前面所绘制图形的层次，效果如图 4-26-19 所示。

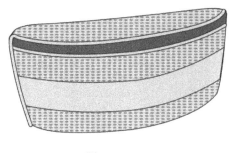
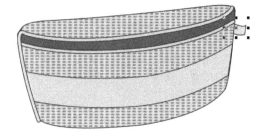

图 4-26-18　　　　　　　　　　　　　　　　　图 4-26-19

（16）单击工具箱中的"贝济埃"工具 和"形状"工具 ，在页面中合适的位置绘制图形，其填充颜色设置为（CMYK：10、0、0、60），调整其与前面所绘制图形的层次，效果如图 4-26-20 所示。

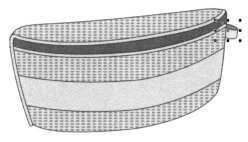

图 4-26-20

（17）下面制作眼镜袋上的金属扣环。单击工具箱中的"贝济埃"工具 和"形状"工具 ，绘制如图 4-26-21 所示图形。

（18）单击"填充"展开工具栏中的"渐变填充"工具 或按【F11】键，在弹出的【渐变填充】对话框中设置参数，如图 4-26-22 所示。单击【确定】按钮后，效果如图 4-26-23 所示。

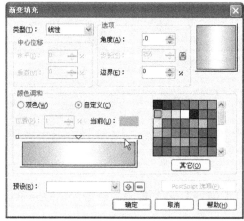

图 4-26-21　　　　　　　　　　图 4-26-22　　　　　　　　　　图 4-26-23

（19）调整图形的大小、角度、位置及其与前面图形的层次关系，效果如图 4-26-24 所示。

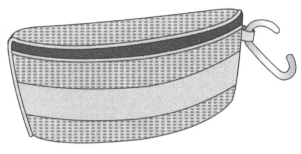

图 4-26-24

（20）用同样的方法绘制如图 4-26-25 所示的图形，渐变填充参数的设置如图 4-26-26 所示。单击【确定】按钮后，效果如图 4-26-27 所示。

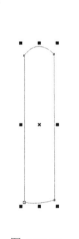
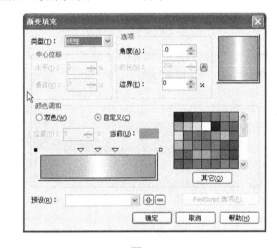

图 4-26-25　　　　　　　　　　　　图 4-26-26　　　　　　　　　　　　图 4-26-27

（21）调整图形的大小、角度及位置，效果如图 4-26-28 所示。

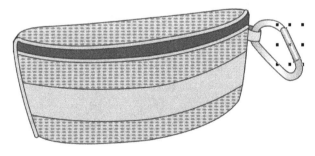

图 4-26-28

（22）单击工具箱中的"椭圆形"工具，按住【Ctrl】键绘制一个正圆形，其填充颜色设置为（CMYK：0、0、0、40），轮廓色设置为无，效果如图 4-26-29 所示。将所绘制正圆形原位复制，按【Shift】键的同时拖动鼠标将其缩小到合适大小。为复制生成的正圆形设置渐变填充，参数的设置如图 4-26-30 所示。单击【确定】按钮后，效果如图 4-26-31 所示。

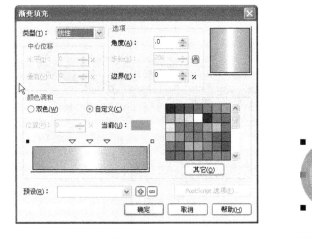

图 4-26-29 图 4-26-30 图 4-26-31

（23）将绘制的两个正圆形选中群组。调整图形的大小及位置，效果如图 4-26-32 所示。

（24）单击工具箱中的"贝济埃"工具 和"形状"工具 ，在眼镜袋合适的位置绘制曲线，并设置其轮廓样式为虚线，效果如图 4-26-33 所示。眼镜袋的正面效果绘制完成。

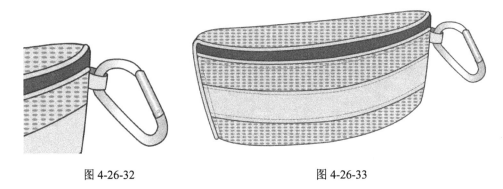

图 4-26-32 图 4-26-33

（25）利用前面所讲的方法，制作眼镜袋的背面效果，如图 4-26-34 所示。

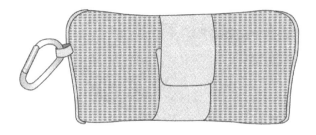

图 4-26-34

（26）接下来制作眼镜袋上的高光和阴影效果，增强图像的立体感。单击工具箱中的"贝济埃"工具 和"形状"工具 ，绘制图形，其填充颜色设置为白色。单击工具箱中的"交互式透明"工具 ，然后在属性栏中设置参数如图 4-26-35 所示。图形产生如图 4-26-36

所示透明效果。

图 4-26-35

（27）用同样的方法制作其他部分的透明效果，如图 4-26-37 所示

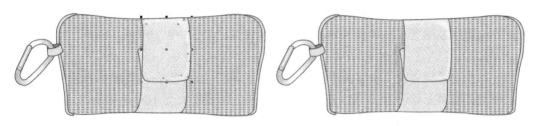

图 4-26-36　　　　　　　　　　　　　　图 4-26-37

（28）眼镜袋绘制完成。反正面效果图，如图 4-26-38 所示。

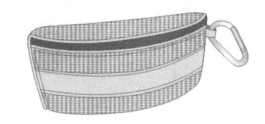

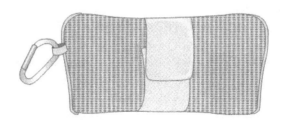

图 4-26-38

实例 27　钱包系列

具体操作步骤如下。

（1）打开 CorelDRAW X4，执行菜单栏中的【文件】→【新建】命令或使用【Ctrl+N】组合键，新建一个空白页，设定纸张大小为 A4，横向摆放，如图 4-27-1 所示。

图 4-27-1

（2）首先绘制钱包。 单击工具箱中的"贝济埃"工具 和"形状"工具 ，在页面中合适的位置绘制图形，并设置其填充颜色为黑色（CMYK：0、0、0、100），如图 4-27-2 所示。

（3）单击工具箱中的"贝济埃"工具 和"形状"工具 ，在页面中合适的位置绘制图形，并设置其填充颜色为（CMYK：0、0、0、63），效果如图 4-27-3 所示。

图 4-27-2   图 4-27-3

（4）单击工具箱中的"贝济埃"工具 和"形状"工具 ，在页面中合适的位置绘制图形，并设置其填充颜色为（CMYK：0、96、65、4），效果如图 4-27-4 所示。

（5）用同样方法绘制钱包的其他部分图形并填充相应的颜色，效果如图 4-27-5 所示。

图 4-27-4   图 4-27-5

（6）单击工具箱中的"贝济埃"工具 和"形状"工具 ，在页面中合适的位置绘制线条，效果如图 4-27-6 所示。

（7）单击工具箱中的"轮廓"展开工具栏中的"轮廓画笔对话框"工具 ，或按【F12】键，在弹出的【轮廓笔】对话框中，设置其轮廓为虚线，效果如图 4-27-7 所示。

（8）用同样的方法绘制钱包的其他部分线条并设置为虚线，效果如图 4-27-8 所示。

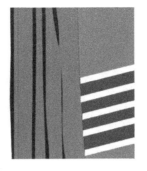

图 4-27-6　　　　　　　　　图 4-27-7　　　　　　　　　图 4-27-8

（9）接下来制作钱包上面的标识图案部分。单击工具箱中的"多边形"工具 和"形状"工具 ，在页面中合适的位置绘制图形，效果如图 4-27-9 所示。其填充颜色设置为黑色，效果如图 4-27-10 所示。

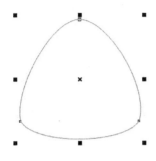

图 4-27-9　　　　　　　　　　　　　　　图 4-27-10

（10）单击工具箱中的"椭圆形"工具 ，结合【Shift】键绘制正圆形，并设置其填充颜色为灰色（CMYK：10、8、9、39），轮廓线设为无，效果如图 4-27-11 所示。

（11）单击工具箱中的"箭头形状"工具 ，在页面中合适的位置绘制箭头图形，如图 4-27-12 所示。为箭头设置填充颜色为灰色（CMYK：10、8、9、39），轮廓线设为无。复制箭头，调整到合适的位置，效果如图 4-27-13 所示。

（12）将正圆形与 3 个箭头选定，执行菜单栏中的【排列】→【结合】命令，效果如图 4-27-14 所示。

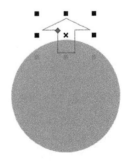

图 4-27-11　　　　　　　　　　　　　　　图 4-27-12

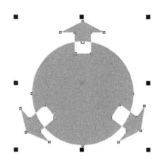

图 4-27-13   图 4-27-14

（13）调整图 4-27-10 和图 4-27-14 的大小和位置，效果如图 4-27-15 所示。

（14）单击工具箱中的"椭圆形"工具 ，在页面中合适的位置绘制正圆形并复制，效果如图 4-27-16 所示。

图 4-27-15   图 4-27-16

（15）单击工具箱中的"文本"工具 ◎，输入大写字母"C"，将其转换为曲线。利用"形状"工具 ◠◢，修改其形状，并设置填充颜色为（CMYK：0、72、100、82），效果如图 4-27-17 所示。

（16）单击工具箱中的"交互式轮廓图"工具 ◎，在字母图形边缘往外拖动，创建出轮廓效果。在属性栏中设置参数，如图 4-27-18 所示。

图 4-27-17   图 4-27-18

（17）调整字母图形的大小和位置，效果如图 4-27-19 所示。

（19）用同样的方法制作标识上的其他文字，效果如图 4-27-20 所示。

（19）将标识图形各部分群组。调整标识的大小、位置及角度，放置到钱包的合适位置，效果如图 4-27-21 所示。钱包绘制完成。

图 4-27-19

图 4-27-20

图 4-27-21

实例 28　腰包系列

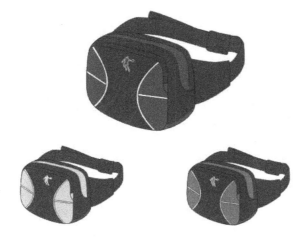

具体操作步骤如下。

（1）打开 CorelDRAW X4，执行菜单栏中的【文件】→【新建】命令或使用【Ctrl+N】组合键，新建一个空白页，设定纸张大小为 A4，横向摆放，如图 4-28-1 所示。

图 4-28-1

（2）首先绘制腰包。单击工具箱中的"贝济埃"工具 和"形状"工具 ，在页面中合适的位置绘制如图 4-28-2 所示的图形。

（3）单击工具箱中的"填充"展开工具栏中的"填充对话框"工具或按【Shift+F11】组合键，在弹出的【均匀填充】对话框中，设置其填充颜色为灰色（CMYK：33、4、0、72），效果如图 4-28-3 所示。

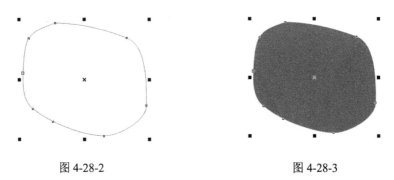

图 4-28-2   图 4-28-3

（4）单击工具箱中的"贝济埃"工具 和"形状"工具 ，在页面中合适的位置绘制如图 4-28-4 所示的图形，并设置其填充颜色为（CMYK：0、0、0、89），效果如图 4-28-5 所示。

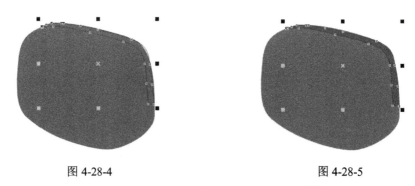

图 4-28-4   图 4-28-5

（5）单击工具箱中的"贝济埃"工具 和"形状"工具 ，在页面中合适的位置绘制图形，并设置其填充颜色为（CMYK：0、0、0、89），效果如图 4-28-6 所示。

（6）单击工具箱中的"贝济埃"工具 和"形状"工具 ，在页面中合适的位置绘制图形，并设置其填充颜色为（CMYK：33、4、0、72），效果如图 4-28-7 所示。

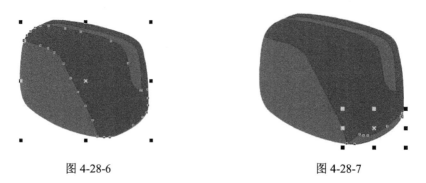

图 4-28-6   图 4-28-7

（7）单击工具箱中的"贝济埃"工具 和"形状"工具 ，在页面中合适的位置绘制图形，并设置其填充颜色为（CMYK：0、0、0、89），效果如图 4-28-8 所示。

（8）单击工具箱中的"贝济埃"工具 和"形状"工具 ，在页面中合适的位置绘制图形，并设置其填充颜色为白色（CMYK：0、0、0、0），效果如图 4-28-9 所示。

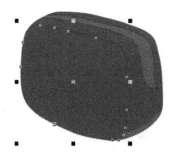
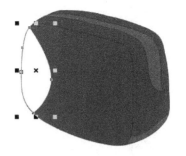

图 4-28-8　　　　　　　　　　　　　　　图 4-28-9

（9）单击工具箱中的"贝济埃"工具 ✎ 和"形状"工具 ✎，在页面中合适的位置绘制图形，并设置其填充颜色为（CMYK：33、4、0、72），效果如图 4-28-10 所示。

（10）单击工具箱中的"贝济埃"工具 ✎ 和"形状"工具 ✎，在页面中合适的位置绘制图形，并设置其填充颜色为白色（CMYK：0、0、0、0），效果如图 4-28-11 所示。

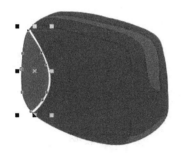
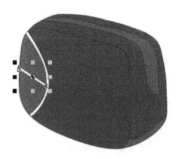

图 4-28-10　　　　　　　　　　　　　　图 4-28-11

（11）用同样的方法绘制腰包上右侧的图形，填充相应的颜色，效果如图 4-28-12 所示。

（12）单击工具箱中的"贝济埃"工具 ✎ 和"形状"工具 ✎，在页面中合适的位置绘制图形，并设置其填充颜色为（CMYK：0、0、0、89），效果如图 4-28-13 所示。

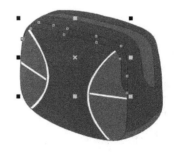

图 4-28-12　　　　　　　　　　　　　　图 4-28-13

（13）接下来绘制腰包带。单击工具箱中的"贝济埃"工具 ✎ 和"形状"工具 ✎，在页面中合适的位置绘制图形，效果如图 4-28-14 所示。并设置其填充颜色为（CMYK：0、0、0、89）。执行菜单栏中的【排列】→【顺序】命令，调整与前面所绘制图形的层次，效果如图 4-28-15 所示。

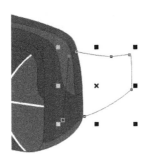

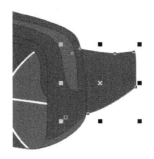

图 4-28-14   图 4-28-15

（14）单击工具箱中的"贝济埃"工具 和"形状"工具 ，在页面中合适的位置绘制图形，效果如图 4-28-16 所示。并设置其填充颜色为（CMYK：0、0、0、89）。执行菜单栏中的【排列】→【顺序】命令，调整与前面所绘制图形的层次，效果如图 4-28-17 所示。

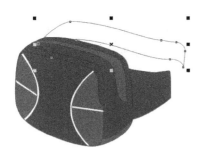

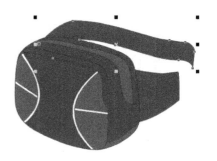

图 4-28-16   图 4-28-17

（15）单击工具箱中的"贝济埃"工具 和"形状"工具 ，在页面中合适的位置绘制图形，效果如图 4-28-18 所示。并设置其填充颜色为（CMYK：0、0、0、89）。执行菜单栏中的【排列】→【顺序】命令，调整与前面所绘制图形的层次，效果如图 4-28-19 所示。

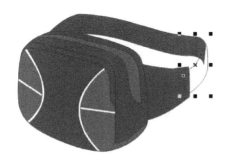

图 4-28-18   图 4-28-19

（16）单击工具箱中的"贝济埃"工具 和"形状"工具 ，在页面中合适的位置绘制图形，效果如图 4-28-20 所示。并设置其填充颜色为（CMYK：0、0、0、89）。执行菜单栏中的【排列】→【顺序】命令，调整与前面所绘制图形的层次，效果如图 4-28-21 所示。

图 4-28-20　　　　　　　　　　　　　　　图 4-28-21

（17）单击工具箱中的"贝济埃"工具 和"形状"工具 ，在页面中合适的位置绘制图形，效果如图 4-28-22 所示。并设置其填充颜色为（CMYK：0、0、0、89），效果如图 4-28-23 所示。

图 4-28-22　　　　　　　　　　　　　　　图 4-28-23

（18）单击工具箱中的"贝济埃"工具 和"形状"工具 ，在页面中合适的位置绘制曲线，效果如图 4-28-24 所示。并设置其轮廓颜色为黑色（CMYK：0、0、0、100）。

（19）用同样的方法在页面中合适位置绘制其他曲线，效果如图 4-28-25 所示。

图 4-28-24　　　　　　　　　　　　　　　图 4-28-25

（20）单击工具箱中的"贝济埃"工具 和"形状"工具 ，在页面中合适的位置绘制曲线，效果如图 4-28-26 所示。

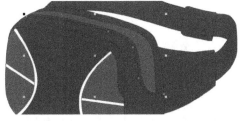

图 4-28-26

（21）单击工具箱中的"轮廓"展开工具栏中的"轮廓画笔对话框"工具 或按【F12】

键，在弹出的【轮廓笔】对话框中，设置其轮廓为虚线，其他参数的设置如图 4-28-27 所示，效果如图 4-28-28 所示。

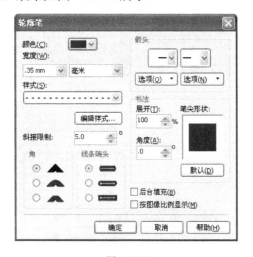

图 4-28-27

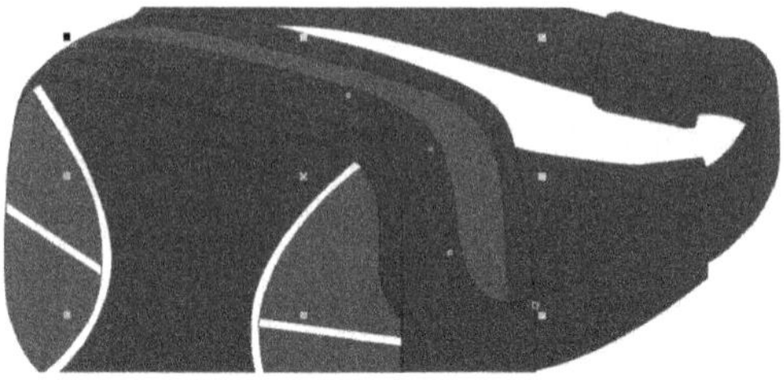

图 4-28-28

（22）用同样的方法在页面中绘制其他位置的虚线，效果如图 4-28-29 所示。

（23）单击工具箱中的"贝济埃"工具 ，在页面中合适的位置绘制直线，效果如图 4-28-30 所示。

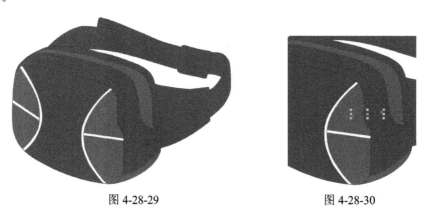

图 4-28-29

图 4-28-30

（24）选择工具箱中的"智能填充"工具 ，在属性栏中设置参数，如图 4-28-31 所示。在所绘制的直线与之前所绘制的图形相交部分处单击，生成新的图形对象，如图 4-28-32 所示。

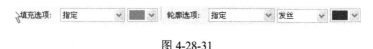

图 4-28-31

（25）将新生成的图形对象设置填充颜色为（CMYK：33、4、0、72），并将图 4-28-30 所绘制的直线删除。将所绘制的对象全选并且群组，效果如图 4-28-33 所示。

（26）接下来制作腰包上面的图案部分。单击工具箱中的"贝济埃"工具 和"形状"工具 ，在页面中合适的位置绘制图形，效果如图 4-28-34 所示。

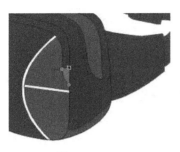

图 4-28-32

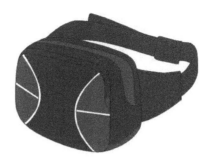

图 4-28-33

（27）执行菜单栏中的【文件】→【导入】命令或使用【Ctrl+I】组合键，导入素材文件夹中的 streetball.jpg 图像，效果如图 4-28-35 所示。

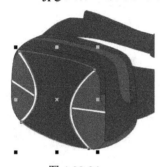

图 4-28-34

图 4-28-35

（28）执行菜单栏中的【位图】→【描摹位图】→【线条图】命令，在打开如图 4-28-36 所示的 PowerTRACE 对话框中设置参数。单击【确定】按钮后，转换后的矢量图效果如图 4-28-37 所示。

（29）为转换后的图形设置填充颜色为（CMYK：0、0、0、85），并调整图形的大小、位置及旋转角度，效果如图 4-28-38 所示。

图 4-28-36

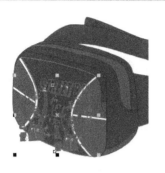

图 4-28-37   图 4-28-38

（30）确认图 4-28-38 所示的图形处于选中状态，执行菜单栏中的【效果】→【图框精确剪裁】→【放置在容器中】命令，并将鼠标移至图 4-28-34 所示的图形上单击，效果如图 4-28-39 所示。将所选图形轮廓设置为无，效果如图 4-28-40 所示。

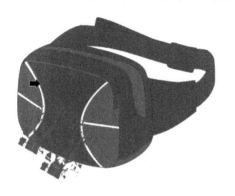

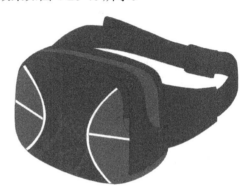

图 4-28-39   图 4-28-40

（31）打开素材文件夹中的标识.cdr 文件。复制文件中标识图形到绘图文件中，效果如图 4-28-41 所示。

（32）为图形设置填充颜色为（CMYK：33、4、0、72），轮廓颜色设置为白色。调整图形的大小、位置及旋转角度，效果如图 4-28-42 所示。腰包绘制完成。

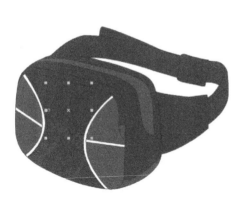

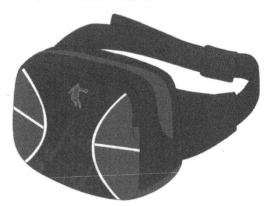

图 4-28-41   图 4-28-42

实例 29　手提包系列

具体操作步骤如下。

（1）打开 CorelDRAW X4，执行菜单栏中的【文件】→【新建】命令或使用【Ctrl+N】
组合键，新建一个空白页，设定纸张大小为 A4，横向摆放，如图 4-29-1 所示。

图 4-29-1

（2）单击工具箱中的"贝济埃"工具 和"形状"工具 ，绘制如图 4-29-2 所示的图形。

（3）单击工具箱中的"填充"展开工具栏中的"填充对话框"工具或按【Shift+ F11】
组合键，在弹出的【均匀填充】对话框中，设置其填充颜色为灰色（CMYK：67、58、
66、12），如图 4-29-3 所示。轮廓宽度设置为 0.5mm，效果如图 4-29-4 所示。

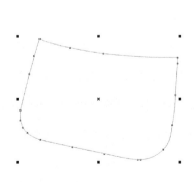

图 4-29-2　　　　　　　　　　　　　　　　图 4-29-3

（4）选中所绘制如图 4-29-4 所示的图形，并将其复制一个，调整其位置。并设置其填充颜色为（CMYK：49、38、41、2），轮廓宽度设置为 0.35mm，效果如图 4-29-5 所示。

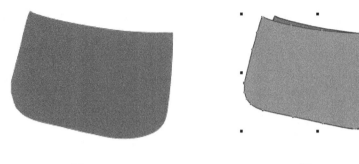

图 4-29-4   图 4-29-5

（5）单击工具箱中的"贝济埃"工具 和"形状"工具 ，绘制如图 4-29-6 所示的图形。其填充颜色设置为（CMYK：68、61、64、12），轮廓宽度设置为 0.5mm，效果如图 4-29-7 所示。

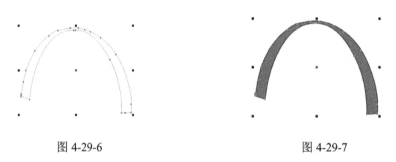

图 4-29-6   图 4-29-7

（6）选中所绘制的图形，并将其复制一个。单击工具箱中的"形状"工具 ，调整结点位置，修改后的图形效果如图 4-29-8 所示。并设置其填充颜色为黑色（CMYK：0、0、0、100），效果如图 4-29-9 所示。

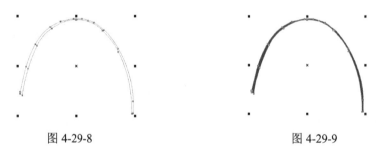

图 4-29-8   图 4-29-9

（7）调整如图 4-29-7 和图 4-29-9 所示的图形的大小及位置，并将其群组，效果如图 4-29-10 所示。

（8）执行菜单栏中的【排列】→【顺序】命令，调整与前面所绘制图形的层次，效果如图 4-29-11 所示。

（9）选中所绘制如图 4-29-4 所示的图形，并将其复制一个，按住【Shift】键拖动鼠标调整其大小，效果如图 4-29-12 所示。

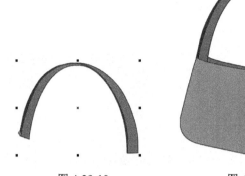

图 4-29-10　　　　　　　　　　图 4-29-11　　　　　　　　　　图 4-29-12

（10）选中所绘制的图形，单击工具箱中的"轮廓"展开工具栏中的"轮廓画笔对话框"工具或按【F12】键，在弹出如图 4-29-13 所示的【轮廓笔】对话框中，设置其轮廓颜色为（CMYK：2、0、0、11），线条样式为虚线，轮廓宽度设为 0.25mm，效果如图 4-29-14 所示。

图 4-29-13　　　　　　　　　　　　图 4-29-14

（11）单击工具箱中的"贝济埃"工具 和"形状"工具 ，绘制如图 4-29-15 所示的图形。其填充颜色设置为（CMYK：53、45、50、3），轮廓宽度设置为无。绘制如图 4-29-16 所示的线条，轮廓颜色设置为（CMYK：2、0、0、11），线条样式设置为虚线，轮廓宽度设置为 0.25mm。

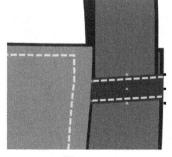

图 4-29-15　　　　　　　　　　　　图 4-29-16

（12）将如图 4-29-15 所示的图形与如图 4-29-16 所示的线条群组，执行菜单栏中的【排列】→【顺序】命令，调整与前面所绘制图形的层次，效果如图 4-29-17 所示。

（13）单击工具箱中的"贝济埃"工具 和"形状"工具 ，绘制如图 4-29-18 和图 4-29-19 所示的图形。其填充颜色设置为（CMYK：53、45、50、3），轮廓宽度设置为无，效果如图 4-29-20 所示。

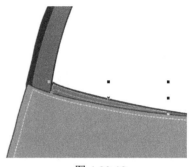

图 4-29-17　　　　　　　　　图 4-29-18　　　　　　　　　图 4-29-19

（14）单击工具箱中的"贝济埃"工具 和"形状"工具 ，绘制如图 4-29-21 所示的图形。其填充颜色设置为（CMYK：4、22、89、0），轮廓宽度设置为无，效果如图 4-29-22 所示。

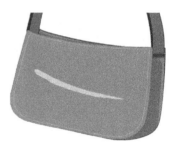

图 4-29-20　　　　　　　　　图 4-29-21　　　　　　　　　图 4-29-22

（15）用同样的方法绘制包上其他的图案，并填充相应的颜色，效果如图 4-29-23 所示。手提包绘制完成。

图 4-29-23

实例 30　圆筒包系列

具体操作步骤如下。

（1）打开 CorelDRAW X4，执行菜单栏中的【文件】→【新建】命令或使用【Ctrl+N】组合键，新建一个空白页，设定纸张大小为 A4，横向摆放，如图 4-30-1 所示。

图 4-30-1

（2）首先绘制圆筒包。单击工具箱中的"贝济埃"工具 和"形状"工具 ，在页面中合适的位置绘制图形，其填充颜色设置为灰色（CMYK：0、0、0、85），效果如图 4-30-2 所示。

（3）选中所绘制的图形，执行菜单栏中的【编辑】→【复制】、【编辑】→【粘贴】命令，或使用【Ctrl+C】、【Ctrl+V】组合键，将图形原位复制。并为复制生成的图形对象设置颜色为白色（CMYK：0、0、0、0），移动图形位置，效果如图 4-30-3 所示。

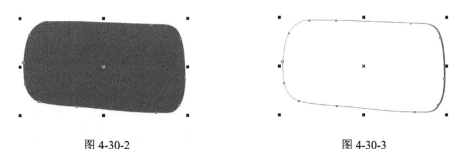

图 4-30-2　　　　　　　　　　　　图 4-30-3

（4）执行菜单栏中的【排列】→【顺序】→【到页面后面】命令，调整与前面所绘制图形的层次，效果如图 4-30-4 所示。

（5）单击工具箱中的"椭圆形"工具 ，在页面中合适的位置拖动鼠标绘制一个椭圆形，并设置其填充颜色为白色，效果如图 4-30-5 所示。

（6）使用【Ctrl+C】、【Ctrl+V】组合键，将所绘制椭圆形复制。并为复制生成的图形对象设置颜色为红色（CMYK：0、97、100、50），调整红色椭圆形的大小及位置，效果如图 4-30-6 所示。

 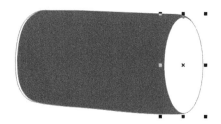

图 4-30-4   图 4-30-5

（7）接下来制作圆筒包的包带部分。单击工具箱中的"贝济埃"工具 和"形状"工具 ，在页面中合适的位置绘制图形，并设置其填充颜色为灰色（CMYK：0、0、0、85），效果如图 4-30-7 所示。

图 4-30-6   图 4-30-7

（8）执行菜单栏中的【排列】→【顺序】→【到页面后面】命令，调整与前面所绘制图形的层次，效果如图 4-30-8 所示。

（9）单击工具箱中的"贝济埃"工具 和"形状"工具 ，在页面中合适的位置绘制图形，并设置其填充颜色为无，效果如图 4-30-9 所示。

图 4-30-8   图 4-30-9

（10）单击工具箱中的"贝济埃"工具 和"形状"工具 ，在页面中合适的位置绘制图形，并设置其填充颜色为灰色（CMYK：0、0、0、75），效果如图 4-30-10 所示。

（11）单击工具箱中的"贝济埃"工具 和"形状"工具 ，在页面中合适的位置绘制图形，并设置其填充颜色为（CMYK：0、0、0、85），效果如图 4-30-11 所示。

图 4-30-10

图 4-30-11

（12）单击工具箱中的"贝济埃"工具 ，在包带上绘制明线，效果如图 4-30-12 所示。

（13）单击工具箱中的"贝济埃"工具 和"形状"工具 ，在页面中合适的位置绘制图形，并设置其填充颜色为白色，效果如图 4-30-13 所示。

图 4-30-12

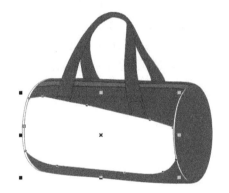

图 4-30-13

（14）使用【Ctrl+C】、【Ctrl+V】组合键，将所绘制如图 4-30-13 所示的图形复制。单击"形状"工具 ，调节图形的形状，效果如图 4-30-14 所示。为图形设置填充颜色为红色（CMYK：0、97、100、50），效果如图 4-30-15 所示。

图 4-30-14

图 4-30-15

（15）下面制作圆筒包的网状装饰部分。单击工具箱中的"贝济埃"工具 ✎和"形状"工具 ⌒，在页面中合适的位置绘制图形，其填充颜色设置为无，效果如图 4-30-16 所示。按【Ctrl+C】、【Ctrl+V】组合键，将所绘的图形复制，并设置其填充颜色为黑色，保留备用，效果如图 4-30-17 所示。

图 4-30-16

图 4-30-17

（16）单击工具箱中的"手绘"工具 ✎，绘制如图 4-30-18 所示的直线，并按【Ctrl+G】组合键将所有直线群组。

（17）选中群组后的图形，执行菜单栏中的【编辑】→【步长和重复】命令，打开【步长和重复】泊坞窗，参数的设置如图 4-30-19 所示，单击【应用】按钮，效果如图 4-30-20 所示。

图 4-30-18

图 4-30-19

图 4-30-20

（18）选中上一步复制生成的图形并群组（【Ctrl+G】），再次执行菜单栏中的【编辑】→【步长和重复】命令，参数的设置如图 4-30-21 所示，单击【应用】按钮，效果如图 4-30-22 所示。

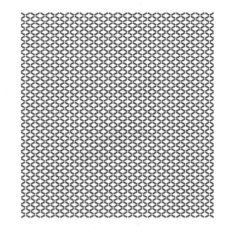

图 4-30-21　　　　　　　　　　　　　　　　　　图 4-30-22

（19）将复制生成的所有对象群组，设置其轮廓色为灰色（CMYK：0、0、0、80），并调整其大小与角度。确认群组后的图形处于选中状态，执行菜单栏中的【效果】→【精确裁切】→【放置在容器中】命令，并将鼠标移至如图 4-30-23 所示处单击，效果如图 4-30-24 所示。

图 4-30-23　　　　　　　　　　　　　　　　　　图 4-30-24

（20）利用前面的方法，将网状图形再作一层，如图 4-30-25 所示。与图 4-30-17 留作备用的图形调节好位置，并群组，效果如图 4-30-26 所示。

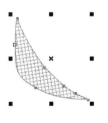

图 4-30-25　　　　　　　　　　　　　　　　　　图 4-30-26

（21）单击工具箱中的"三点曲线"工具 绘制图形，效果如图 4-30-27 所示。其填充颜色设置为白色，并调整其位置与大小，效果如图 4-30-28 所示。

（22）用同样的方法绘制图形。并调整其位置与大小，效果如图 4-30-29 所示。并将绘制的 3 个白色图形复制并群组，轮廓色设置为灰色（CMYK：0、0、0、40），填充颜色设置为无，放置到页面空白处，留作备用，如图 4-30-30 所示。

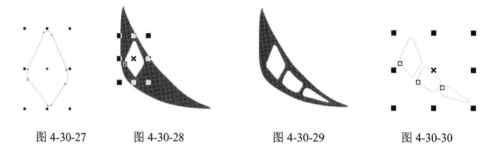

图 4-30-27　　　图 4-30-28　　　　图 4-30-29　　　　图 4-30-30

（23）将图 4-30-29 所示的图形全部选中，在属性栏中单击【后减前】按钮 。将所得图形与图 4-30-30 所示的备用图形调整到页面合适位置，效果如图 4-30-31 所示。

（24）单击工具箱中的"三点曲线"工具 绘制线条，效果如图 4-30-32 所示。

（25）利用前面方法，绘制圆筒包侧面网兜，效果如图 4-30-33 所示。

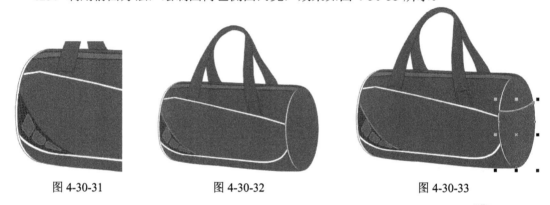

图 4-30-31　　　　　图 4-30-32　　　　　　图 4-30-33

（26）接下来制作圆筒包的文字装饰部分。单击工具箱中的"文字"工具 ，输入文字"SPORTS POWER"。选中全部文字，调整文字的高度，效果如图 4-30-34 所示。执行【排列】→【转换为曲线】命令，再执行【排列】→【拆分 曲线】命令，效果如图 4-30-35 所示。

SPORTS POWER　　　　SPORTS POWER

图 4-30-34 　　　　　　　　　图 4-30-35

（27）选中拆分后的第一个图形对象"S"，其轮廓色设置为黑色，填充颜色为无。单击工具箱中的"形状"工具 ，修改图形形状，效果如图 4-30-36 所示。

SPORTS POWER

图 4-30-36

（28）选中字母"P"，执行【转换为曲线】和【拆分 曲线】命令后，被拆成两个图形对象。用拖动的方法将这两个图形都选中，在属性栏中单击"前减后"按钮 ，所得图形效果如图 4-30-37 所示。其轮廓色设置为黑色，填充颜色为无。单击工具箱中的"形状"工具 ，修改图形形状，效果如图 4-30-38 所示。

图 4-30-37　　　　　　　　　　　　　　　图 4-30-38

（29）用同样的方法，修改其他字母图形的形状，效果如图 4-30-39 所示。

（30）将所制作的字母图形全选，其设填充颜色设置为白色，轮廓线设置为白色，轮廓线宽度设置为 0.7mm。调整其大小和角度，放置到页面的合适位置，效果如图 4-30-40 所示。

图 4-30-39　　　　　　　　　　　　　　　图 4-30-40

（31）单击工具箱中的"交互式透明"工具 ，然后属性栏中设置参数，如图 4-30-41 所示。原对象产生如图 4-30-42 所示的透明效果。

图 4-30-41

（32）再将字母图形复制，其填充颜色设置为黄色（CMYK：0、25、100、0），轮廓线设置为无，效果如图 4-30-43 所示。

图 4-30-42

图 4-30-43

（33）用同样方法制作圆筒包上的其他文字，效果如图 4-30-44 所示。

（34）打开素材文件夹中的标识.cdr 文件，复制文件中标识图形到绘图文件中。为图形设置填充颜色为红色（CMYK：0、100、96、28），轮廓颜色设置为无。调整图形的大小、位置及旋转角度，效果如图 4-30-45 所示。圆筒包绘制完成。

图 4-30-44   图 4-30-45

实例 31 单肩包系列

具体操作步骤如下。

（1）打开 CorelDRAW X4，执行菜单栏中的【文件】→【新建】命令或使用【Ctrl+N】组合键，新建一个空白页，设定纸张大小为 A4，横向摆放，如图 4-31-1 所示。

图 4-31-1

（2）首先绘制单肩包。单击工具箱中的"贝济埃"工具 和"形状"工具 ，在页面中合适的位置绘制如图 4-31-2 所示的图形。

（3）单击工具箱中的"填充"展开工具栏中的"填充对话框"工具或按【Shift+F11】组合键，在弹出的【均匀填充】对话框中，设置其填充颜色为灰色（CMYK：0、0、0、89），如图 4-31-3 所示。

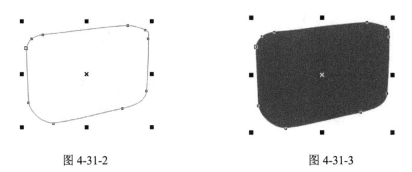

图 4-31-2   图 4-31-3

（4）单击工具箱中的"贝济埃"工具 和"形状"工具 ，在页面中合适的位置绘制图形，并设置其填充颜色为（CMYK：0、0、0、89），效果如图 4-31-4 所示。

（5）单击工具箱中的"贝济埃"工具 和"形状"工具 ，在页面中合适的位置绘制图形，效果如图 4-31-5 所示。

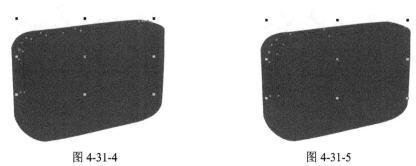

图 4-31-4   图 4-31-5

（6）单击工具箱中的"轮廓"展开工具栏中的"轮廓画笔对话框"工具 或按【F12】键，在弹出的【轮廓笔】对话框中，设置其轮廓为虚线，其他参数的设置如图 4-31-6 所示，效果如图 4-31-7 所示。

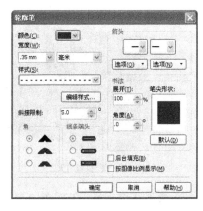
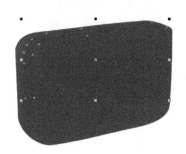

图 4-31-6   图 4-31-7

（7）单击工具箱中的"贝济埃"工具 和"形状"工具 ，在页面中合适的位置绘制图形，并设置其填充颜色为（CMYK：0、62、100、32），效果如图 4-31-8 所示。

（8）单击工具箱中的"贝济埃"工具 和"形状"工具 ，在页面中合适的位置绘制曲线，设置其轮廓为虚线，其他参数的设置如图 4-31-6 所示，效果如图 4-31-9 所示。

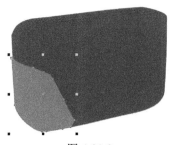
图 4-31-8

图 4-31-9

（9）单击工具箱中的"贝济埃"工具 和"形状"工具 ，在页面中合适的位置绘制图形，并设置其填充颜色为（CMYK：0、0、0、89），效果如图 4-31-10 所示。

（10）单击工具箱中的"贝济埃"工具 和"形状"工具 ，在页面中合适的位置绘制图形，并设置其填充颜色为（CMYK：0、0、0、89），效果如图 4-31-11 所示。

图 4-31-10

图 4-31-11

（11）单击工具箱中的"贝济埃"工具 和"形状"工具 ，在页面中合适的位置绘制图形，效果如图 4-31-12 所示。

（12）将所绘制图形的填充颜色设置为（CMYK：0、0、0、85）。执行菜单栏中的【排列】→【顺序】命令，调整与前面所绘制图形的层次，效果如图 4-31-13 所示。

图 4-31-12

图 4-31-13

（13）单击工具箱中的"贝济埃"工具 和"形状"工具 ，在页面中合适的位置绘制图形，并设置其填充颜色为白色（CMYK：0、0、0、0），效果如图 4-31-14 所示。

（14）单击工具箱中的"贝济埃"工具 和"形状"工具 ，在页面中合适的位置绘制图形，并设置其填充颜色为（CMYK：0、62、100、32），效果如图 4-31-15 所示。

 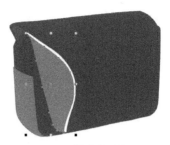

图 4-31-14　　　　　　　　　　　　　　图 4-31-15

（15）单击工具箱中的"贝济埃"工具 和"形状"工具 ，在页面中合适的位置绘制图形，并设置其填充颜色为白色（CMYK：0、0、0、0），效果如图 4-31-16 所示。

（16）用同样的方法绘制单肩包上右侧的图形，填充相应的颜色，效果如图 4-31-17 所示。

图 4-31-16　　　　　　　　　　　　　　图 4-31-17

（17）接下来绘制单肩带。单击工具箱中的"贝济埃"工具 和"形状"工具 ，在页面合适的位置绘制图形，并设置其填充颜色为（CMYK：0、0、0、89），效果如图 4-31-18 所示。

（18）单击工具箱中的"贝济埃"工具 和"形状"工具 ，在页面合适的位置绘制图形，并设置其填充颜色为（CMYK：0、0、0、89），效果如图 4-31-19 所示。

（19）执行菜单栏中的【排列】→【顺序】命令，调整与前面所绘制图形的层次，效果如图 4-31-20 所示。

图 4-31-18　　　　　　　　　图 4-31-19　　　　　　　　　图 4-31-20

（20）接下来制作单肩包上面的图案部分。选择工具箱中的"智能填充"工具 ，在属性栏中设置参数，如图 4-31-21 所示。

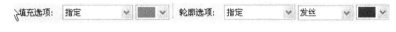

图 4-31-21

（21）此时鼠标变成"+"形状。在移动鼠标至图 4-31-22 所示处单击，生成新的图形对象，效果如图 4-31-23 所示。

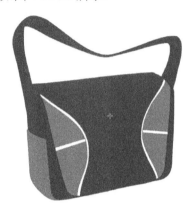 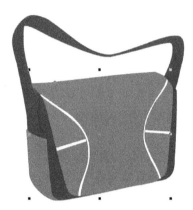

图 4-31-22　　　　　　　　　　　　　　图 4-31-23

（22）将如图 4-31-23 所示新生成的图形填充颜色设置为无，只留轮廓备用，效果如图 4-31-24 所示。

（23）执行菜单栏中的【文件】→【导入】命令或使用【Ctrl+I】组合键，导入素材文件夹中的 streetball.jpg 图像。效果如图 4-31-25 所示。

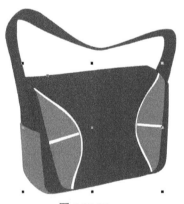 

图 4-31-24　　　　　　　　　　　　　　图 4-31-25

（24）执行菜单栏中的【位图】→【描摹位图】→【线条图】命令，在打开如图 4-31-26 所示的 PowerTRACE 对话框中设置参数。单击【确定】按钮后，转换后的矢量图效果如图 4-31-27 所示。

（25）为转换后的图形设置填充颜色为（CMYK：0、0、0、85），并调整图形的大小、位置及旋转角度，效果如图 4-31-28 所示。

图 4-31-26

图 4-31-27

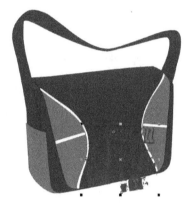

图 4-31-28

（26）确认图 4-31-28 所示的图形处于选中状态，执行菜单栏中的【效果】→【图框精确剪裁】→【放置在容器中】命令，并将鼠标移至图 4-31-22 所示的备用图形上单击，效果如图 4-31-29 所示。将所选图形轮廓设置为无，效果如图 4-31-30 所示。

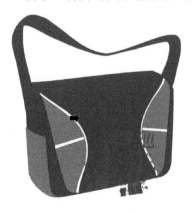

图 4-31-29

图 4-31-30

（27）打开素材文件夹中的标识.cdr 文件。复制文件中标识图形到绘图文件中，效果如图 4-31-31 所示。

（28）为图形设置填充颜色为（CMYK：33、4、0、72），轮廓颜色设置为白色。调整图形的大小、位置及旋转角度，效果如图 4-31-32 所示。单肩包绘制完成。

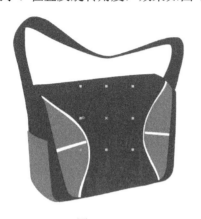

图 4-31-31　　　　　　　　　　　　　　　图 4-31-32

实例 32　斜肩包系列

具体操作步骤如下。

（1）打开 CorelDRAW X4，执行菜单栏中的【文件】→【新建】命令或使用【Ctrl+N】组合键，新建一个空白页，设定纸张大小为 A4，横向摆放，如图 4-32-1 所示。

图 4-32-1

（2）首先绘制斜肩包。单击工具箱中的"贝济埃"工具 和"形状"工具 ，在页面中合适的位置绘制图形，效果如图 4-32-2 所示。

（3）单击工具箱中的"填充"展开工具栏中的"填充对话框"工具或按【Shift+F11】组合键，在弹出的【均匀填充】对话框中，设置其填充为灰色（CMYK：0、0、0、80），如图 4-32-3 所示。轮廓宽度设置为无，效果如图 4-32-4 所示。

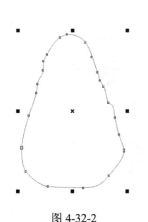

图 4-32-2　　　　　　　　　　　　图 4-32-3　　　　　　　　　　　　图 4-32-4

（4）单击工具箱中的"贝济埃"工具 和"形状"工具 ，在页面中合适的位置绘制图形，如图 4-32-5 所示。并设置其填充颜色为（CMYK：0、0、0、100），轮廓宽度设置为无，效果如图 4-32-6 所示。

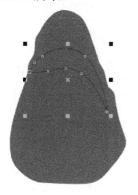

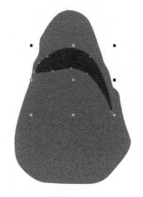

图 4-32-5　　　　　　　　　　　　　　　　图 4-32-6

（5）单击工具箱中的"贝济埃"工具 和"形状"工具 ，在页面中合适的位置绘制图形，效果如图 4-32-7 所示。

（6）单击"填充"展开工具栏中的"渐变填充"工具 或按【F11】键，在弹出如图 4-32-8 所示的【渐变填充】对话框中，设置其填充为灰色（CMYK：0、0、0、54）到灰色（CMYK：0、0、0、81）自定义渐变。轮廓设置为无，效果如图 4-32-9 所示。

（7）单击工具箱中的"贝济埃"工具 和"形状"工具 ，在页面中合适的位置绘制图形，并设置其填充颜色为（CMYK：0、0、0、40），轮廓宽度设置为无，效果如图 4-32-10 所示。

（8）单击工具箱中的"贝济埃"工具 和"形状"工具 ，在页面中合适的位置绘制图形，并设置其填充颜色为（CMYK：0、0、0、38），轮廓宽度设置为无，效果如图 4-32-11 所示。

（9）单击工具箱中的"贝济埃"工具 和"形状"工具 ，在页面中合适的位置绘制图形，并设置其填充颜色为（CMYK：0、0、0、36），轮廓宽度设置为无，效果如图 4-32-12

所示。

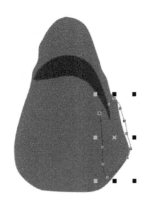

图 4-32-7　　　　　　　　　　　　　　　　　图 4-32-8

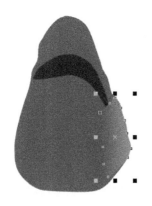

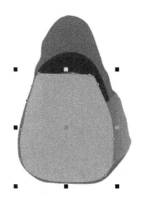

图 4-32-9　　　　　　　　　　　　　图 4-32-10

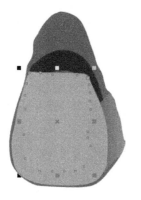

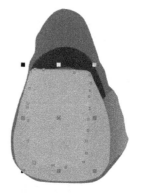

图 4-32-11　　　　　　　　　　　　　图 4-32-12

（10）单击工具箱中的"贝济埃"工具 和"形状"工具 ，在页面中合适的位置绘
制图形，并设置其填充颜色为（CMYK：0、0、0、33），轮廓宽度设置为无，效果如图 4-32-13
所示。

（11）单击工具箱中的"贝济埃"工具 🖋 和"形状"工具 ⏶，在页面中合适的位置绘制图形，并设置其填充颜色为（CMYK：0、0、0、40），轮廓宽度设置为无，效果如图 4-32-14 所示。

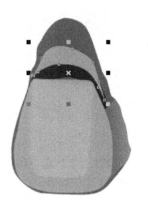

图 4-32-13　　　　　　　　　　　　　图 4-32-14

（12）单击工具箱中的"贝济埃"工具 🖋 和"形状"工具 ⏶，在页面中合适的位置绘制图形，并设置其填充颜色为（CMYK：0、0、0、44），轮廓宽度设置为无，效果如图 4-32-15 所示。

（13）单击工具箱中的"贝济埃"工具 🖋 和"形状"工具 ⏶，在页面中合适的位置绘制图形，并设置其填充颜色为（CMYK：0、100、96、28），轮廓宽度设置为无，效果如图 4-32-16 所示。

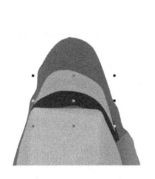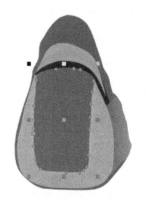

图 4-32-15　　　　　　　　　　　　　图 4-32-16

（14）单击工具箱中的"贝济埃"工具 🖋 和"形状"工具 ⏶，在页面中合适的位置绘制图形，并设置其填充颜色为（CMYK：0、100、96、28），轮廓宽度设置为无，效果如图 4-32-17 所示。

（15）单击工具箱中的"贝济埃"工具 🖋 和"形状"工具 ⏶，在页面中合适的位置绘制曲线，并设置其轮廓颜色为（CMYK：0、0、0、70），轮廓宽度设置为 0.5mm，效果如图 4-32-18 所示。

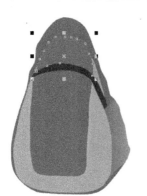
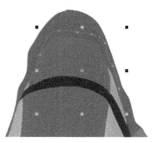

图 4-32-17   图 4-32-18

（16）单击工具箱中的"贝济埃"工具 和"形状"工具 ，在页面中合适的位置绘制图形，如图 4-32-19 所示。并设置其填充颜色为（CMYK：0、87、84、24），轮廓宽度设置为无，效果如图 4-32-20 所示。

（17）用同样的方法绘制斜肩包上其他与图 4-32-20 所示颜色相同的图形，效果如图 4-32-21 所示。

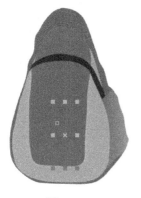
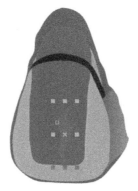

图 4-32-19   图 4-32-20   图 4-32-21

（18）单击工具箱中的"贝济埃"工具 和"形状"工具 ，在页面中合适的位置绘制图形，如图 4-32-22 所示。并设置其填充颜色为（CMYK：0、70、67、20），轮廓宽度设置为无，效果如图 4-32-23 所示。

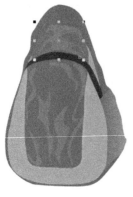
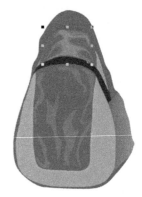

图 4-32-22   图 4-32-23

（19）用同样的方法绘制斜肩包上其他与图 4-32-23 所示颜色相同的图形，效果如图 4-32-24 所示。

（20）单击工具箱中的"贝济埃"工具 和"形状"工具 ，在页面中合适的位置绘制图形，效果如图 4-32-25 所示。并设置其填充颜色为（CMYK：0、78、87、44），轮廓宽度设置为无，效果如图 4-32-26 所示。

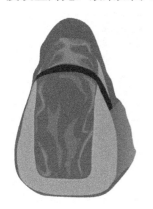
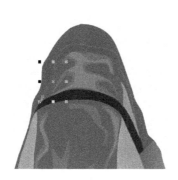
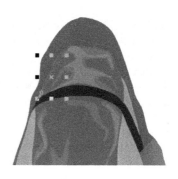

图 4-32-24　　　　　　　　　　　图 4-32-25　　　　　　　　　　　图 4-32-26

（21）选中图 4-32-26 所示的图形，单击工具箱中的"交互式透明"工具 ，然后在属性栏中设置参数，如图 4-32-27 所示。原对象产生如图 4-32-28 所示的透明效果。

图 4-32-27

（22）用同样的方法绘制斜肩包上其他与图 4-32-28 所示颜色及透明度设置相同的图形，效果如图 4-32-29 所示。

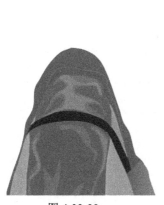
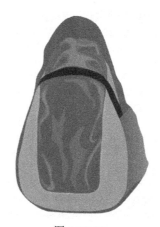

图 4-32-28　　　　　　　　　　　图 4-32-29

（23）单击工具箱中的"贝济埃"工具 和"形状"工具 ，在页面中合适的位置绘制图形，如图 4-32-30 所示。并设置其填充颜色为（CMYK：0、90、100、51），轮廓宽度设置为无，效果如图 4-32-31 所示。

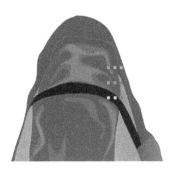

图 4-32-30

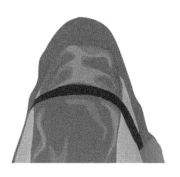

图 4-32-31

（24）选中图 4-32-31 所示的图形，单击工具箱中的"交互式透明"工具 ，然后在属性栏中设置参数，如图 4-32-27 所示。原对象产生如图 4-32-28 所示的透明效果。

图 4-32-32

（25）用同样的方法绘制斜肩包上其他与图 4-32-33 颜色及透明度设置相同的图形，效果如图 4-32-34 所示。

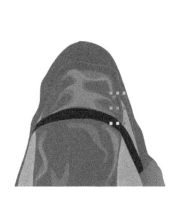

图 4-32-33

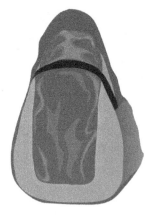

图 4-32-34

（26）单击工具箱中的"贝济埃"工具 和"形状"工具 ，在页面中合适的位置绘制图形，如图 4-32-35 示。并设置其填充颜色为（CMYK：0、78、87、44），轮廓宽度设置为无，效果如图 4-32-36 所示。

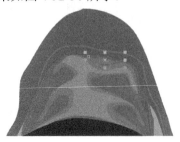

图 4-32-35

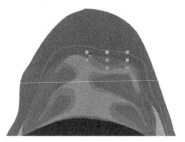

图 4-32-36

（27）选中图 4-32-36 所示的图形，单击工具箱中的"交互式透明"工具 ，然后在属性栏中设置参数，如图 4-32-37 所示。原对象产生如图 4-32-38 所示的透明效果。

图 4-32-37

（28）单击工具箱中的"贝济埃"工具 和"形状"工具 ，在页面中合适的位置绘制图形，如图 4-32-39 示。并设置其填充颜色为（CMYK：0、78、87、44），轮廓宽度设置为无，效果如图 4-32-40 示。

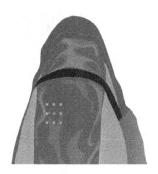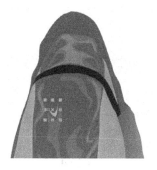

图 4-32-38　　　　　　　　图 4-32-39　　　　　　　　图 4-32-40

（29）选中图 4-32-40 所示的图形，单击工具箱中的"交互式透明"工具 ，然后在属性栏中设置参数，如图 4-32-41 所示。原对象产生如图 4-32-42 所示的透明效果。

图 4-32-41

（30）单击工具箱中的"贝济埃"工具 和"形状"工具 ，在页面中合适的位置绘制曲线，并设置其轮廓颜色为（CMYK：0、0、0、34），轮廓宽度设置为 0.7mm，效果如图 4-32-43 所示。

（31）将曲线原位置复制，调整所复制的曲线的位置，设置轮廓颜色为（CMYK：0、0、0、49），轮廓宽度为 0.7mm，效果如图 4-32-44 所示。

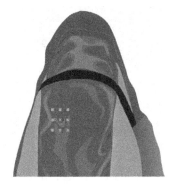

图 4-32-42　　　　　　　　图 4-32-43　　　　　　　　图 4-32-44

（32）在页面合适的位置，用同样的方法绘制曲线，并设置轮廓线颜色和宽度，效果如图 4-32-45 所示。

（33）单击工具箱中的"贝济埃"工具 和"形状"工具 ，在页面中合适的位置绘制图形，如图 4-32-46 示。并设置其填充颜色为（CMYK：0、0、0、44），轮廓宽度设置为无，效果如图 4-32-47 所示。

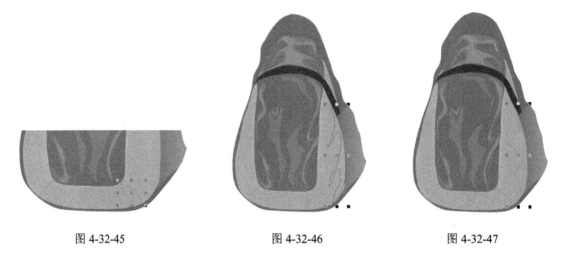

图 4-32-45   图 4-32-46   图 4-32-47

（34）用同样的方法绘制斜肩包上其他与图 4-32-47 所示颜色设置相同的图形，效果如图 4-32-48 所示。

（35）单击工具箱中的"贝济埃"工具 和"形状"工具 ，在页面中合适的位置绘制图形，如图 4-32-49 所示。其填充颜色设置为（CMYK：0、0、0、85），轮廓宽度设置为无，并调整与前面所绘制图形的层次，效果如图 4-32-49 示。

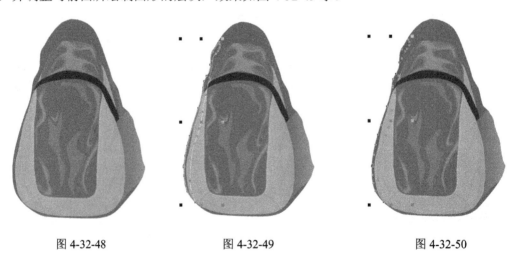

图 4-32-48   图 4-32-49   图 4-32-50

（36）用同样的方法绘制斜肩包上其他与图 4-32-50 所示颜色设置相同的图形，效果如图 4-32-51 所示。

（37）单击工具箱中的"贝济埃"工具 和"形状"工具 ，在页面中合适的位置绘制图形，如图 4-32-52 示。其填充颜色设置为（CMYK：0、0、0、76），轮廓宽度设置为无，并调整与前面所绘制图形的层次，效果如图 4-32-53 示。

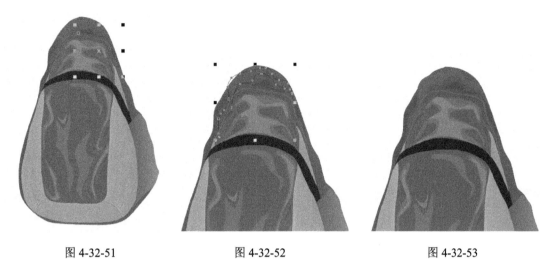

图 4-32-51　　　　　　　　　图 4-32-52　　　　　　　　　图 4-32-53

（38）用同样的方法绘制斜肩包上其他与图 4-32-53 所示颜色设置相同的图形，效果如图 4-32-54 所示。

（39）单击工具箱中的"贝济埃"工具 和"形状"工具 ，在页面中合适的位置绘制图形，效果如图 4-32-55 示。其填充颜色设置为（CMYK：0、0、0、72），轮廓宽度设置为无，并调整与前面所绘制图形的层次，效果如图 4-32-56 示。

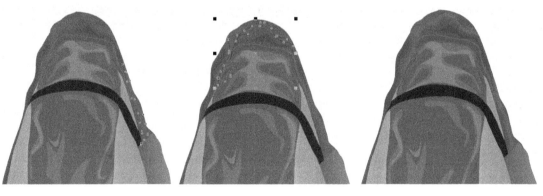

图 4-32-54　　　　　　　　　图 4-32-55　　　　　　　　　图 4-32-56

（40）接下来绘制斜肩包侧面的网兜。单击工具箱中的"椭圆形"工具 ，按住【Ctrl】键在页面中合适的位置拖动鼠标绘制一个正圆形，效果如图 4-32-57 所示。

（41）选中工作区中的正圆形，执行菜单栏中的【编辑】→【步长和重复】命令或使用【Ctrl+Shift+D】组合键，打开【步长和重复】泊坞窗，参数的设置如图 4-32-58 所示，效果如图 4-32-59 所示。

（42）选中工作区中的所有正圆形群组（【Ctrl+G】），再次执行菜单栏中的【编辑】→【步长和重复】命令或使用【Ctrl+Shift+D】组合键，打开【步长和重复】泊坞窗，其参数设置如图 4-32-60 所示，效果如图 4-32-61 所示。

图 4-32-57   图 4-32-58

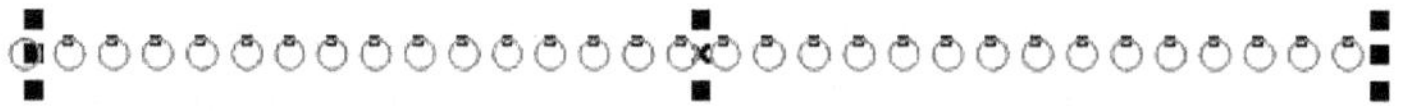

图 4-32-59   图 4-32-60

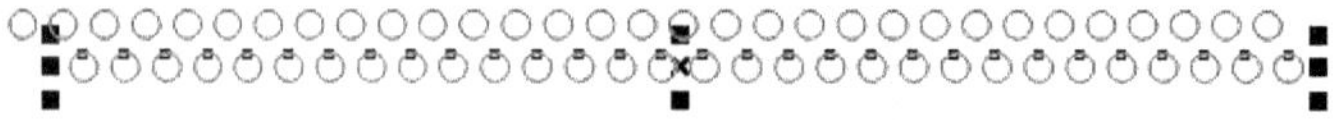

图 4-32-61

（43）将生成的两组正圆形群组（【Ctrl+G】），再次执行菜单栏中的【编辑】→【步长和重复】命令或使用【Ctrl+Shift+D】组合键，打开【步长和重复】泊坞窗，参数的设置如图 4-32-62 所示，效果如图 4-32-63 所示。

图 4-32-62

图 4-32-63

（44）将图 4-32-9 所示的图形复制，设置颜色为黑色（CMYK：0、0、0、100），轮廓宽度设置为无，并调整图形在页面中的位置，如图 4-32-64 所示。将图 4-32-64 所示的图形用鼠标拖曳的方法选中，执行菜单栏中的【排列】→【结合】命令或使用【Ctrl+L】组合键，将所选对象结合起来，其效果如图 4-32-65 所示。

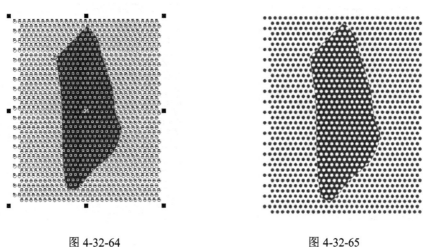

图 4-32-64　　　　　　　　　　　　　　　　　图 4-32-65

（45）将图 4-32-9 所示的图形再复制一份，设置颜色为无，轮廓宽度设置为黑色，如图 4-32-66 所示。确认图 4-32-65 所示的图形处于选中状态，执行菜单栏中的【效果】→【精确裁切】→【放置在容器中】命令，并将鼠标移至图 4-32-66 所示的图形上单击，如图 4-32-67 所示。效果如图 4-32-68 所示。

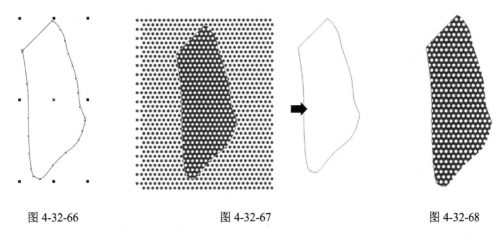

图 4-32-66　　　　　　　　　　图 4-32-67　　　　　　　　　　图 4-32-68

（46）将图 4-32-9 所示的图形再复制一份。选中复制得到的图形，单击工具箱中的"交互式透明"工具 ，然后在属性栏中设置参数，如图 4-32-69 所示。原对象产生如图 4-32-70 所示的透明效果。

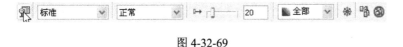

图 4-32-69

（47）调整图 4-32-70 所示的图形在斜肩包中的大小、位置及与前面所绘制图形的层次，效果如图 4-32-71 所示。

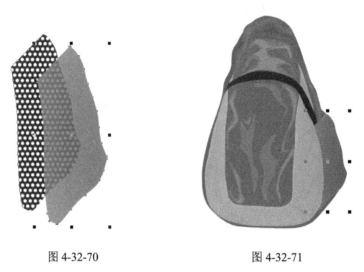

图 4-32-70 图 4-32-71

（48）单击工具箱中的"贝济埃"工具 和"形状"工具 ，在页面中合适的位置绘制图形，效果如图 4-32-72 所示。并设置其填充颜色为（CMYK：0、0、0、90），轮廓宽度设置为无，效果如图 4-32-73 所示。

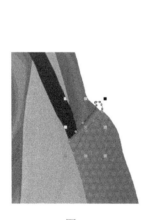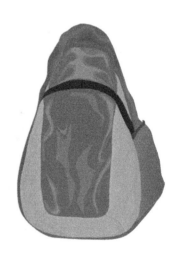

图 4-32-72 图 4-32-73

（49）接下来绘制斜肩包带。单击工具箱中的"贝济埃"工具 和"形状"工具 ，在页面中合适的位置绘制图形，效果如图 4-32-74 所示。并设置其填充颜色为（CMYK：0、0、0、80），轮廓宽度设置为无。执行菜单栏中的【排列】→【顺序】命令，调整与前面所绘制图形的层次，效果如图 4-32-75 所示。

（50）用同样的方法绘制此处斜肩包带上图形，填充相应的颜色，调整与前面所绘制图形的层次，效果如图 4-32-76 所示。

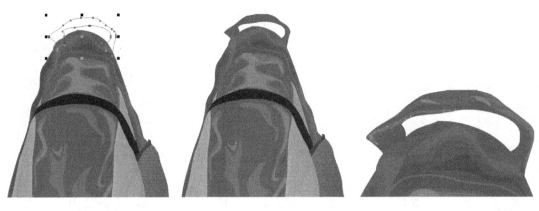

图 4-32-74　　　　　　　　　图 4-32-75　　　　　　　　　图 4-32-76

（51）单击工具箱中的"贝济埃"工具 和"形状"工具 ，在页面中合适的位置绘制图形，效果如图 4-32-77 所示。并设置其填充颜色为（CMYK：0、0、0、64），轮廓宽度设置为无。执行菜单栏中的【排列】→【顺序】命令，调整与前面所绘制图形的层次，效果如图 4-32-78 所示。

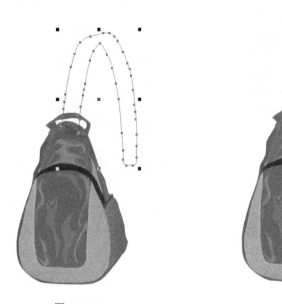

图 4-32-77　　　　　　　　　　　　　图 4-32-78

（52）单击工具箱中的"贝济埃"工具 和"形状"工具 ，在页面中合适的位置绘制图形，效果如图 4-32-79 所示。并设置其填充颜色为（CMYK：0、0、0、74），轮廓宽度设置为无。执行菜单栏中的【排列】→【顺序】命令，调整与前面所绘制图形的层次，效果如图 4-32-80 所示。

（53）用同样的方法绘制此处斜肩包带上其他的图形，填充相应的颜色，调整与前面所绘制图形的层次，效果如图 4-32-81 所示。

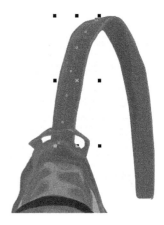

图 4-32-79　　　　　　　　　　　图 4-32-80　　　　　　　　　　　图 4-32-79

（54）单击工具箱中的"贝济埃"工具和"形状"工具，在页面中合适的位置绘制图形，效果如图 4-32-82 所示。并设置其填充颜色为（CMYK：0、0、0、72），轮廓宽度设置为无。执行菜单栏中的【排列】→【顺序】命令，调整与前面所绘制图形的层次，效果如图 4-32-83 所示。

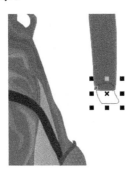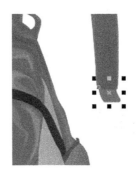

图 4-32-82　　　　　　　　　　　图 4-32-83

（55）用同样的方法绘制此处斜肩包带上其他的图形，效果如图 4-32-84 所示。填充相应的颜色及透明度，效果如图 4-32-85 所示。最终设置效果如图 4-32-86 所示。

图 4-32-84　　　　　　　　　　　图 4-32-85　　　　　　　　　　　图 4-32-86

（56）单击工具箱中的"贝济埃"工具和"形状"工具，在页面中合适的位置绘制图形，效果如图 4-32-87 所示。并设置其填充颜色为（CMYK：0、0、0、85），轮廓宽度设置为无，效果如图 4-32-88 所示。用同样的方法绘制此处斜肩包带上其他的图形，填充相应的颜色及透明度，效果如图 4-32-89 所示。

图 4-32-87

图 4-32-88

图 4-32-89

（57）单击工具箱中的"贝济埃"工具 ✎ 和"形状"工具 ✎，在页面中合适的位置绘制图形，效果如图 4-32-90 所示。并设置其填充颜色为（CMYK：0、0、0、72），轮廓宽度设置为无，效果如图 4-32-91 所示。

（58）用同样的方法绘制此处斜肩包带上其他的图形，填充相应的颜色，调整与前面所绘制图形的层次，效果如图 4-32-92 所示。

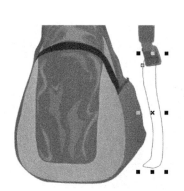

图 4-32-90

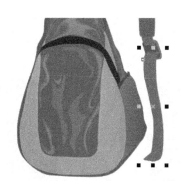

图 4-32-91

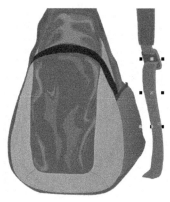

图 4-32-92

（59）单击工具箱中的"贝济埃"工具 ✎ 和"形状"工具 ✎，在页面中合适的位置绘制图形，效果如图 4-32-93 所示。并设置其填充颜色为（CMYK：0、0、0、77），轮廓宽度设置为无。执行菜单栏中的【排列】→【顺序】命令，调整与前面所绘制图形的层次，效果如图 4-32-94 所示。

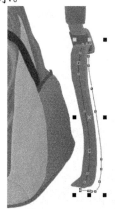

图 4-32-93

图 4-32-94

（60）单击工具箱中的"贝济埃"工具 ✎ 和"形状"工具 ✎，在页面中合适的位置绘制图形，效果如图 4-32-95 所示。并设置其填充颜色为（CMYK：0、0、0、100），轮廓宽度设为无。执行菜单栏中的【排列】→【顺序】命令，调整与前面所绘制图形的层次，效果如图 4-32-96 所示。

（61）用同样的方法绘制此处其他的图形，填充相应的颜色，调整与前面所绘制图形的层次，效果如图 4-32-97 所示。

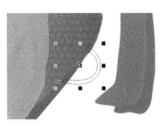

图 4-32-95

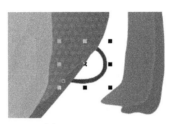

图 4-32-96

图 4-32-97

（62）单击工具箱中的"贝济埃"工具 和"形状"工具 ，在页面中合适的位置绘制图形，效果如图 4-32-98 所示。并设置其填充颜色为（CMYK：0、0、0、79），轮廓宽度设置为无，效果如图 4-32-99 所示。

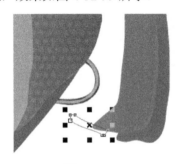

图 4-32-98

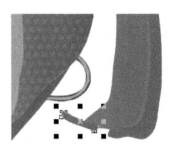

图 4-32-99

（63）用同样的方法绘制此处其他的图形，填充相应的颜色，调整与前面所绘制图形的层次，效果如图 4-32-100 所示。斜肩包带绘制完成，效果如图 4-32-101 所示。

图 4-32-100

图 4-32-101

（64）接下来绘制斜肩包品牌标识。单击工具箱中的"椭圆形"工具 ，按住【Ctrl】键在绘图窗口中拖动鼠标绘制一个正圆形，效果如图 4-32-102 所示。

（65）用同样的方法绘制多个正圆形，调整大小及位置，效果如图 4-32-103 所示。

图 4-32-102　　　　　　　　　　图 4-32-103

（66）将绘制的多个正圆形选中，执行菜单栏中的【排列】→【修整】→【焊接】命令或单击属性栏的"焊接"按钮 ，操作后的效果如图 4-32-104 所示。

（67）单击工具箱中的"形状"工具 ，调整焊接好的图形的形状，效果如图 4-32-105 所示。

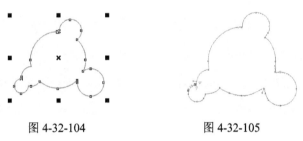

图 4-32-104　　　　　　　　　　图 4-32-105

（68）单击"填充"展开工具栏中的"渐变填充"工具 或按【F11】键，在弹出如图 4-32-106 的【渐变填充】对话框中，设置其填充颜色为白色（CMYK：0、0、0、0）到灰色（CMYK：0、0、0、20）自定义渐变。轮廓颜色设置为灰色（CMYK：0、0、0、60），轮廓宽度设置为 1mm，效果如图 4-32-107 所示。执行菜单栏中的【排列】→【锁定对象】命令，将所选对象锁定起来。

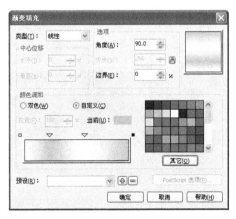

图 4-32-106　　　　　　　　　　　　　图 4-32-107

（69）用同样的方法在合适的位置绘制多个正圆形，调整大小及位置，效果如图 4-32-108 所示。

（70）单击工具箱中的"贝济埃"工具 绘制多条曲线段，效果如图 4-32-109 所示。

图 4-32-108　　　　　　　　　　　　图 4-32-109

（71）将绘制的多个正圆形与曲线段选中，单击属性栏中的"创建围绕选定对象的新对象"按钮 ，操作后的效果如图 4-32-110 所示。

（72）为图形设置填充颜色为（CMYK：0、100、96、28），轮廓颜色设置为（CMYK：0、90、100、66），轮廓宽度设置为 1mm，效果如图 4-32-111 所示。

图 4-32-110　　　　　　　　　　　　图 4-32-111

（73）绘制一个正圆形，调整其大小和位置，为图形设置填充颜色为（CMYK：0、90、100、66），轮廓颜色设置为（CMYK：0、0、0、60），轮廓宽度设置为 0.5mm，效果如图 4-32-112 所示。

（74）将正圆形原位置复制一个，按住【Shift】键，调整复制的正圆形的大小，为图形设置填充颜色为（CMYK：0、90、100、51），轮廓颜色设置为（CMYK：0、90、100、66），轮廓宽度设置为 0.5mm，效果如图 4-32-113 所示。

图 4-32-112　　　　　　　　　　　　图 4-32-113

（75）用同样的方法再绘制一个稍小的正圆形的大小，为图形设置填充颜色为（CMYK：0、100、96、28），轮廓颜色设置为（CMYK：0、74、100、47），轮廓宽度设置为 0.5mm，效果如图 4-32-114 所示。

（76）单击工具箱中的"贝济埃"工具 ✎ 和"形状"工具 ✎，在页面中合适的位置绘制图形，效果如图 4-32-115 所示。

图 4-32-114   图 4-32-115

（77）单击"填充"展开工具栏中的"渐变填充"工具 ▧ 或按【F11】键，在弹出如图 4-32-116 所示的【渐变填充】对话框中，设置其填充为白色（CMYK：0、0、0、0）到灰色（CMYK：0、0、0、20）自定义渐变。轮廓设置为无，效果如图 4-32-117 所示。

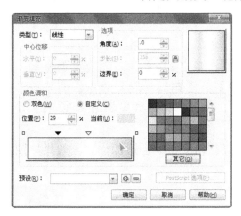

图 4-32-116   图 4-32-117

（78）单击工具箱中的"交互式透明"工具 ▧，然后在属性栏中设置参数如图 4-32-118 所示。原对象产生如图 4-32-119 所示的透明效果。

（79）单击工具箱中的"贝济埃"工具 ✎ 和"形状"工具 ✎，在页面中合适的位置绘制图形，并设置填充颜色为白色（CMYK：0、0、0、0），效果如图 4-32-120 所示。

图 4-32-118

图 4-32-119   图 4-32-120

（80）单击工具箱中的"交互式透明"工具 ，然后在属性栏中设置参数如图 4-32-121 所示。原对象产生如图 4-32-122 所示的透明效果。

图 4-32-121

（81）单击工具箱中的"贝济埃"工具 和"形状"工具 ，在页面中合适的位置绘制图形，并设置填充颜色为红色（CMYK：0、100、100、0），效果如图 4-32-123 所示。

图 4-32-122   图 4-32-123

（82）为图形填充渐变颜色，参数的设置如图 4-32-124 所示，轮廓设置为无。

（83）执行菜单栏中的【排列】→【顺序】→【向后一层】命令，调整图形的层次位置。将前面绘制的组成品牌标识的图形都选中，将其群组，效果如图 4-32-125 所示。品牌标识绘制完成。

（84）将所绘制的品牌标识调整大小，放置在斜肩包的合适的位置，效果如图 4-32-126 所示。

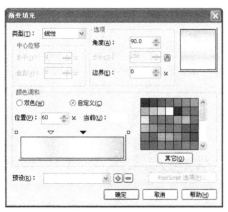  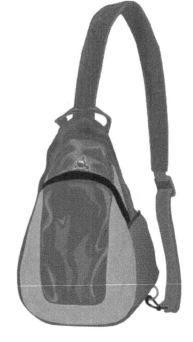

图 4-32-124   图 4-32-125   图 4-32-126

（85）接下来绘制斜肩包拉链。单击工具箱中的"贝济埃"工具 和"形状"工具 ，在页面中合适的位置绘制图形，并设置填充颜色为（CMYK：0、0、0、85），效果如图 4-32-127 所示。

（86）用同样的方法，在图形中合适的位置绘制其他图形，并填充相应的颜色，效果如图 4-32-128 所示。斜肩包拉链头绘制完成。

（87）单击工具箱中的"贝济埃"工具 和"形状"工具 ，在页面中合适的位置绘制图形，并设置填充颜色为（CMYK：0、56、100、43），效果如图 4-32-129 所示。

（88）用同样的方法，在图形中合适的位置绘制其他图形，并填充相应的颜色，效果如图 4-32-130 所示。斜肩包拉链绳绘制完成。

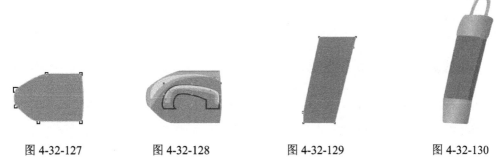

图 4-32-127　　　　　图 4-32-128　　　　　图 4-32-129　　　　　图 4-32-130

（89）将所绘制的斜肩包拉链调整大小，放置在斜肩包的合适位置，效果如图 4-32-131 所示。将拉链复制多个，调整大小，放置在斜肩包的合适的位置，效果如图 4-32-132 所示。

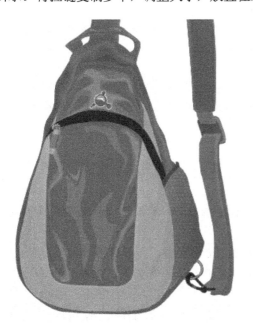

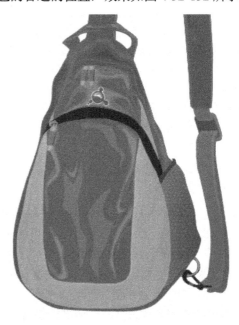

图 4-32-131　　　　　　　　　　　　　　图 4-32-132

（90）单击工具箱中的"贝济埃"工具 和"形状"工具 ，在页面中合适的位置绘

制图形，并设置填充颜色为（CMYK：0、0、0、20），效果如图 4-32-133 所示。

（91）将绘制的图形复制，并同时按【Ctrl+Shift】组合键，将复制所得到的图形等比例缩小，效果如图 4-32-134 所示。

（92）将两个图形同时选中，执行菜单栏中的【排列】→【结合】命令或单击属性栏中的"结合"按钮 ![按钮]，操作后的效果如图 4-32-135 所示。

图 4-32-133　　　　　　　图 4-32-134　　　　　　　图 4-32-135

（93）为图形填充渐变颜色，参数的设置如图 4-32-136 所示。轮廓设置为无，效果如图 4-32-137 所示。

 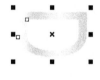

图 4-32-136　　　　　　　　　　　　图 4-32-137

（94）单击工具箱中的"贝济埃"工具 ![工具]和"形状"工具 ![工具]，在页面中合适的位置绘制图形，并设置填充颜色为（CMYK：0、0、0、88），调整图形的层次，效果如图 4-32-138 所示。

（95）用同样的方法，在页面中合适的位置绘制其他图形，并填充相应的颜色，效果如图 4-32-139 所示。

（96）将所绘制的图形群组，并调整大小，放置在斜肩包的合适位置，效果如图 4-32-140 所示。

（97）单击工具箱中的"椭圆形"工具 ![工具]，按住【Ctrl】键，在绘图窗口中拖动鼠标绘制一个正圆形，并填充颜色为（CMYK：0、0、0、88），轮廓设置为无，效果如图 4-32-141 所示。

（98）用同样的方法绘制多个同心正圆形，并填充相应的颜色，效果如图 4-32-142～图 4-32-144 所示。

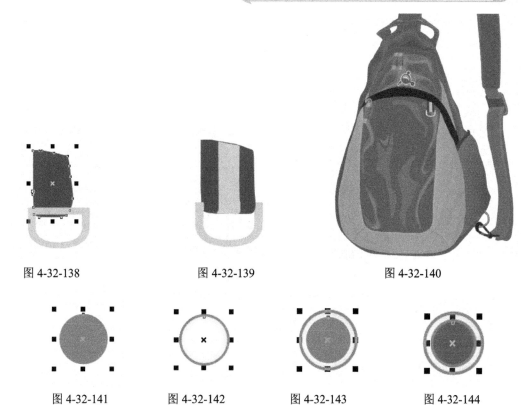

图 4-32-138　　　　　　　图 4-32-139　　　　　　　图 4-32-140

图 4-32-141　　　　　图 4-32-142　　　　　图 4-32-143　　　　　图 4-32-144

（99）将所绘制的图形群组，调整大小并复制一个，将其放置在斜肩包的合适的位置，效果如图 4-32-145 所示。斜肩包绘制完成。

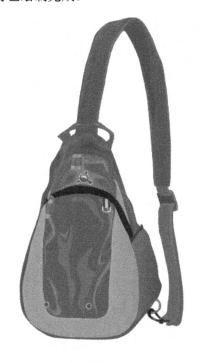

图 4-32-145

（100）因为要正式生产，所以在绘图的时候，要绘制出不同的款式不同颜色的斜肩包，图 4-32-146 就是斜肩包的其他效果，在样式上有的也有一些变化。

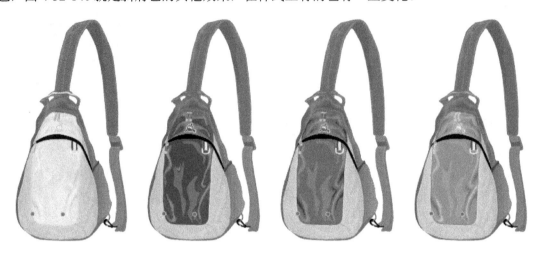

图 4-32-146

实例 33 双肩包系列

具体操作步骤如下。

（1）打开 CorelDRAW X4，执行菜单栏中的【文件】→【新建】命令或使用【Ctrl+N】组合键，新建一个空白页，设定纸张大小为 A4，横向摆放，如图 4-33-1 所示。

图 4-33-1

（2）首先绘制双肩包。单击工具箱中的"贝济埃"工具和"形状"工具，在页面中合适的位置绘制图形，效果如图 4-33-2 所示。

（3）单击工具箱中的"填充"展开工具栏中的"填充对话框"工具或按【Shift+F11】

组合键，在弹出的【均匀填充】对话框中，设置其填充为灰色（CMYK：0、0、0、80），如图 4-33-3 所示。轮廓宽度设置为无，效果如图 4-33-4 所示。

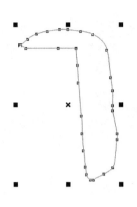

图 4-33-2　　　　　　　　　　　图 4-33-3　　　　　　　　　　　图 4-33-4

（4）单击工具箱中的"贝济埃"工具 和"形状"工具 ，在页面中合适的位置绘制图形，并设置其填充颜色为（CMYK：0、0、0、85），轮廓宽度设置为无，效果如图 4-33-5 所示。

（5）单击工具箱中的"贝济埃"工具 和"形状"工具 ，在页面中合适的位置绘制图形，并设置其填充颜色为（CMYK：0、0、0、40），轮廓宽度设置为无，效果如图 4-33-6 所示。

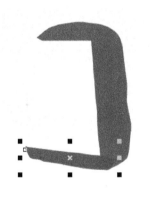

图 4-33-5　　　　　　　　　　　　　图 4-33-6

（6）单击工具箱中的"贝济埃"工具 和"形状"工具 ，在页面中合适的位置绘制图形，并设置其填充颜色为（CMYK：0、0、0、85），轮廓宽度设置为无，效果如图 4-33-7 所示。

（7）单击工具箱中的"贝济埃"工具 和"形状"工具 ，在页面中合适的位置绘制图形，并设置其填充颜色为（CMYK：0、16、100、0），轮廓宽度设置为无，效果如图 4-33-8 所示。

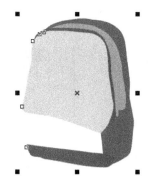

图 4-33-7　　　　　　　　　　　　　　　　　图 4-33-8

（8）单击工具箱中的"贝济埃"工具 和"形状"工具 ，在页面中合适的位置绘制图形，并设置其填充颜色为（CMYK：0、0、0、40），轮廓宽度设置为无，效果如图 4-33-9所示。

（9）单击工具箱中的"贝济埃"工具 和"形状"工具 ，在页面中合适的位置绘制图形，并设置其填充颜色为（CMYK：0、18、100、15），轮廓宽度设置为无，效果如图 4-33-10所示。

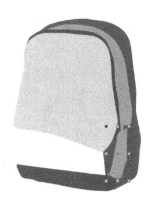

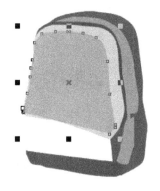

图 4-33-9　　　　　　　　　　　　　　　　　图 4-33-10

（10）单击工具箱中的"贝济埃"工具 和"形状"工具 ，在页面中合适的位置绘制图形，并设置其填充颜色为（CMYK：0、0、0、40），轮廓宽度设置为无，效果如图 4-33-11所示。

（11）单击工具箱中的"贝济埃"工具 和"形状"工具 ，在页面中合适的位置绘制图形，并设置其填充颜色为（CMYK：0、0、0、32），轮廓宽度设置为无，效果如图 4-33-12所示。

（12）单击工具箱中的"贝济埃"工具 和"形状"工具 ，在页面中合适的位置绘制图形，并设置其填充颜色为（CMYK：0、0、0、80），轮廓宽度设置为无，效果如图 4-33-13所示。

（13）单击工具箱中的"贝济埃"工具 和"形状"工具 ，在页面中合适的位置绘

制图形，并设置其填充颜色为（CMYK：0、0、0、67），轮廓宽度设置为无，效果如图 4-33-14 所示。

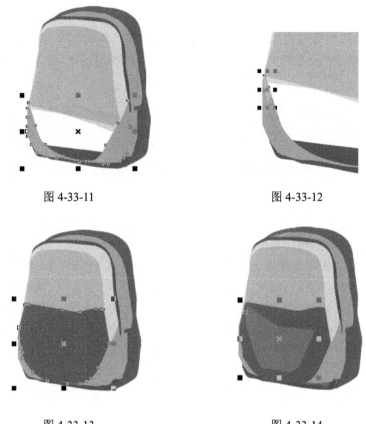

图 4-33-11　　　　　　　　　　　　　图 4-33-12

图 4-33-13　　　　　　　　　　　　　图 4-33-14

（14）单击工具箱中的"贝济埃"工具 和"形状"工具 ，在页面中合适的位置绘制图形，并设置其填充颜色为（CMYK：0、16、100、0），轮廓宽度设置为无，效果如图 4-33-15 所示。

（15）单击工具箱中的"贝济埃"工具 和"形状"工具 ，在页面中合适的位置绘制图形，并设置其填充颜色为（CMYK：0、0、0、65），轮廓宽度设置为无，效果如图 4-33-16 所示。

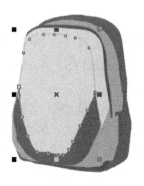

图 4-33-15

图 4-33-16

（16）单击工具箱中的"贝济埃"工具 和"形状"工具 ，在页面中合适的位置绘制图形，效果如图 4-33-17 所示。并设置其填充颜色为（CMYK：2、12、94、0），轮廓宽度设置为无。

（17）单击工具箱中的"贝济埃"工具 和"形状"工具 ，在页面中合适的位置绘制图形，效果如图 4-33-18 所示。并设置其填充颜色为（CMYK：2、9、75、0），轮廓宽度设置为无。

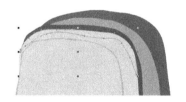
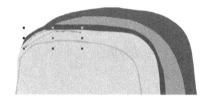

图 4-33-17 　　　　　　　　　　　　　　图 4-33-18

（18）单击工具箱中的"贝济埃"工具 和"形状"工具 ，在页面中合适的位置绘制图形，效果如图 4-33-19 所示。并设置其填充颜色为（CMYK：2、10、82、0），轮廓宽度设置为无。

（19）单击工具箱中的"贝济埃"工具 和"形状"工具 ，在页面中合适的位置绘制图形，效果如图 4-33-20 所示。并设置其填充颜色为（CMYK：0、14、87、0），轮廓宽度设置为无。

图 4-33-19 　　　　　　　　　　　　　　图 4-33-20

（20）单击工具箱中的"贝济埃"工具 和"形状"工具 ，在页面中合适的位置绘制图形，效果如图 4-33-21 所示。并设置其填充颜色为（CMYK：0、13、80、0），轮廓宽度设置为无。

（21）单击工具箱中的"贝济埃"工具 和"形状"工具 ，在页面中合适的位置绘制图形，效果如图 4-33-22 所示。并设置其填充颜色为（CMYK：0、14、88、0），轮廓宽度设置为无。

图 4-33-21　　　　　　　　　　　　　　　图 4-33-22

（22）单击工具箱中的"贝济埃"工具 和"形状"工具 ，在页面中合适的位置绘制图形，效果如图 4-33-23 所示。并设置其填充颜色为（CMYK：0、13、80、0），轮廓宽度设置为无。

（23）单击工具箱中的"贝济埃"工具 和"形状"工具 ，在页面中合适的位置绘制图形，效果如图 4-33-24 所示。并设置其填充颜色为（CMYK：0、18、100、15），轮廓宽度设置为无。

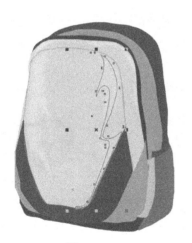
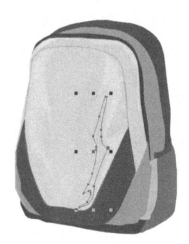

图 4-33-23　　　　　　　　　　　　　　　图 4-33-24

（24）选中图 4-33-24 所示的图形，单击工具箱中的"交互式透明"工具 ，然后在属性栏设置参数如图 4-33-25 所示。原对象产生如图 4-33-26 所示的透明效果。

图 4-33-25

（25）用同样的方法绘制双肩包上其他的图形，填充相应的颜色，并设置透明度。将绘制的所有图形选中群组（【Ctrl+G】），效果如图 4-33-27 所示。

图 4-33-26   图 4-33-27

（26）接下来绘制双肩包带。单击工具箱中的"贝济埃"工具 和"形状"工具 ，在页面中合适的位置绘制图形，效果如图 4-33-28 所示。并设置其填充颜色为（CMYK：0、0、0、97），轮廓宽度设置为无。执行菜单栏中的【排列】→【顺序】命令，调整与前面所绘制图形的层次，效果如图 4-33-29 所示。

（27）用同样的方法绘制此处双肩包带上其他的图形，填充相应的颜色，调整与前面所绘制图形的层次，效果如图 4-33-30 所示。

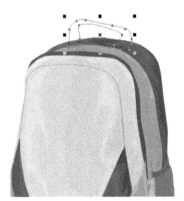
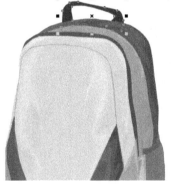

图 4-33-28   图 4-33-29   图 4-33-30

（28）单击工具箱中的"贝济埃"工具 和"形状"工具 ，在页面中合适的位置绘制图形，效果如图 4-33-31 所示。并设置其填充颜色为（CMYK：0、0、0、85），轮廓宽度设置为无。执行菜单栏中的【排列】→【顺序】命令，调整与前面所绘制图形的层次，效果如图 4-33-29 所示。

（29）用同样的方法绘制此处双肩包带上其他的图形，填充相应的颜色，调整与前面所绘制图形的层次，效果如图 4-33-33 所示。

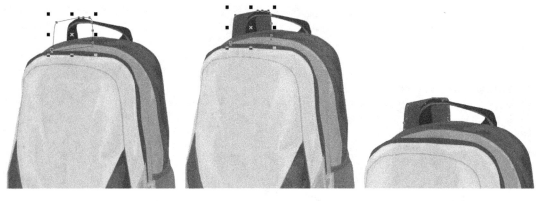

图 4-33-31　　　　　　　　图 4-33-32　　　　　　　　图 4-33-33

（30）单击工具箱中的"贝济埃"工具 和"形状"工具 ，在页面中合适的位置绘制图形，效果如图 4-33-34 所示。并设置其填充颜色为（CMYK：0、0、0、85），轮廓宽度设置为无。执行菜单栏中的【排列】→【顺序】命令，调整与前面所绘制图形的层次，效果如图 4-33-35 所示。

（31）用同样的方法绘制此处双肩包带上其他的图形，填充相应的颜色，调整与前面所绘制图形的层次，效果如图 4-33-36 所示。

图 4-33-34　　　　　　　　图 4-33-35　　　　　　　　图 4-33-36

（32）单击工具箱中的"贝济埃"工具 和"形状"工具 ，在页面中合适的位置绘制图形，效果如图 4-33-37 所示。并设置其填充颜色为（CMYK：0、0、0、89），轮廓宽度设置为无。执行菜单栏中的【排列】→【顺序】命令，调整与前面所绘制图形的层次，效果如图 4-33-38 所示。

（33）用同样的方法绘制此处双肩包带上其他的图形，填充相应的颜色，调整与前面所绘制图形的层次，效果如图 4-33-39 所示。

（34）单击工具箱中的"贝济埃"工具 和"形状"工具 ，在页面中合适的位置绘制图形，效果如图 4-33-40 所示。并设置其填充颜色为（CMYK：0、0、0、85），轮廓宽度设为无。执行菜单栏中的【排列】→【顺序】命令，调整与前面所绘制图形的层次，效果如图 4-33-41 所示。

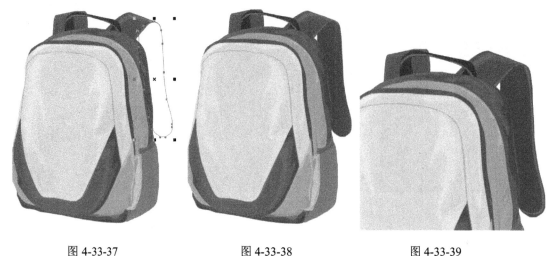

图 4-33-37   图 4-33-38   图 4-33-39

（35）用同样的方法绘制此处背包带上其他的图形，填充相应的颜色，调整与前面所绘制图形的层次，效果如图 4-33-42 所示。

图 4-33-40   图 4-33-41   图 4-33-42

（36）单击工具箱中的"贝济埃"工具 和"形状"工具 ，在页面中合适的位置绘制图形，效果如图 4-33-43 所示。并设置其填充颜色为（CMYK：0、0、0、90），轮廓宽度设置为无。执行菜单栏中的【排列】→【顺序】命令，调整与前面所绘制图形的层次，效果如图 4-33-44 所示。

（37）用同样的方法绘制此处双肩包带上其他的图形，填充相应的颜色，调整与前面所绘制图形的层次，效果如图 4-33-45 所示。

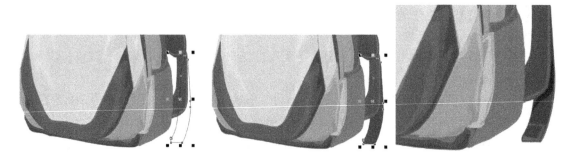

图 4-33-43   图 4-33-44   图 4-33-45

（38）单击工具箱中的"贝济埃"工具 ✎ 和"形状"工具 ✎，在页面中合适的位置绘制图形，效果如图 4-33-46 所示。并设置其填充颜色为（CMYK：0、0、0、95），轮廓宽度设置为无。执行菜单栏中的【排列】→【顺序】命令，调整与前面所绘制图形的层次，效果如图 4-33-47 所示。

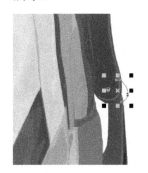

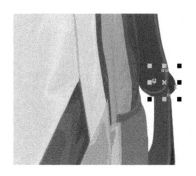

图 4-33-46　　　　　　　　　　　　图 4-33-47

（39）用同样的方法绘制此处双肩包带上其他的图形，填充相应的颜色，调整与前面所绘制图形的层次，效果如图 4-33-48 所示。背包带绘制完成，效果如图 4-33-49 所示。

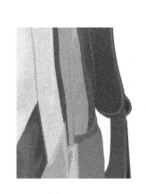

图 4-33-48　　　　　　　　　　　　图 4-33-49

（40）接下来绘制双肩包侧面的网兜。单击工具箱中的"贝济埃"工具 ✎ 和"形状"工具 ✎，在页面中合适的位置绘制图形，效果如图 4-33-50 所示。然后将所绘制的图形复制一个，拖放至绘图区内备用。

（41）单击工具箱中的"椭圆形"工具 ◯，按住【Ctrl】键在页面中合适的位置拖动鼠标绘制一个正圆形，效果如图 4-33-51 所示。

（42）选中工作区中的正圆形，执行菜单栏中的【编辑】→【步长与重复】命令或使用【Ctrl+Shift+D】组合键，打开【步长和重复】泊坞窗，参数的设置如图 4-33-52 所示，单击【应用】按钮，效果如图 4-33-53 所示。

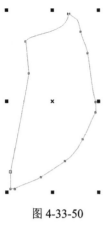

图 4-33-50　　　　　　　　　　　　　　　图 4-33-51

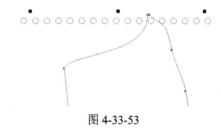

图 4-33-52　　　　　　　　　　　　　　　图 4-33-53

（43）选中工作区中的所有正圆形群组（【Ctrl+G】），再次执行菜单栏中的【编辑】→
【步长和重复】命令或使用【Ctrl+Shift+D】组合键，打开【步长和重复】泊坞窗，参数的设
置如图 4-33-54 所示。并为图 4-33-53 所示图形设置颜色为（CMYK：0、0、0、100），轮廓
宽度设置为无，效果如图 4-33-55 所示。

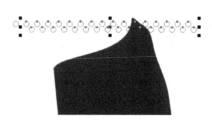

图 4-33-54　　　　　　　　　　　　　　　图 4-33-55

（44）将生成的两组正圆形群组（【Ctrl+G】），再次执行菜单栏中的【编辑】→【步长和重复】命令，或使用【Ctrl+Shift+D】组合键，打开【步长和重复】泊坞窗，参数的设置如图 4-33-56 所示，效果如图 4-33-57 所示。

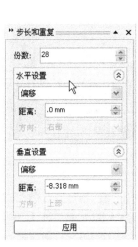

图 4-33-56   图 4-33-57

（45）将图 4-33-57 所示的图形用鼠标拖曳的方法选中，执行菜单栏中的【排列】→【结合】命令或使用【Ctrl+L】组合键，将所选对象结合起来，其效果如图 4-33-58 所示。

（46）确认图 4-33-58 所示的图形处于选中状态，执行菜单栏中的【效果】→【精确裁切】→【放置在容器中】命令，并将鼠标移至前面留作备用的图形上单击，如图 4-33-59 所示。即可将图 4-33-58 所示图形放置在备用图形中，效果如图 4-33-60 所示。

图 4-33-58   图 4-33-59

（47）调整图 4-33-60 所示的图形在双肩包中的大小、位置及与前面所绘制图形的层次，效果如图 4-33-61 所示。

图 4-33-60　　　　　　　　　　　　　　图 4-33-61

（48）接下来绘制双肩包品牌标识。单击工具箱中的"椭圆形"工具 ，按住【Ctrl】键在绘图窗口中拖动鼠标绘制一个正圆形，效果如图 4-33-62 所示。

（49）用同样的方法绘制多个正圆形，调整大小及位置，效果如图 4-33-63 所示。

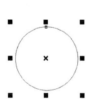

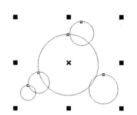

图 4-33-62　　　　　　　　　　　　　　图 4-33-63

（50）将绘制的多个正圆形选中，执行菜单栏中的【排列】→【修整】→【焊接】命令或单击属性栏中的"焊接"按钮 ，操作后的效果如图 4-33-64 所示。

（51）单击工具箱中的"形状"工具 ，调整焊接好的图形形状，效果如图 4-33-65 所示。

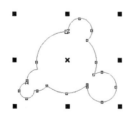

图 4-33-64　　　　　　　　　　　　　　图 4-33-65

（52）单击"填充"展开工具栏中的"渐变填充"工具 ▊ 或按【F11】键，在弹出的如图 4-33-6 所示【渐变填充】对话框中，设置其填充为白色（CMYK：0、0、0、0）到灰色（CMYK：0、0、0、20）自定义渐变。轮廓颜色设置为灰色（CMYK：0、0、0、60），轮廓宽度为 1mm，效果如图 4-33-67 所示。执行菜单栏中的【排列】→【锁定对象】命令，将所选对象锁定起来。

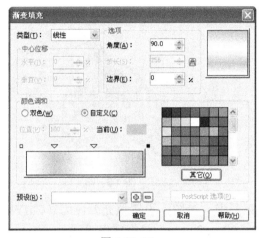

图 4-33-66

图 4-33-67

（53）用同样的方法在合适位置绘制多个正圆形，调整大小及位置，效果如图 4-33-68 所示。

（54）单击工具箱中的"贝济埃"工具 ✎ 绘制多条曲线段，效果如图 4-33-69 所示。

图 4-33-68

图 4-33-69

（55）将绘制的多个正圆形与曲线段选中，单击属性栏中的"创建围绕选定对象的新对象"按钮 ▢，操作后的效果如图 4-33-70 所示。

（56）为图形设置填充颜色为（CMYK：0、16、100、0），轮廓颜色设置为（CMYK：0、48、100、0），轮廓宽度设置为 1mm，效果如图 4-33-71 所示。

图 4-33-70

图 4-33-71

（57）绘制一个正圆形，调整其大小和位置，为图形设置填充颜色为（CMYK：0、47、100、8），轮廓颜色设置为（CMYK：0、0、0、60），轮廓宽度设置为 0.5mm，效果如图 4-33-72 所示。

（58）将正圆形原位复制一个，按住【Shift】键，调整复制的正圆的大小，为图形设置填充颜色（CMYK：0、48、100、0），轮廓颜色设置为（CMYK：0、47、100、8），轮廓宽度设置为 0.5mm，效果如图 4-33-73 所示。

图 4-33-72　　　　　　　　　　　　　　图 4-33-73

（59）用同样的方法再绘制一个稍小的正圆形，为图形设置填充颜色为（CMYK：0、16、100、0），轮廓颜色设置为（CMYK：0、29、72、8），轮廓宽度设置为 0.5mm，效果如图 4-33-74 所示。

（60）单击工具箱中的"贝济埃"工具 和"形状"工具 ，在页面中合适的位置绘制图形，效果如图 4-33-75 所示。

图 4-33-74　　　　　　　　　　　　　　图 4-33-75

（61）单击"填充"展开工具栏中的"渐变填充"工具 或【F11】键，在弹出的【渐变填充】对话框中，设置其填充颜色为白色（CMYK：0、0、0、0）到灰色（CMYK：0、0、0、20）自定义渐变，如图 4-33-76 所示。轮廓设置为无，效果如图 4-33-77 所示。

（62）单击工具箱中的"交互式透明"工具 ，然后在属性栏中设置参数如图 4-33-78 所示。原对象产生如图 4-33-79 所示的透明效果。

（63）单击工具箱中的"贝济埃"工具 和"形状"工具 ，在页面中合适的位置绘制图形，并设置填充颜色为白色（CMYK：0、0、0、0），效果如图 4-33-80 所示。

（64）单击工具箱中的"交互式透明"工具 ，然后在属性栏中设置参数如图 4-33-81 所示。原对象产生如图 4-33-82 所示的透明效果。

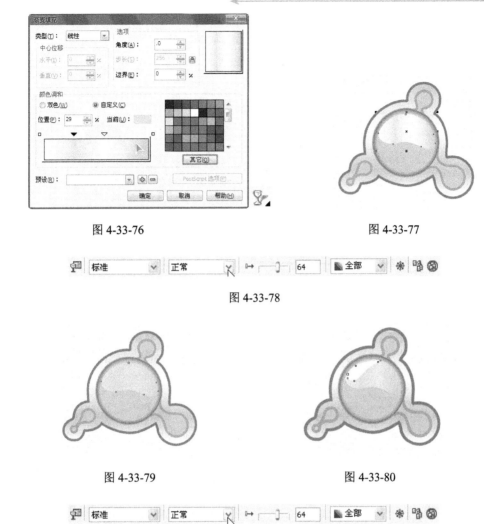

图 4-33-76　　　　　　　　　　　　　　　　图 4-33-77

图 4-33-78

图 4-33-79　　　　　　　　　　　　　　　　图 4-33-80

图 4-33-81

（65）单击工具箱中的"贝济埃"工具 和"形状"工具 ，在页面中合适的位置绘制图形，并设置填充颜色为红色（CMYK：0、100、100、0），效果如图 4-33-83 所示。

图 4-33-82　　　　　　　　　　　　　　　　图 4-33-83

（66）为图形填充渐变颜色，参数的设置如图 4-33-84 所示，轮廓设置为无。

（67）执行菜单栏中的【排列】→【顺序】→【向后一层】命令，调整图形的层次位置。将前面绘制的组成品牌标识的图形都选中，将其群组，效果如图 4-33-85 所示。品牌标识绘制完成。

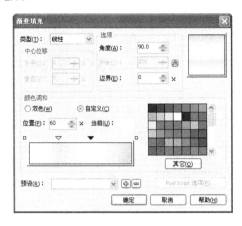

图 4-33-84   图 4-33-85

（68）单击工具箱中的"贝济埃"工具 和"形状"工具 ，在双肩包合适的位置绘制图形，并设置填充颜色为（CMYK：0、0、0、85），效果如图 4-33-86 所示。

（69）将所绘制的品牌标识调整大小，放置在双肩包的合适的位置，效果如图 4-33-87 所示。

图 4-33-86   图 4-33-87

（70）接下来绘制双肩包拉链。单击工具箱中的"贝济埃"工具 和"形状"工具 ，在页面中合适的位置绘制图形，并设置填充颜色为（CMYK：0、0、0、85），效果如图 4-33-88 所示。

（71）用同样方法，在图形中合适的位置绘制其他图形，并填充相应的颜色，效果如图 4-33-89 所示。双肩包的拉链头绘制完成。

（72）单击工具箱中的"贝济埃"工具 和"形状"工具 ，在页面中合适的位置绘制图形，并设置填充颜色为（CMYK：0、18、100、15），效果如图 4-33-90 所示。

（73）用同样的方法，在图形合适的位置绘制其他图形，并填充相应的颜色，效果如图 4-33-91 所示。拉链绳绘制完成。

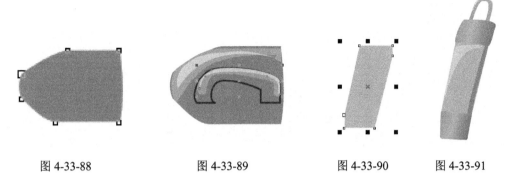

图 4-33-88　　　　　　图 4-33-89　　　　　　图 4-33-90　　　　图 4-33-91

（74）将所绘制的双肩包拉链调整大小放置在双肩包的合适的位置，效果如图 4-33-92 所示。将拉链复制多个，调整大小，放置在双肩包的合适的位置，效果如图 4-33-93 所示。

图 4-33-92　　　　　　　　　　　　　　图 4-33-93

（75）单击工具箱中的"贝济埃"工具 和"形状"工具 ，在页面中合适的位置绘制图形，并设置填充颜色为（CMYK：0、0、0、20），效果如图 4-33-94 所示。

（76）将绘制的图形复制，并同时按【Ctrl+Shift】组合键，将复制所得到的图形等比例缩小，效果如图 4-33-95 所示。

（77）将两个图形同时选中，执行菜单栏中的【排列】→【结合】命令或单击属性栏中的"结合"按钮 ，操作后的效果如图 4-33-96 所示。

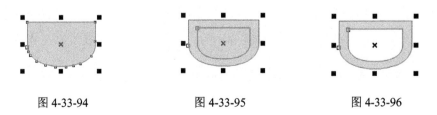

图 4-33-94　　　　　　图 4-33-95　　　　　　图 4-33-96

（78）为图形填充渐变颜色，参数的设置如图 4-33-97 所示，轮廓设置为无。效果如图 4-33-98 所示。

 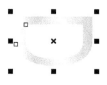

图 4-33-97   图 4-33-98

（79）单击工具箱中的"贝济埃"工具 和"形状"工具 ，在页面中合适的位置绘制图形，并设置填充颜色为（CMYK：0、0、0、88），调整图形的层次，效果如图 4-33-99 所示。

（80）用同样的方法，在页面合适的位置绘制其他图形，并填充相应的颜色，效果如图 4-33-100 所示。

（81）将所绘制的图形群组，并调整大小，放置在双肩包的合适的位置，效果如图 4-33-101 所示。

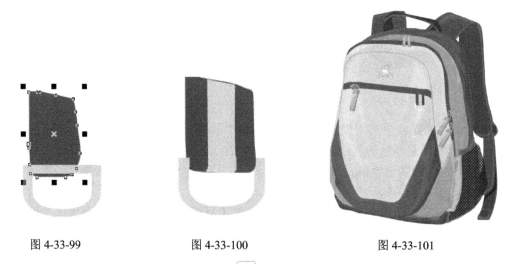

图 4-33-99   图 4-33-100   图 4-33-101

（82）单击工具箱中的"椭圆形"工具 ，按住【Ctrl】键在绘图窗口中拖动鼠标绘制一个正圆形，并设置填充颜色为（CMYK：0、0、0、88），轮廓设置为无，效果如图 4-33-102 所示。

（83）用同样的方法绘制多个同心正圆形，并填充相应颜色，效果如图 4-33-103～图 4-33-105 所示。

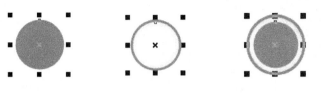

| 图 4-33-102 | 图 4-33-103 | 图 4-33-104 | 图 4-33-105 |

（84）将所绘制的图形群组，调整大小并复制一个，将其放置在双肩包的合适的位置，效果如图 4-33-106 所示。双肩包绘制完成。

图 4-33-106

（85）因为要正式生产，所以在绘图的时候，要绘制出不同的款式不同颜色的双肩包，图 4-33-107 就是背包的其他效果，在样式上有的也有一些变化。

图 4-33-107

实例 34　电脑包系列

具体操作步骤如下。

（1）打开 CorelDRAW X4，执行菜单栏中的【文件】→【新建】命令或使用【Ctrl+N】组合键，新建一个空白页，设定纸张大小为 A4，横向摆放，如图 4-34-1 所示。

图 4-34-1

（2）首先绘制电脑包。 单击工具箱中的"贝济埃"工具和"形状"工具，在页面中合适的位置绘制图形，并设置填充颜色为黑色，效果如图 4-34-2 所示。

（3）单击工具箱中的"贝济埃"工具和"形状"工具，在页面中合适的位置绘制图形，并设置其填充颜色为（CMYK：0、91、100、23），效果如图 4-34-3 所示。

图 4-34-2

图 4-34-3

（4）单击工具箱中的"贝济埃"工具 和"形状"工具 ，在页面中合适的位置绘制图形，效果如图 4-34-4 所示。

（5）选中图 4-34-4 所示的图形，单击工具箱中的"填充"展开工具栏中的"图样填充对话框"工具 。在弹出的【图样填充】对话框中，单击 [创建(A)...] 按钮，打开【双色图案编辑器】对话框。参数的设置如图 4-34-5 所示，单击【确定】按钮后，返回【图样填充】对话框。在该对话框中设置参数，如图 4-34-6 所示。单击【确定】后，效果如图 4-34-7 所示，制作出电脑包上包革面料效果。

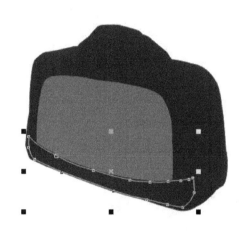

图 4-34-4

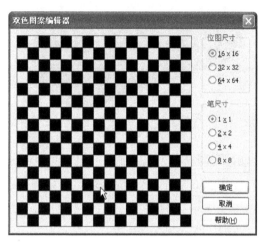

图 4-34-5

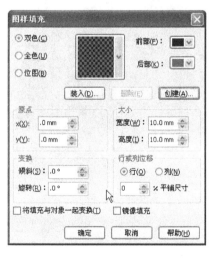

图 4-34-6

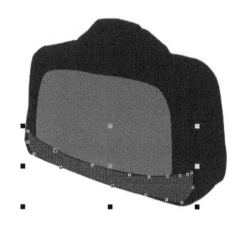

图 4-34-7

（6）用同样的方法绘制电脑包的其他部分图形，并填充相应的颜色，效果如图 4-34-8 所示。

（7）接下来制作电脑包上的明线效果。单击工具箱中的"贝济埃"工具 和"形状"工具 ，在页面中合适的位置绘制线条，设置其轮廓为虚线，其他参数的设置如图 4-34-9 所示，单击【确定】按钮后，效果如图 4-34-10 所示。

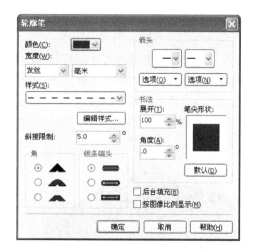

图 4-34-8　　　　　　　　　　　　　　　图 4-34-9

（8）用同样的方法绘制电脑包上其他部分的明线效果，如图 4-34-11 所示。

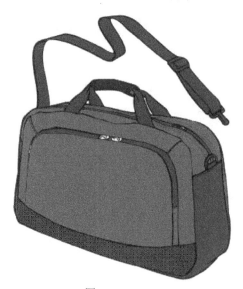

图 4-34-10　　　　　　　　　　　　　　图 4-34-11

（9）下面制作电脑包的拉链。单击工具箱中的"贝济埃"工具 ✎ 和"形状"工具 ✎ ，绘制如图 4-34-12 所示的图形。

（10）单击工具箱中的"矩形"工具 ▭ ，绘制一个矩形，填充颜色设置为灰色（CMYK：0、0、0、85）。单击工具箱中的"贝济埃"工具 ✎ ，绘制直线，轮廓设置为白色。将所绘制矩形和直线群组，效果如图 4-34-13 所示。

（11）确认图 4-34-13 所示的图形处于选中状态，执行菜单栏中的【效果】→【精确裁切】→【放置在容器中】命令，并将鼠标移至图 4-34-12 所示的图形上单击，效果如图 4-34-14 所示。

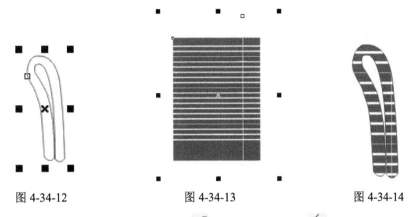

图 4-34-12　　　　　　　图 4-34-13　　　　　　　图 4-34-14

（12）单击工具箱中的"贝济埃"工具 和"形状"工具 ，在页面中合适的位置绘制图形，并设置相应颜色，效果如图 4-34-15 和图 4-34-16 所示。

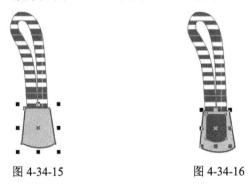

图 4-34-15　　　　　　　　　图 4-34-16

（13）将组成拉链的图形群组。复制多个，调整拉链的大小和角度，放置在页面合适的位置，效果如图 4-34-17 所示。

（14）将所有图形选中并群组。单击工具箱中的"交互式阴影"工具 ，为图形添加阴影效果，效果如图 4-34-18 所示。电脑包绘制完成。

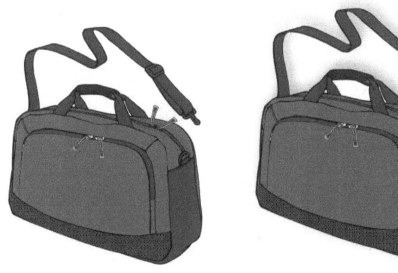

图 4-34-17　　　　　　　　　　　　图 4-34-18

实例 35　旅行包系列

具体操作步骤如下。

（1）打开 CorelDRAW X4，执行菜单栏中的【文件】→【新建】命令或使用【Ctrl+N】组合键，新建一个空白页，设定纸张大小为 A4，横向摆放，如图 4-35-1 所示。

图 4-35-1

（2）首先绘制旅行包。单击工具箱中的"贝济埃"工具 和"形状"工具 ，在页面中合适的位置绘制图形，其填充颜色设置为灰色（CMYK：0、0、0、89），效果如图 4-35-2 所示。

（3）单击工具箱中的"贝济埃"工具 和"形状"工具 ，在页面中合适的位置绘制图形，其填充颜色设置为灰色（CMYK：0、0、0、89），效果如图 4-35-3 所示。

图 4-35-2　　　　　　　　　　　　　　　　　图 4-35-3

（4）单击工具箱中的"贝济埃"工具 ✎ 和"形状"工具 ✎，在页面中合适的位置绘制图形，并设置其填充颜色为（CMYK：0、10、100、0），效果如图 4-35-4 所示。

（5）单击工具箱中的"贝济埃"工具 ✎ 和"形状"工具 ✎，在页面中合适的位置绘制曲线，效果如图 4-35-5 所示。

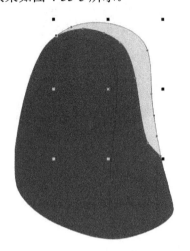

图 4-35-4

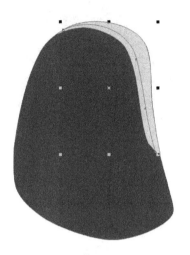

图 4-35-5

（6）单击工具箱中的"轮廓"展开工具栏中的"轮廓画笔对话框"工具 或按【F12】键，在弹出的【轮廓笔】对话框中，设置其轮廓为虚线，其他参数的设置如图 4-35-6 所示，效果如图 4-35-7 所示。

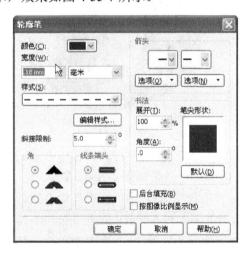

图 4-35-6

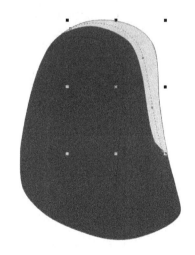

图 4-35-7

（7）单击工具箱中的"贝济埃"工具 ✎ 和"形状"工具 ✎，在页面中合适的位置绘制图形，并设置其填充颜色为白色（CMYK：0、0、0、0），效果如图 4-35-8 所示。

（8）单击工具箱中的"贝济埃"工具 ✎ 和"形状"工具 ✎，在页面中合适的位置绘制图形，并设置其填充颜色为（CMYK：0、10、100、0），效果如图 4-35-9 所示。

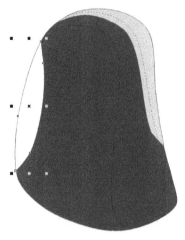

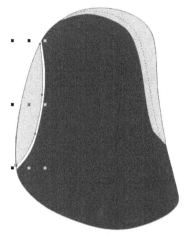

图 4-35-8   图 4-35-9

（9）单击工具箱中的"贝济埃"工具 和"形状"工具 ，在页面中合适的位置绘制图形，并设置其填充颜色为白色（CMYK：0、0、0、0），效果如图 4-35-10 所示。

（10）用同样的方法绘制旅行包上右侧的图形，并填充相应的颜色，效果如图 4-35-11 所示。

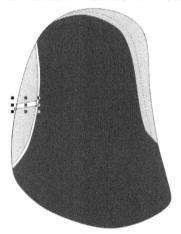

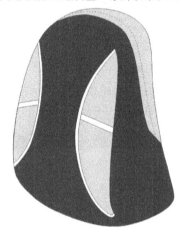

图 4-35-10   图 4-35-11

（11）单击工具箱中的"贝济埃"工具 和"形状"工具 ，在页面中合适的位置绘制图形，并设置其填充颜色为（CMYK：0、0、0、89），效果如图 4-35-12 所示。

（12）单击工具箱中的"贝济埃"工具 和"形状"工具 ，在页面中合适的位置绘制两条曲线，并设置其轮廓为虚线，其他参数的设置如图 4-35-6 所示，效果如图 4-35-13 所示。

（13）单击工具箱中的"贝济埃"工具 和"形状"工具 ，在页面中合适的位置绘制图形，并设置其填充颜色为（CMYK：0、0、0、20），效果如图 4-35-14 所示。

（14）单击工具箱中的"贝济埃"工具 和"形状"工具 ，在页面中合适的位置绘制曲线，并设置其轮廓为虚线，其他参数的设置如图 4-35-6 所示，效果如图 4-35-15 所示。

（15）接下来绘制旅行包侧面的网兜。选择工具箱中的"智能填充"工具 ，然后在属性栏中设置参数如图 4-35-16 所示。鼠标移至如图 4-35-17 所示的"+"光标位置处单击，生成新图形对象，效果如图 4-35-18 所示。

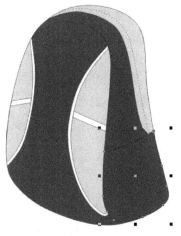

图 4-35-12

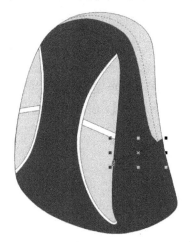

图 4-35-13

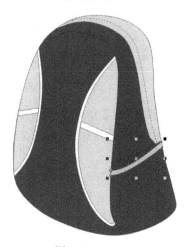

图 4-35-14

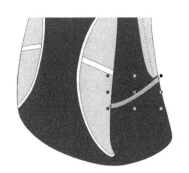

图 4-35-15

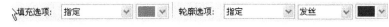

图 4-35-16

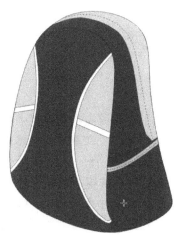

图 4-35-17

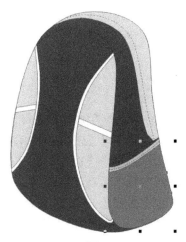

图 4-35-18

（16）将新生成图形对象填充颜色设置为无，只保留轮廓备用，如图 4-35-19 所示。

（17）单击工具箱中的"手绘"工具 ，单击鼠标的同时按住【Ctrl】键，绘制与水平成 45°角的直线，效果如图 4-35-20 所示。然后，按【Ctrl+C】、【Ctrl+V】组合键，将所绘直线原位置复制。再单击属性栏中的"水平镜像"按钮，将复制所得直线水平翻转。两条直线选中状态下，按【Ctrl+G】组合键将其群组，效果如图 4-35-21 所示。

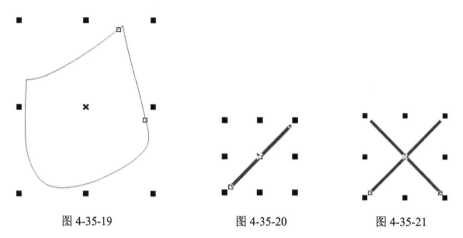

图 4-35-19　　　　　　　　图 4-35-20　　　　　　　图 4-35-21

（18）选中群组后的图形，执行菜单栏中的【编辑】→【步长和重复】命令或使用【Ctrl+Shift+D】组合键，打开【步长和重复】泊坞窗，参数的设置如图 4-35-22 所示，单击【应用】按钮，效果如图 4-35-23 所示。

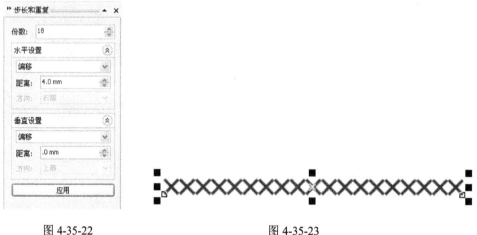

图 4-35-22　　　　　　　　　　　　图 4-35-23

（19）选中上一步复制生成的图形并群组（【Ctrl+G】），再次执行菜单栏中的【编辑】→【步长和重复】命令或使用【Ctrl+Shift+D】组合键，打开【步长和重复】泊坞窗，参数的设置如图 4-35-24 所示，单击【应用】按钮，效果如图 4-35-25 所示。

（20）将复制生成的所有对象群组，并调整其大小。确认群组后的图形处于选中状态，执行菜单栏中的【效果】→【精确裁切】→【放置在容器中】命令，并将鼠标移至如图 4-35-19 所示留作备用的图形上单击，效果如图 4-35-26 所示。即可将图 4-35-25 所示的图形放置在备用图形中，效果如图 4-35-27 所示。

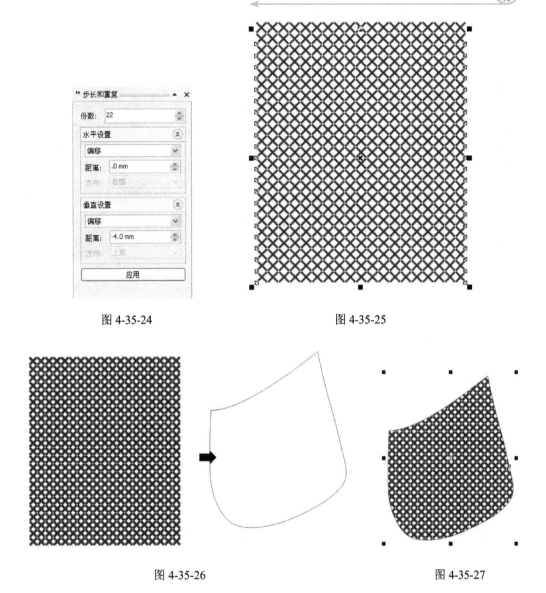

图 4-35-24　　　　　　　　　　　　　图 4-35-25

图 4-35-26　　　　　　　　　　　　　图 4-35-27

（21）将图 4-35-27 所示的图形放置在旅行包的合适的位置，效果如图 4-35-28 所示。旅行包的侧面网兜部分绘制完成。

（22）接下来绘制旅行包带。单击工具箱中的"贝济埃"工具 和"形状"工具 ，在页面中合适的位置绘制图形，效果如图 4-35-29 所示。并设置其填充颜色为（CMYK：0、0、0、89）。执行菜单栏中的【排列】→【顺序】命令，调整与前面所绘制图形的层次，效果如图 4-35-30 所示。

（23）选择工具箱中的"智能填充"工具 ，鼠标移至如图 4-35-31 所示的"+"光标位置处单击，生成新图形对象，效果如图 4-35-32 所示。并设置新生成的图形对象填充颜色为（CMYK：0、0、0、85）。

（24）用同样的方法绘制旅行包包带的其他部分，并填充相应的颜色，效果如图 4-35-33 所示。

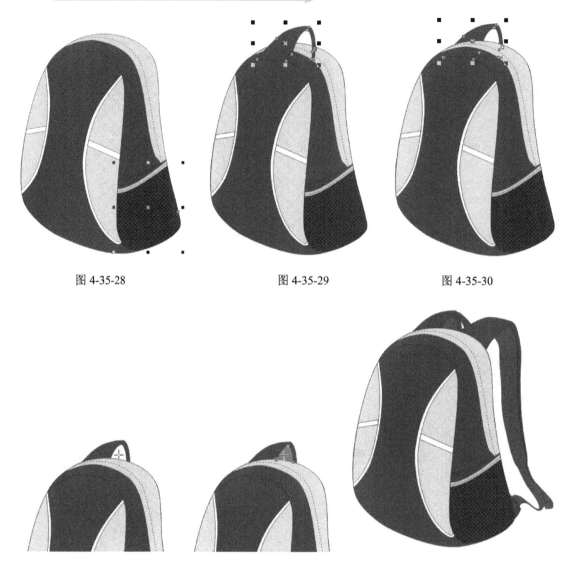

图 4-35-28　　　　　　　图 4-35-29　　　　　　　图 4-35-30

图 4-35-31　　　　　　图 4-35-32　　　　　　　图 4-35-33

（25）接下来制作旅行包上面的图案部分。选择工具箱中的"智能填充"工具，鼠标移至如图 4-35-34 所示的"+"光标位置处单击，生成新图形对象，效果如图 4-35-35 所示。将新生成的图形对象填充颜色设为无，描边设置为黄色，备用。

（26）执行菜单栏中的【文件】→【导入】命令或使用【Ctrl+I】组合键，导入素材文件夹中的 streetball.jpg 图像，效果如图 4-35-36 所示。

（27）执行菜单栏中的【位图】→【描摹位图】→【线条图】命令，在打开如图 4-35-37 所示的 PowerTRACE 对话框中设置参数。单击【确定】按钮后，转换后的矢量图，效果如图 4-35-38 所示。

（28）为转换后的图形设置填充颜色为（CMYK：0、0、0、85），并调整图形的大小、位置及旋转角度，效果如图 4-35-39 所示。

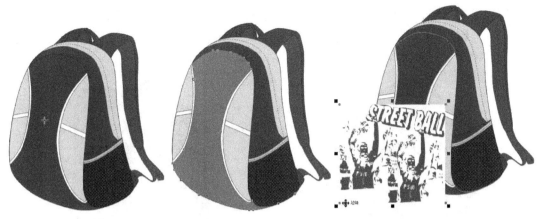

图 4-35-34　　　　　　　　图 4-35-35　　　　　　　　图 4-35-36

图 4-35-37

图 4-35-38

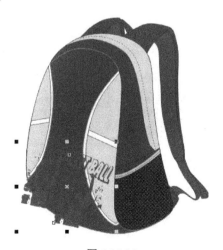

图 4-35-39

（29）确认图 4-35-39 所示的图形处于选中状态，执行菜单栏中的【效果】→【图框精确剪裁】→【放置在容器中】命令，并将鼠标移至前面新生成备用的图形上单击，效果如图 4-35-40 所示。将所选图形轮廓设置为无，效果如图 4-35-41 所示。

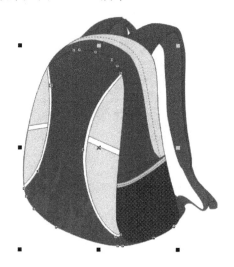

图 4-35-40   图 4-35-41

（30）打开素材文件夹中的标识.cdr 文件。复制文件中标识图形到绘图文件中，效果如图 4-35-42 所示。

（31）为图形设置填充颜色为黄色（CMYK：0、10、100、0），轮廓颜色设置为白色。调整图形的大小、位置及旋转角度，效果如图 4-35-43 所示。旅行包绘制完成。

图 4-35-42   图 4-35-43

实例 36 拉杆旅行包系列

具体操作步骤如下。

（1）打开 CorelDRAW X4，执行菜单栏中的【文件】→【新建】命令或使用【Ctrl+N】组合键，新建一个空白页，设定纸张大小为 A4，横向摆放，如图 4-36-1 所示。

图 4-36-1

（2）首先绘制拉杆旅行包。单击工具箱中的"贝济埃"工具和"形状"工具，在页面中合适的位置绘制图形，其填充颜色设置为白色，效果 4-36-2 所示。

（3）单击工具箱中的"贝济埃"工具和"形状"工具，在页面中合适的位置绘制图形，并设置其填充颜色为（CMYK：0、100、96、28），效果如图 4-36-3 所示。

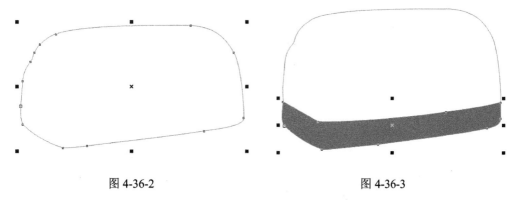

图 4-36-2   图 4-36-3

（4）用同样的方法绘制拉杆旅行包的其他部分图形，并填充相应的颜色，效果如图 4-36-4 所示。

（5）接下来绘制拉杆旅行包上的高光部分，增强图形的立体效果。单击工具箱中的"贝济埃"工具和"形状"工具，在页面中合适的位置绘制图形，其填充颜色设置为白色，效果如图 4-36-5 所示。

图 4-36-4

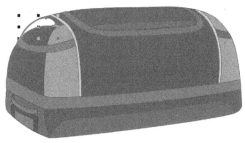
图 4-36-5

（6）选中图 4-36-5 所示的图形，单击工具箱中的"交互式透明"工具 ，然后在属性栏中设置参数如图 4-36-6 所示。原对象产生如图 4-36-7 所示的透明效果。

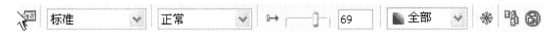

图 4-36-6

（7）用同样的方法绘制旅行包上其他的高光效果图形，填充相应的颜色，并设置透明度，效果如图 4-36-8 所示。

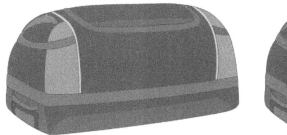
图 4-36-7

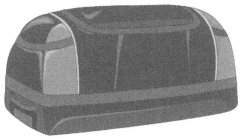
图 4-36-8

（8）接下来绘制拉杆旅行包带。单击工具箱中的"贝济埃"工具 和"形状"工具 ，在页面中合适的位置绘制图形，其填充颜色设置为灰色（CMYK：0、0、0、60），效果如图 4-36-9 所示。

（9）用同样的方法绘制旅行包带的其他部分图形，并填充相应的颜色，效果如图 4-36-10 所示。

图 4-36-9

图 4-36-10

（10）接下来制作拉杆旅行包上的明线效果。单击工具箱中的"贝济埃"工具 和"形状"工具 ，在页面中合适的位置绘制如图 4-36-11 所示的线条。

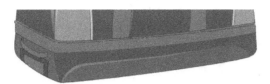

图 4-36-11

（11）单击工具箱中的"轮廓"展开工具栏中的"轮廓画笔对话框"工具 或按【F12】键，在弹出的【轮廓笔】对话框中，设置其轮廓为虚线，其他参数的设置如图 4-36-12 所示，单击【确定】按钮后，效果如图 4-36-13 所示。

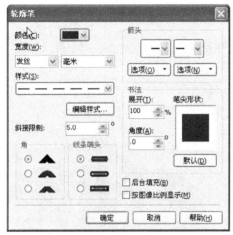

图 4-36-12

图 4-36-13

（12）用同样的方法绘制拉杆旅行包上其他部分的明线，效果如图 4-36-14 所示。

（13）下面制作拉杆旅行包的拉杆。单击工具箱中的"贝济埃"工具 和"形状"工具 ，绘制如图 4-36-15 所示的图形。

图 4-36-14

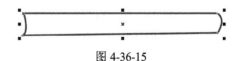

图 4-36-15

（14）单击工具箱中的"填充"展开工具栏中的"渐变填充对话框"工具 或按【F11】键，在弹出如图 4-36-16 所示的【渐变填充】对话框中设置参数，单击【确定】按钮后，效果如图 4-36-17 所示。

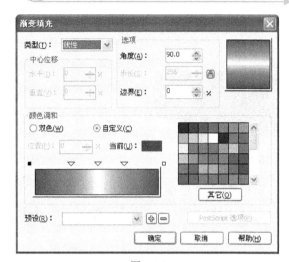

图 4-36-16

图 4-36-17

（15）将图 4-36-17 所示的图形调整大小、角度并复制，放置到图 4-36-14 所示的图形中的合适的位置，效果如图 4-36-18 所示。

（16）单击工具箱中的"贝济埃"工具 和"形状"工具 ，在页面中合适的位置绘制图形，并设置其填充颜色为灰色（CMYK：0、0、0、64），效果如图 4-36-19 所示。

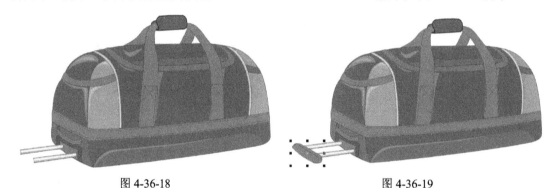

图 4-36-18

图 4-36-19

（17）利用前面绘图方法，制作旅行包的拉链，效果如图 4-36-20 所示。

（18）将绘制的拉链复制，调整其大小和角度，放置到图 4-36-19 所示的图形中的合适的位置，效果如图 4-36-21 所示。

图 4-36-20

图 4-36-21

（19）接下来绘制品牌标识。单击工具箱中的"文本"工具 ⬭，输入大写字母"C"，将其转换为曲线。利用"形状"工具 ⬭，修改其形状，并设置填充颜色为黑色（CMYK：0、0、0、100），轮廓线颜色设置为灰色（CMYK：0、0、0、60），效果如图 4-36-22 所示。

（20）用同样的方法制作标识上的其他文字，效果如图 4-36-23 所示。

图 4-36-22 　　　　　　　　　　　　　图 4-36-23

（21）将绘制的品牌标识复制，调整其大小和角度，放置到图 4-36-21 所示的图形中的合适的位置，效果如图 4-36-24 所示。

图 4-36-24

（22）将所绘制的图形对象全选并群组。单击工具箱中的"交互式阴影"工具 ⬛，为图形添加阴影效果，最终效果如图 4-36-25 所示。拉杆旅行包绘制完成。

图 4-36-25

第 5 章

帽子系列设计与制作

实例 37　棒球帽系列 1

具体操作步骤如下。

（1）打开 CorelDRAW X4，执行菜单栏中的【文件】→【新建】命令或使用【Ctrl+N】组合键，新建一个空白页，设定纸张大小为 A4，横向摆放，如图 5-37-1 所示。

图 5-37-1

（2）单击工具箱中的"贝济埃"工具 ✎ 和"形状"工具 ↖，在页面中合适的位置绘制图形，并设置其填充颜色为白色，轮廓色设置为黑色、轮廓宽度设置为 0.5mm，效果如图 5-37-2 所示。

（3）单击工具箱中的"贝济埃"工具 ✎ 和"形状"工具 ↖，绘制如图 5-37-3 所示的曲线。

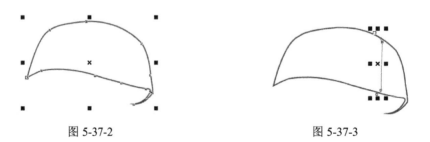

图 5-37-2　　　　　　　　　　　　　　　　图 5-37-3

（4）选择工具箱中的"智能填充"工具 ✎，在属性栏中设置参数如图 5-37-4 所示。其填充颜色设置为（CMYK：35、4、0、94），轮廓设置为无。

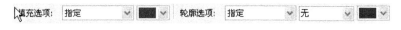

图 5-37-4

（5）将鼠标移至图 5-37-5 所示的"＋"光标处单击，生成新的图形对象，效果如图 5-37-6 所示。将图 5-37-3 所示的曲线选中删除。

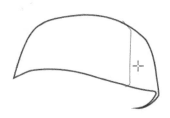   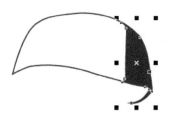

图 5-37-5   图 5-37-6

（6）单击工具箱中的"贝济埃"工具和"形状"工具，在页面合适的位置绘制图形，设置其轮廓宽度为 0.5mm，效果如图 5-37-7 所示。执行菜单栏中的【排列】→【顺序】→【到页面后面】命令，调整图形对象层次，效果如图 5-37-8 所示。

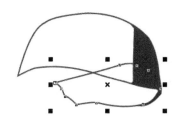   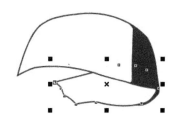

图 5-37-7   图 5-37-8

（7）单击"填充"展开工具栏中的"渐变填充"工具或按【F11】键，在弹出如图 5-37-9 所示的【渐变填充】对话框中设置参数，为图形设置渐变填充，效果如图 5-37-10 所示。

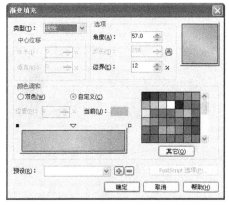   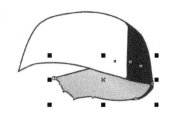

图 5-37-9   图 5-37-10

（8）单击工具箱中的"贝济埃"工具 和"形状"工具 ，在页面合适的位置绘制图形，其轮廓颜色设置为灰色（CMYK：7、0、0、30），轮廓宽度设置为 0.5mm，效果如图 5-37-11。执行菜单栏中的【排列】→【顺序】命令，调整图形对象层次位置，效果如图 5-37-12 所示。

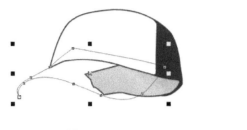 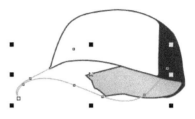

图 5-37-11　　　　　　　　　　　　　　　图 5-37-12

（9）单击"填充"展开工具栏中的"渐变填充"工具 ，为图形设置渐变填充，渐变参数的设置如图 5-37-13 所示，效果如图 5-37-14 所示。

 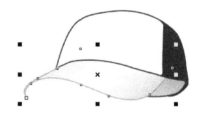

图 5-37-13　　　　　　　　　　　　　　　图 5-37-14

（10）使用【Ctrl+C】、【Ctrl+V】组合键，将图形原位置复制。设置其轮廓宽度为 1mm，效果如图 5-37-15 所示。执行菜单栏中的【排列】→【顺序】命令，调整复制得到图形对象的层次位置，效果如图 5-37-16 所示。

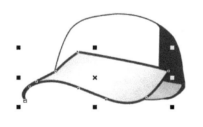 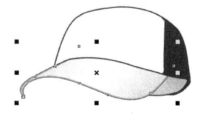

图 5-37-15　　　　　　　　　　　　　　　图 5-37-16

（11）单击工具箱中的"贝济埃"工具 和"形状"工具 ，在页面合适的位置绘制如图 5-37-17 所示的图形。其轮廓颜色设置为灰色（CMYK：7、0、0、30），轮廓宽度设置为

0.5mm。执行菜单栏中的【排列】→【顺序】命令，调整图形对象层次位置，效果如图 5-37-18 所示。通过这样的多层绘制，制作出帽檐部分的立体感。

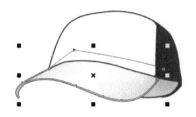 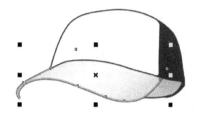

图 5-37-17　　　　　　　　　　　　　　　　图 5-37-18

（12）单击工具箱中的"贝济埃"工具 和"形状"工具 ，在页面合适的位置绘制如图 5-37-19 所示的图形。其轮廓颜色设置为黑色，轮廓宽度设置为 0.5mm。为图形填充渐变颜色，渐变参数的设置如图 5-37-9 所示。执行菜单栏中的【排列】→【顺序】命令，调整图形对象层次位置，效果如图 5-37-20 所示。

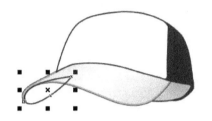 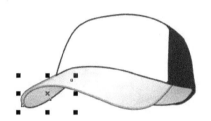

图 5-37-19　　　　　　　　　　　　　　　　图 5-37-20

（13）单击工具箱中的"贝济埃"工具 和"形状"工具 ，在页面合适的位置绘制如图 5-37-21 所示的图形。其轮廓设置为无，并为图形填充渐变颜色，效果如图 5-37-22 所示。

 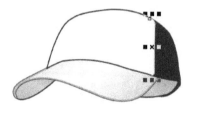

图 5-37-21　　　　　　　　　　　　　　　　图 5-37-22

（14）单击工具箱中的"椭圆形"工具 ，绘制椭圆形。其轮廓颜色设置为黑色，轮廓宽度设置为 0.5mm。为图形填充渐变颜色，并调整图形对象层次位置，效果如图 5-37-23 所示。

（15）单击工具箱中的"贝济埃"工具 和"形状"工具 ，在页面合适的位置绘制曲线，并设置其轮廓宽度为 0.25 mm，效果如图 5-37-24 所示。

（16）用同样的方法在页面合适的位置绘制多条曲线。并将其设置为轮廓宽度 0.25 mm 的虚线，效果如图 5-37-25 所示。

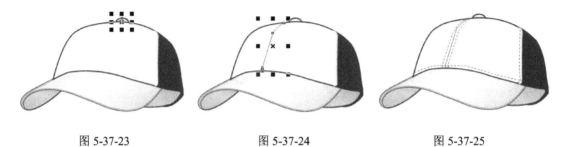

图 5-37-23   图 5-37-24   图 5-37-25

（17）单击工具箱中的"椭圆形"工具 ，绘制一个椭圆形。其轮廓颜色设置为黑色、轮廓宽度设置为 0.18mm，并调整一定旋转角度。椭圆形效果如图 5-37-26 所示。

（18）将椭圆并复制并调整大小及位置，填充颜色为黑色，轮廓设置为无，效果如图 5-37-27 所示。

（19）框选所有图形对象并群组，效果如图 5-37-28 所示。棒球帽的正面效果绘制完成。

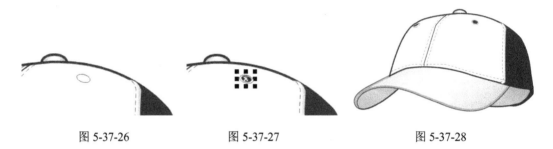

图 5-37-26   图 5-37-27   图 5-37-28

（20）用同样的方法绘制棒球帽的背面，效果如图 5-37-29 所示。

（21）最后将品牌标识放置到棒球帽的合适的位置即可，效果如图 5-37-30 所示。

图 5-37-29   图 5-37-30

（22）其他样式的帽子系列在颜色和图案上有了一些变化，操作步骤不详细叙述，效果如图 5-37-31 所示。

热压绒标

胶印

后扣:魔术帖

注:帽眉要用金色/银色皮革

图 5-37-31

实例 38　棒球帽系列 2

具体操作步骤如下。

（1）打开 CorelDRAW X4，执行菜单栏中的【文件】→【新建】命令或使用【Ctrl+N】
组合键，新建一个空白页，设定纸张大小为 A4，横向摆放，如图 5-38-1 所示。

图 5-38-1

（2）单击工具箱中的"贝济埃"工具 和"形状"工具 ，绘制如图 5-38-2 所示的图
形。设置其填充颜色为红色（CMYK：19、100、97、0），效果如图 5-38-3 所示。

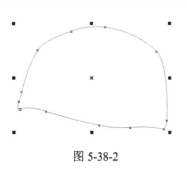

图 5-38-2

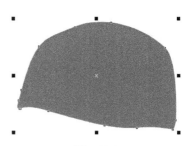

图 5-38-3

（3）使用【Ctrl+C】、【Ctrl+V】组合键，将图形原位置复制。其填充颜色设置为无，轮廓宽度设置为 0.5mm，效果如图 5-38-4 所示。将前面绘制图形框选，执行菜单栏中的【排列】→【锁定对象】命令，将图形对象锁定在页面上。

（4）单击工具箱中的"贝济埃"工具 和"形状"工具 ，在页面合适的位置绘制曲线，设置其轮廓宽度为 0.5mm，效果如图 5-38-5 所示。

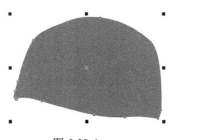

图 5-38-4

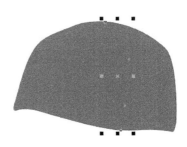

图 5-38-5

（5）将图 5-38-5 所示的曲线复制，调整复制得到曲线的位置，设置线型为虚线，轮廓线宽度为 0.25mm。然后再次复制虚线，调整好位置，效果如图 5-38-6 所示。

（6）单击工具箱中的"贝济埃"工具 和"形状"工具 ,在页面中合适的位置绘制曲线,设置其轮廓宽度为 0.5mm，效果如图 5-38-7 所示。

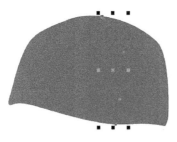

图 5-38-6

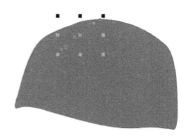

图 5-38-7

（7）单击工具箱中的"贝济埃"工具 和"形状"工具 ，在页面合适的位置绘制图形，设置其填充为红色（CMYK：19、100、97、0），效果如图 5-38-8 所示。

（8）使用【Ctrl+C】、【Ctrl+V】组合键，将图形原位置复制。其填充颜色设置为无，轮廓宽度设置为 0.5mm。将前面绘制图形框选，执行菜单栏中的【排列】→【锁定对象】命令，将图形对象锁定在页面上。

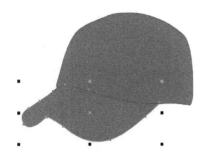

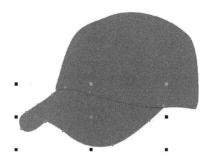

图 5-38-8　　　　　　　　　　　　　　　　图 5-38-9

（9）单击工具箱中的"贝济埃"工具 和"形状"工具 ，在页面合适的位置绘制图形，并设置其填充为黑色，效果如图 5-38-10 所示。

（10）单击工具箱中的"贝济埃"工具 和"形状"工具 ，在页面合适的位置绘制图形，设置其填充颜色为红色。然后使用【Ctrl+C】、【Ctrl+V】组合键，将图形原位复制，其填充颜色设置为无，轮廓宽度设置为 0.5mm，效果如图 5-38-11 所示。

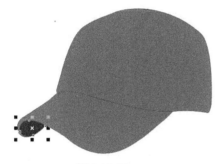

图 5-38-10　　　　　　　　　　　　　　　图 5-38-11

（11）单击工具箱中的"椭圆形"工具 ，绘制一个椭圆形。设置其轮廓宽度为 0.25mm 的虚线，轮廓颜色为灰色（CMYK：0、0、0、60），并调整其旋转角度为 26.7°，椭圆效果如图 5-38-12 所示。

（12）将图 5-38-12 所示的椭圆复制并调整大小，填充颜色设置为灰色（CMYK：0、0、0、60），效果如图 5-38-13 所示。

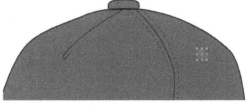

图 5-38-12　　　　　　　　　　　　　　　图 5-38-13

（13）执行菜单栏中的【排列】→【解除锁定全部对象】命令，将前面锁定图形对象解锁。框选所有图形对象并群组，效果如图 5-38-14 所示。棒球帽的正面效果绘制完成。

（14）用同样的方法绘制棒球帽的背面，效果如图 5-38-15 所示。

图 5-38-14　　　　　　　　　　　　　图 5-38-15

（15）接下来绘制帽子后面的日字扣。单击工具箱中的"矩形"工具 ，绘制如图 5-38-16 所示的矩形。执行菜单栏中的【排列】→【转换为曲线】命令，将矩形转换为曲线轮廓。再利用"形状"工具 调整曲线形状，效果如图 5-38-17 所示。

（16）将图 5-38-17 所示的图形复制并调整其大小、位置与形状，效果如图 5-38-18 所示。

（17）将两个图形框选，单击属性栏上的"前减后"按钮 ，执行后生成图形效果，如图 5-38-19 所示。

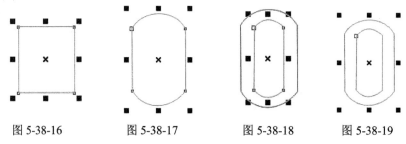

图 5-38-16　　　　　图 5-38-17　　　　　图 5-38-18　　　　　图 5-38-19

（18）选中新生成图形，单击"填充"展开工具栏中的"渐变填充"工具 或按【F11】键，在弹出如图 5-38-20 所示的【渐变填充】对话框中设置参数，为图形设置渐变填充。然后将其轮廓颜色设置为灰色（CMYK：0、0、0、60），轮廓宽度设置为 0.25mm，效果如图 5-38-21 所示。日字扣制作完成。

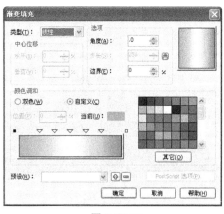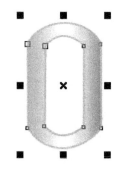

图 5-38-20　　　　　　　　　　　　　图 5-38-21

（19）将制作好的日字扣调整大小与角度，放置到合适的位置，效果如图 5-38-22 所示。

（20）最后将品牌标识放置到棒球帽的合适的位置即可，效果如图 5-38-23 所示。

图 5-38-22 图 5-38-23

（21）其他样式的帽子系列在颜色和图案上有了一些变化，操作步骤不详细叙述，效果如图 5-38-24 所示。

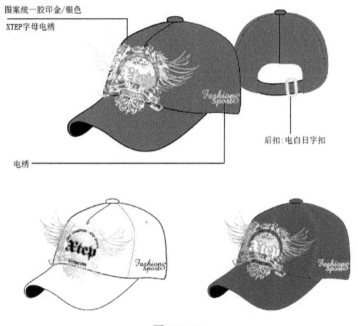

图 5-38-24

实例 39　棒球帽系列 3

具体操作步骤如下。

（1）打开 CorelDRAW X4，执行菜单栏中的【文件】→【新建】命令或使用【Ctrl+N】组合键，新建一个空白页，设定纸张大小为 A4，横向摆放，如图 5-39-1 所示。

图 5-39-1

（2）单击工具箱中的"三点曲线"工具 和"形状"工具 ，绘制如图 5-39-2 所示的图形。设置其填充颜色为黑色（CMYK：0、0、0、100），效果如图 5-39-3 所示。执行菜单栏中的【排列】→【锁定对象】命令，将图形对象锁定在页面上。

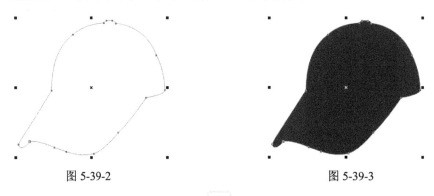

图 5-39-2　　　　　　　　　　　　　　图 5-39-3

（3）单击工具箱中的"三点曲线"工具 ，在页面中合适的位置绘制曲线，将其轮廓色设置为黄色（CMYK：0、0、100、0），效果如图 5-39-4 所示。

（4）用同样的方法，在页面合适的位置绘制其他曲线，效果如图 5-39-5 所示。

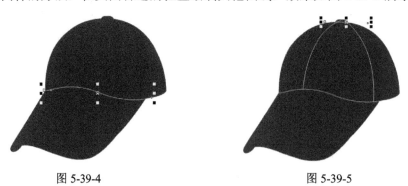

图 5-39-4　　　　　　　　　　　　　　图 5-39-5

（5）选择工具箱中的"智能填充"工具 ，在属性栏中设置参数如图 5-39-6 所示。其填充颜色设置为（CMYK：0、0、0、100），轮廓颜色设置为黑色。

图 5-39-6

（6）将鼠标移至图 5-39-7 所示的"＋"光标处单击，生成新的图形对象，效果如图 5-39-8 所示。

（7）用同样的方法，利用"智能填充"工具 ，在曲线划分出的其他区域单击，生成新的图形对象，效果如图 5-39-9 所示。

图 5-39-7　　　　　　　　图 5-39-8　　　　　　　　图 5-39-9

（8）按住【Shift】选中所有利用"智能填充"工具 新生成的图形对象，执行菜单栏中的【排列】→【锁定对象】命令，将图形对象锁定在页面上。然后再将前面绘制的黄色曲线选中删除。

（9）单击工具箱中的"三点曲线"工具 ，绘制如图 5-39-10 所示的图形，将其填充颜色设置为（CMYK：37、22、27、6），轮廓色设置为黑色，轮廓宽度设置为 0.35mm，效果如图 5-39-11 所示。

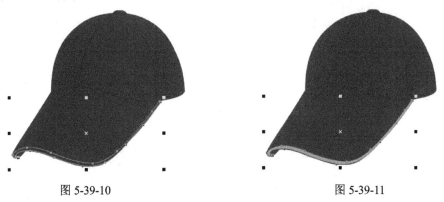

图 5-39-10　　　　　　　　　　　　　　图 5-39-11

（10）单击工具箱中的"三点曲线"工具 ，绘制如图 5-39-12 所示的图形，将其填充颜色设置为白色，轮廓设置为无，效果如图 5-39-13 所示。

图 5-39-12　　　　　　　　　　　　图 5-39-13

（11）执行菜单栏中的【排列】→【解除锁定全部对象】命令，将锁定的图形对象全部解锁。用框选的方法将所有图形对象选中并群组，效果如图 5-39-14 所示。棒球帽的侧面效果绘制完成。

（12）用同样的方法绘制棒球帽的背面。效果如图 5-39-15 所示。

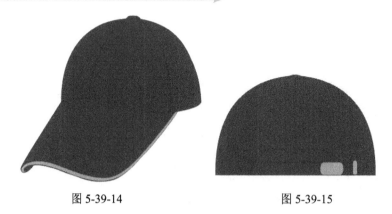

图 5-39-14   图 5-39-15

（13）最后将品牌标识放置到棒球帽的合适的位置即可，效果如图 5-39-16 所示。

图 5-39-16

（14）其他样式的帽子系列在颜色和图案上有了一些变化，操作步骤不详细叙述，效果如图 5-39-17 所示。

图 5-39-17

实例 40　网球帽系列 1

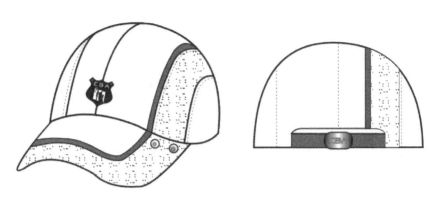

具体操作步骤如下。

（1）打开 CorelDRAW X3，执行菜单栏中的【文件】→【新建】命令或使用【Ctrl+N】组合键，新建一个空白页，设定纸张大小为 A4，横向摆放，如图 5-40-1 所示。

图 5-40-1

（2）单击工具箱中的"贝济埃"工具 和"形状"工具 ，绘制如图 5-40-2 所示的图形。单击"填充"展开工具栏中的"渐变填充"工具 ，在弹出如图 5-40-3 所示的【图样填充】对话框中设置参数，为图形设置图样填充。然后将其轮廓颜色设置为黑色，轮廓宽度设置为 0.5mm，效果如图 5-40-4 所示。

（3）用同样的方法绘制如图 5-40-5 所示的图形，并为图形设置图样填充。执行菜单栏中的【排列】→【顺序】→【到页面后面】命令，调整图形对象层次，效果如图 5-40-6 所示。

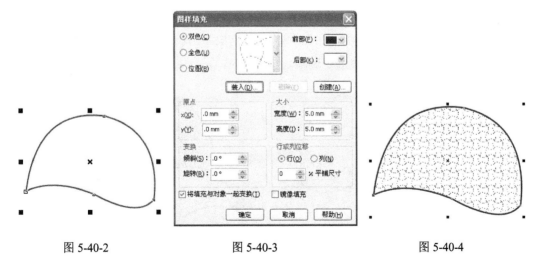

图 5-40-2　　　　　　　　　图 5-40-3　　　　　　　　　图 5-40-4

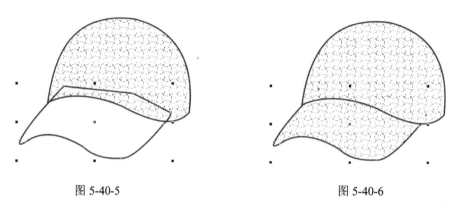

图 5-40-5　　　　　　　　　　　　　　　　　图 5-40-6

（4）单击工具箱中的"贝济埃"工具 和"形状"工具 ，绘制如图 5-40-7 所示的曲线。

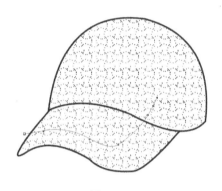

图 5-40-7

（5）选择工具箱中的"智能填充"工具 ，在属性栏中设置参数如图 5-40-8 所示。其填充颜色设置为白色，轮廓设置为黑色、宽度设置为 0.25mm。

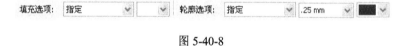

图 5-40-8

（6）将鼠标移至图 5-40-9 所示的"＋"光标处单击，生成新的图形对象，效果如图 5-40-10 所示。将图 5-40-7 所示的曲线选中删除。

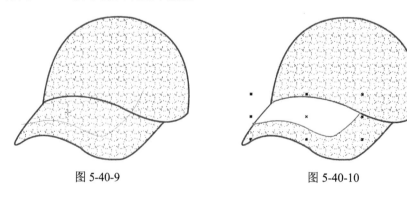

图 5-40-9　　　　　　　　　　　　　　　　　图 5-40-10

（7）单击工具箱中的"贝济埃"工具 和"形状"工具 ，绘制如图 5-40-11 所示的曲线。利用"智能填充"工具 ，生成如图 5-40-12 所示新的图形对象。将图 5-40-11 所示的曲线选中删除。

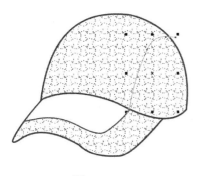

图 5-40-11

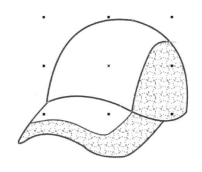

图 5-40-12

（8）单击工具箱中的"贝济埃"工具 和"形状"工具 ，绘制如图 5-40-13 所示的曲线。利用"智能填充"工具 ，生成如图 5-40-14 所示新的图形对象。将图 5-40-13 所示的曲线选中删除。

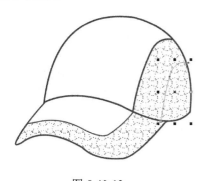

图 5-40-13

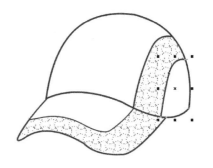

图 5-40-14

（9）单击工具箱中的"贝济埃"工具 和"形状"工具 ，绘制如图 5-40-15 所示的曲线。利用"智能填充"工具 ，生成如图 5-40-16 所示新的图形对象，其填充颜色设置为（CMYK：43、52、80、38）。将图 5-40-15 所示的曲线选中删除。

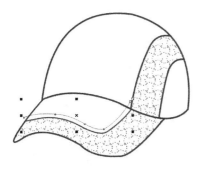

图 5-40-15

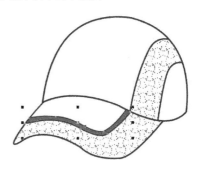

图 5-40-16

（10）单击工具箱中的"贝济埃"工具 和"形状"工具 ，绘制如图 5-40-17 所示的曲线。利用"智能填充"工具 ，生成如图 5-40-18 所示新的图形对象，其填充颜色设置为（CMYK：43、52、80、38）。将图 5-40-17 所示的曲线选中删除。

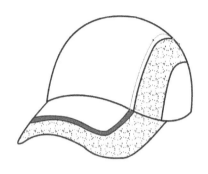
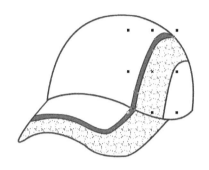

图 5-40-17　　　　　　　　　　　　　　　图 5-40-18

（11）单击工具箱中的"贝济埃"工具 和"形状"工具 ，在页面合适的位置绘制曲线。设置其轮廓宽度为 0.5mm，效果如图 5-40-19 所示。

（12）用同样的方法绘制曲线，效果如图 5-40-20 所示。

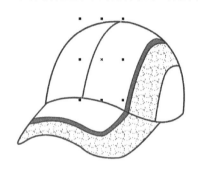
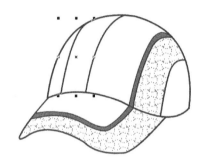

图 5-40-19　　　　　　　　　　　　　　　图 5-40-20

（13）单击工具箱中的"贝济埃"工具 和"形状"工具 ，在页面合适的位置绘制曲线。设置其线型为虚线、轮廓宽度设置为 0.25mm，效果如图 5-40-21 所示。

（14）用同样的方法绘制其他虚线，效果如图 5-40-22 所示。

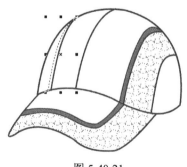

图 5-40-21　　　　　　　　　　　　　　　图 5-40-22

（15）单击工具箱中的"椭圆形"工具 ，按住【Shift】键同时拖动鼠标绘制一个正圆形。设置其填充颜色为渐变填充，渐变参数的设置如图 5-40-23 所示。轮廓宽度设置为 0.35mm，正圆形效果如图 5-40-24 所示。

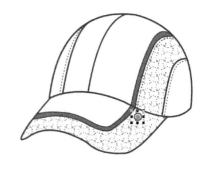

图 5-40-23　　　　　　　　　　　　　　图 5-40-24

（16）选中所绘制的正圆形，使用【Ctrl+C】、【Ctrl+V】组合键，将图形原位复制，调整到合适的位置，如图 5-40-25 所示。框选所有图形对象并群组，网球帽的正面效果绘制完成。

（17）用同样的方法绘制网球帽的背面，效果如图 5-40-26 所示。

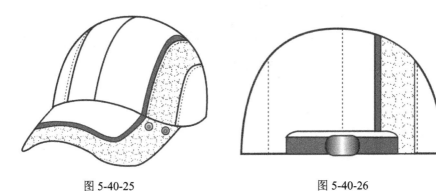

图 5-40-25　　　　　　　　　　　　　　图 5-40-26

（18）最后将品牌标识放置到网球帽的合适的位置即可，效果如图 5-40-27 所示。

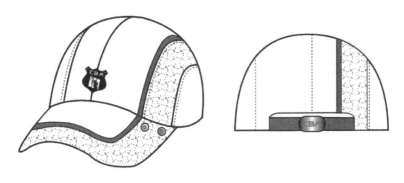

图 5-40-27

（19）其他样式的帽子系列在颜色和图案上有了一些变化，操作步骤不详细叙述，效果如图 5-40-28 所示。

图 5-40-28

实例 41 网球帽系列 2

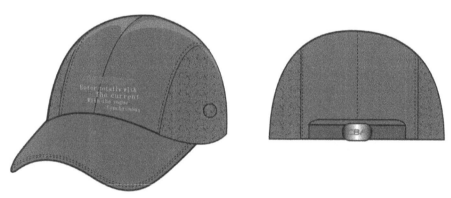

具体操作步骤如下。

（1）打开 CorelDRAW X4，执行菜单栏中的【文件】→【新建】命令或使用【Ctrl+N】组合键，新建一个空白页，设定纸张大小为 A4，横向摆放，如图 5-41-1 所示。

图 5-41-1

（2）单击工具箱中的"贝济埃"工具 和"形状"工具 ，绘制如图 5-41-2 所示的图形。为图形设置填充颜色为（CMYK：20、0、20、65），轮廓颜色设置为黑色，轮廓宽度设置为 0.5mm，效果如图 5-41-3 所示。

（3）单击工具箱中的"贝济埃"工具 和"形状"工具 ，绘制如图 5-41-4 所示的曲线。

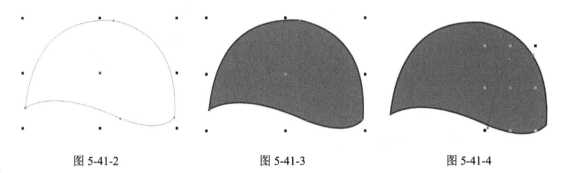

图 5-41-2　　　　　　　　图 5-41-3　　　　　　　　图 5-41-4

（4）选择工具箱中的"智能填充"工具 ，在属性栏中设置参数如图 5-41-5 所示。其填充颜色设置为白色，轮廓设置为黑色、宽度为 0.25mm。

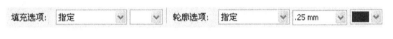

图 5-41-5

（5）将鼠标移至图 5-41-6 所示的"＋"光标处单击，生成新的图形对象，效果如图 5-41-7 所示。将图 5-41-4 所示的曲线选中删除。

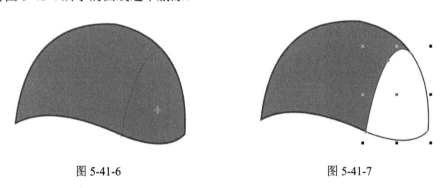

图 5-41-6　　　　　　　　　　　　图 5-41-7

（6）选中新生成的图形对象。单击"填充"展开工具栏中的"渐变填充"工具 ，在弹出如图 5-41-8 所示的【图样填充】对话框中设置参数，为图形设置图样填充，效果如图 5-41-9 所示。

（7）用同样的方法，单击工具箱中的"贝济埃"工具 和"形状"工具 ，绘制如图 5-41-10 所示的曲线。利用"智能填充"工具 ，生成如图 5-41-11 所示新的图形对象。将图 5-41-10 中所示的曲线选中删除。

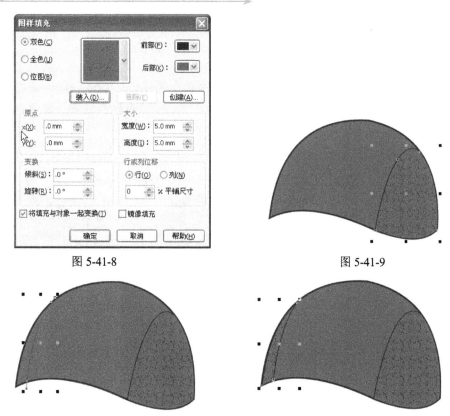

图 5-41-8   图 5-41-9

图 5-41-10   图 5-41-11

（8）单击工具箱中的"贝济埃"工具 和"形状"工具 ，绘制如图 5-41-12 所示的图形。为图形设置填充颜色为（CMYK：20、0、20、65），轮廓颜色设置为黑色，轮廓宽度设置为 0.5mm。执行菜单栏中的【排列】→【顺序】→【到页面后面】命令，调整图形对象层次，效果如图 5-40-13 所示。

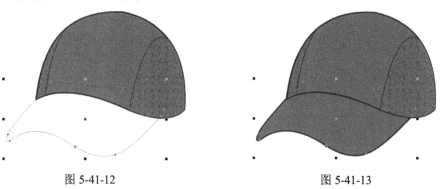

图 5-41-12   图 5-41-13

（9）单击工具箱中的"贝济埃"工具 和"形状"工具 ，在页面合适的位置绘制曲线。设置其轮廓宽度为 0.25mm，效果如图 5-41-14 所示。

（10）单击工具箱中的"贝济埃"工具 和"形状"工具 ，在页面合适的位置绘制曲线。设置其线型为虚线、轮廓宽度为 0.25mm，效果如图 5-41-15 所示。

（11）用同样的方法绘制其他虚线，效果如图 5-41-16 所示。

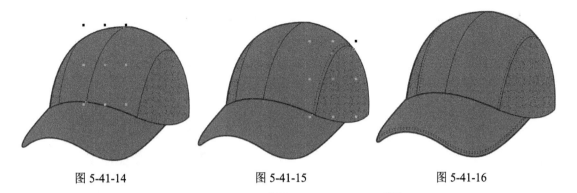

图 5-41-14   图 5-41-15   图 5-41-16

（12）单击工具箱中的"贝济埃"工具 和"形状"工具 ，绘制如图 5-41-17 所示的图形。为图形设置填充颜色为白色，轮廓设置为无，效果如图 5-41-18 所示。

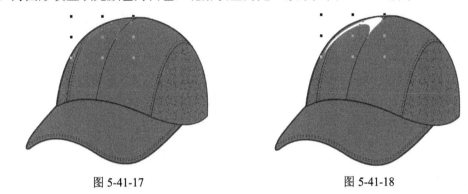

图 5-41-17   图 5-41-18

（13）选中图 5-41-18 所示的图形对象。单击"交互式工具"展开工具栏中的"交互式透明"工具 ，在属性栏中设置参数如图 5-41-19 所示。为图形设置透明效果，如图 5-41-20 所示。

（14）用同样的方法绘制图形，并为图形设置透明效果，如图 5-41-21 所示。

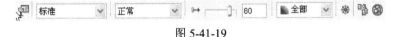

图 5-41-19

（15）框选所有图形对象并群组，网球帽的正面效果绘制完成，效果如图 5-41-22 所示。

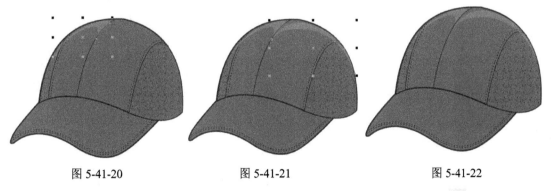

图 5-41-20   图 5-41-21   图 5-41-22

（16）接下来绘制网球帽上的图案。单击工具箱中的"贝济埃"工具 和"形状"工具 ，绘制曲线，其轮廓颜色设置为绿色（CMYK：100、0、100、0），效果如图 5-41-23 所示。

（17）单击工具箱中的"贝济埃"工具 和"形状"工具 ，在页面中合适的位置绘制图形，其填充颜色设置为绿色（CMYK：100、0、100、0），效果如图 5-41-24 所示。

（18）将图 5-41-24 与图 5-41-25 所示的图形框选并群组，调整大小，放置到页面中的合适的位置，效果如图 5-41-26 所示。

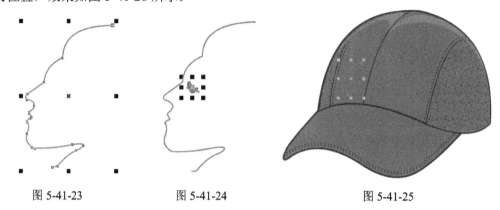

图 5-41-23　　　　　　　　图 5-41-24　　　　　　　　图 5-41-25

（19）单击工具箱中的"贝济埃"工具 和"形状"工具 ，绘制字母"R"的形状图形，效果如图 5-41-26 所示。其填充颜色设置为绿色（CMYK：100、0、100、0），轮廓设置为无，效果如图 5-41-27 所示。

图 5-41-26　　　　　　　　　　　图 5-41-27

（20）用同样方法绘制其他的字母形状，效果如图 5-41-28 所示。

（21）将所有的字母形状图形框选并群组，调整大小，放置到页面中的合适位置，效果如图 5-41-29 所示。

图 5-41-28　　　　　　　　　　　　　　图 5-41-29

（22）单击工具箱中的"文本"工具 ，设置字体为"宋体"，输入英文字符。调整文本大小、颜色及角度，放置到页面中的合适位置，效果如图 5-41-30 所示。

（23）用同样的方法绘制网球帽的背面，效果如图 5-41-31 所示。

图 5-41-30

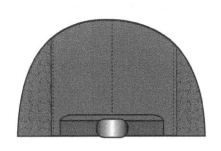
图 5-41-31

（24）最后将品牌标识放置到网球帽的合适的位置即可，效果如图 5-41-32 所示。

图 5-41-32

（25）其他样式的帽子系列在颜色和图案上有了一些变化，操作步骤不详细叙述，效果如图 5-41-33 所示。

图 5-41-33

实例 42　针织套系列 1

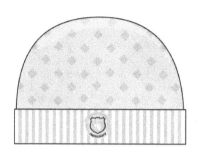

具体操作步骤如下。

（1）打开 CorelDRAW X4，执行菜单栏中的【文件】→【新建】命令或使用【Ctrl+N】组合键，新建一个空白页，设定纸张大小为 A4，横向摆放，如图 5-42-1 所示。

图 5-42-1

（2）单击工具箱中的"三点曲线"工具 和"形状"工具 ，绘制如图 5-42-2 所示的图形。设置其填充颜色为黄色（CMYK：0、11、65、0），效果如图 5-42-3 所示。

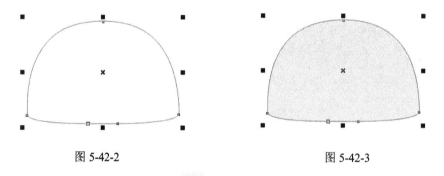

图 5-42-2　　　　　　　　　　　　　图 5-42-3

（3）单击工具箱中的"矩形"工具 ，绘制如图 5-42-4 所示的矩形，设置其填充颜色为灰色（CMYK：0、0、0、20），效果如图 5-42-5 所示。

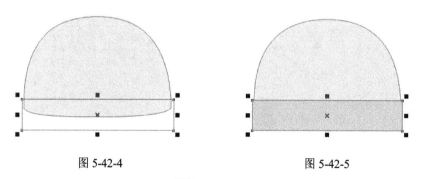

图 5-42-4　　　　　　　　　　　　　图 5-42-5

（4）单击工具箱中的"矩形"工具 ，在页面合适的位置绘制矩形。其填充颜色设置为白色，轮廓设置为无，效果如图 5-42-6 所示。

（5）选中白色矩形。执行菜单栏中的【编辑】→【步长和重复】命令，打开【步长和重复】泊坞窗，参数的设置如图 5-42-7 所示，单击【应用】按钮，效果如图 5-42-8 所示。

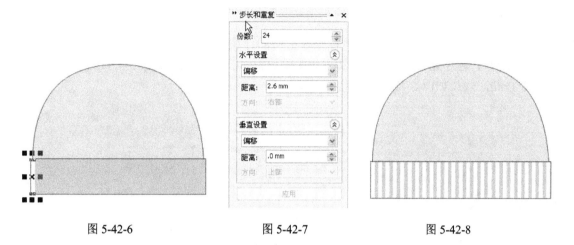

图 5-42-6　　　　　　　　　图 5-42-7　　　　　　　　　图 5-42-8

（6）单击工具箱中的"矩形"工具 ，按住【Ctrl】键，在页面中合适的位置拖动鼠标绘制一个正方形，效果如图 5-42-9 所示。

（7）选中工作区中的正方形，执行菜单栏中的【编辑】→【步长和重复】命令或使用【Ctrl+Shift+D】组合键，打开【步长和重复】泊坞窗，参数的设置如图 5-42-10 所示，单击【应用】按钮，效果如图 5-42-11 所示。

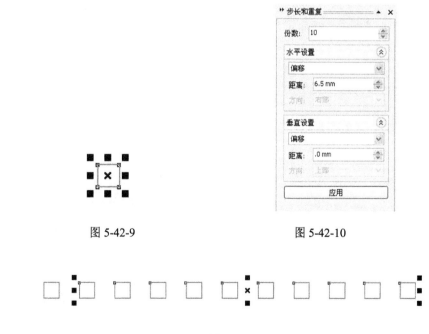

图 5-42-9　　　　　　　　　图 5-42-10

图 5-42-11

（8）适当调整各正方形的相对位置。然后框选所有正方形并群组，其填充颜色设置为灰色（CMYK：0、0、0、20），轮廓设置为无，如图 5-42-12 所示。

图 5-42-12

（9）选中群组后的图形，再次执行菜单栏中的【编辑】→【步长和重复】命令或使用【Ctrl+Shift+D】组合键，打开【步长和重复】泊坞窗，参数的设置如图 5-42-13 所示，单击【应用】按钮，效果如图 5-42-14 所示。

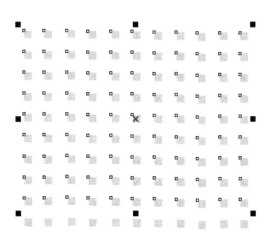

图 5-42-13   图 5-42-14

（10）框选图 5-42-14 所示的所有正方形并群组。设置其旋转角度为 45°，效果如图 5-42-15 所示。

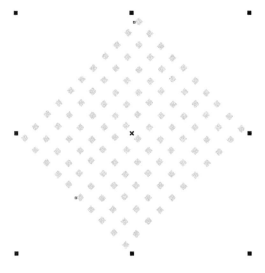

图 5-42-15

（11）确认图 5-42-15 所示的图形处于选中状态，执行菜单栏中的【效果】→【精确裁切】→【放置在容器中】命令，并将鼠标移至图 5-42-16 所示的图形上单击，效果如图 5-42-17 所示。

（12）单击工具箱中的"贝济埃"工具 和"形状"工具 ，在页面中合适的位置绘制图形，其填充颜色设置为白色、轮廓设置为无，效果如图 5-42-18 所示。

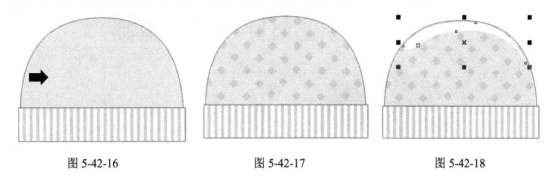

图 5-42-16　　　　　　　　图 5-42-17　　　　　　　　图 5-42-18

（13）选中白色图形，单击工具箱中的"交互式透明"工具 ，然后在属性栏中设置参数如图 5-42-19 所示。原对象产生如图 5-42-20 所示的透明效果。

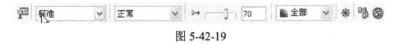

图 5-42-19

（14）用框选的方法将所有图形对象选中并群组，效果如图 5-42-21 所示。针织帽效果图绘制完成。

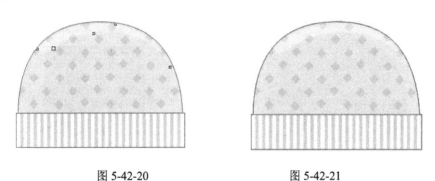

图 5-42-20　　　　　　　　图 5-42-21

（15）最后将品牌标识放置到针织帽的合适的位置即可，效果如图 5-42-22 所示。

图 5-42-22

（16）其他样式的帽子系列在颜色和图案上有了一些变化，操作步骤不详细叙述，效果如图 5-42-23 所示。

图 5-42-23

实例 43　针织套系列 2

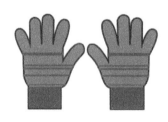

具体操作步骤如下。

（1）打开 CorelDRAW X4，执行菜单栏中的【文件】→【新建】命令或使用【Ctrl+N】组合键，新建一个空白页，设定纸张大小为 A4，横向摆放，如图 5-43-1 所示。

图 5-43-1

（2）首先绘制针织套系列中的帽子。单击工具箱中的"三点曲线"工具 和"形状"工具 ，在页面中合适的位置绘制图形，设置其填充颜色为（CMYK：90、5、5、0），效果如图 5-43-2 所示。

（3）单击工具箱中的"三点曲线"工具 ，结合【Shift】键，绘制如图 5-43-4 所示的两条水平直线。

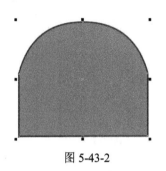

图 5-43-2

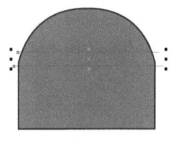

图 5-43-3

（4）选择工具箱中的"智能填充"工具 ，在属性栏中设置参数如图 5-43-4 所示。其填充颜色设置为（CMYK：100、50、0、0），轮廓设置为无。

图 5-43-4

（5）将鼠标移至图 5-43-5 所示的"＋"光标处单击，生成新的图形对象，效果如图 5-43-6 所示。将图 5-43-3 所示的曲线选中删除。

图 5-43-5

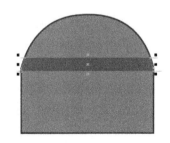

图 5-43-6

（6）用同样的方法绘制帽子上的条状图形，并设置相应的颜色，效果如图 5-43-7 所示。

（7）单击工具箱中的"贝济埃"工具 和"形状"工具 ，在页面中合适的位置绘制曲线，效果如图 5-43-8 所示。用框选的方法将所有图形对象选中并群组，针织帽子效果图绘制完成。

（8）接下来绘制围巾。单击工具箱中的"矩形"工具 ，绘制一个矩形并填充颜色，效果如图 5-43-9 所示。

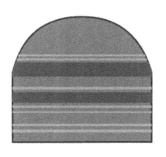
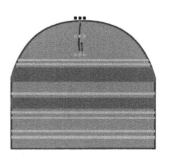

图 5-43-7   图 5-43-8

（9）利用前面的方法绘制围巾上的条状图形，并设置相应的颜色，效果如图 5-43-10 所示。用框选的方法将所有图形对象选中并群组，针织围巾效果图绘制完成。

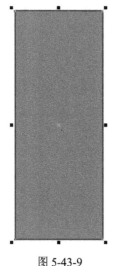
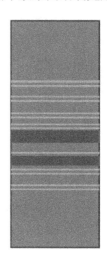

图 5-43-9   图 5-43-10

（10）下面绘制手套。单击工具箱中的"贝济埃"工具 和"形状"工具 ，绘制图形并填充颜色，效果如图 5-43-11 所示。

（12）利用前面的方法绘制手套上的条状图形，并设置相应的颜色，效果如图 5-43-12 所示。

（13）用框选的方法将组成手套的图形对象选中并群组。将群组后的手套图形复制并水平镜像。调整图形的位置，制作出一副手套的效果，如图 5-43-13 所示。

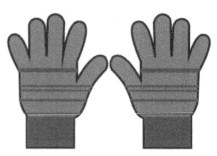

图 5-43-11   图 5-43-12   图 5-43-13

（14）最后将品牌标识放置到针织帽子及针织围巾的合适的位置即可，效果如图 5-43-14 所示。

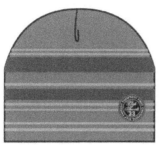

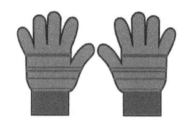

图 5-43-14

（15）其他样式的针织套系列在颜色和图案上有了一些变化，操作步骤不详细叙述，效果如图 5-43-15 所示。

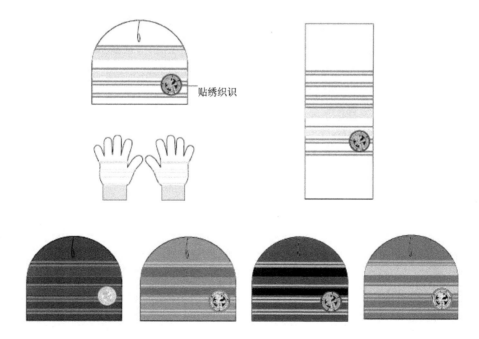

图 5-43-15

实例 44　针织套系列 3

具体操作步骤如下。

（1）打开 CorelDRAW X4，执行菜单栏中的【文件】→【新建】命令或使用【Ctrl+N】组合键，新建一个空白页，设定纸张大小为 A4，横向摆放，如图 5-44-1 所示。

图 5-44-1

（2）首先绘制针织套系列中的帽子。单击工具箱中的"三点曲线"工具 和"形状"工具 ，在页面中合适的位置绘制图形，设置其填充颜色为白色，效果如图 5-44-2 所示。

（3）单击工具箱中的"三点曲线"工具 ,结合【Shift】键，绘制如图 5-44-4 所示的多条水平直线。

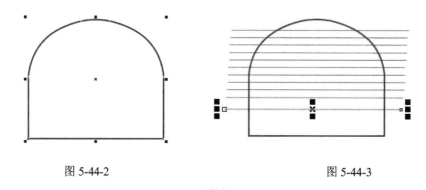

图 5-44-2　　　　　　　　　　　　　图 5-44-3

（4）选择工具箱中的"智能填充"工具 ，在属性栏中设置参数如图 5-44-4 所示。其填充颜色设置为（CMYK：0、100、96、28），轮廓设置为无。

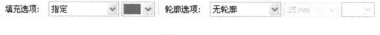

图 5-44-4

（5）将鼠标移至图 5-44-5 所示的"＋"光标处单击，生成新的图形对象，效果如图 5-44-6 所示。

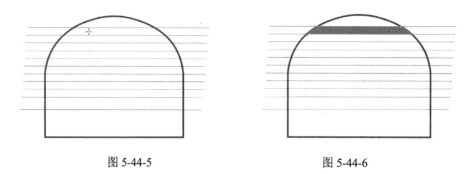

图 5-44-5　　　　　　　　　　　　　图 5-44-6

（6）用同样的方法利用"智能填充"工具 ，生成帽子上的条状图形，并设置相应的颜色，效果如图 5-44-7 所示。

（7）将页面中的直线删除，效果如图 5-44-8 所示。

图 5-44-7　　　　　　　　　　　　　图 5-44-8

（8）单击工具箱中的"贝济埃"工具 和"形状"工具 ，在页面中合适的位置绘制曲线，如图 5-44-9 所示。用同样的方法绘制其他曲线，效果如图 5-44-10 所示。

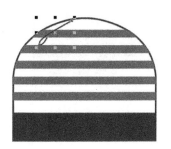 

图 5-44-9　　　　　　　　　　　　　图 5-44-10

（9）将曲线选中，执行菜单栏中的【排列】→【顺序】命令，调整图形对象层次。用框选的方法将所有图形对象选中并群组，针织帽子效果图绘制完成，最终效果如图 5-44-11 所示。

图 5-44-11

（10）接下来绘制围巾。单击工具箱中的"矩形"工具 ，绘制一个矩形，并填充颜色为白色，效果如图 5-44-12 所示。

（11）利用前面的方法绘制围巾上的条状图形，并设置相应的颜色，效果如图 5-44-13 所示。用框选的方法将所有图形对象选中并群组，针织围巾效果图绘制完成。

（12）最后将品牌标识放置到针织帽子及针织围巾的合适的位置即可，效果如图 5-44-14 所示。

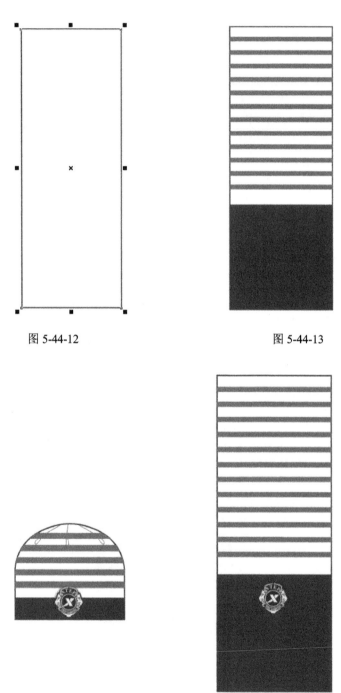

图 5-44-12　　　　　　　　　　　图 5-44-13

图 5-44-14

（13）其他样式的针织套系列在颜色和图案上有了一些变化，操作步骤不详细叙述，效果如图 5-44-15 所示。

图 5-44-15

第 6 章

运动袜系列设计与制作

实例 45　低腰袜系列 1

具体操作步骤如下。

（1）打开 CorelDRAW X4，执行菜单栏中的【文件】→【新建】命令或使用【Ctrl+N】组合键，新建一个空白页，设定纸张大小为 A4，横向摆放，如图 6-45-1 所示。

图 6-45-1

（2）单击工具箱中的"贝济埃"工具 和"形状"工具 ，绘制如图 6-45-2 所示的图形。

（3）单击工具箱中的"贝济埃"工具 和"形状"工具 ，在页面合适的位置绘制图形。其填充颜色设置为（45、45、100、0），轮廓设置为无，图形效果如图 6-45-3 所示。

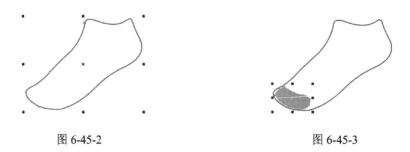

图 6-45-2　　　　　　　　　　　图 6-45-3

（4）单击工具箱中的"贝济埃"工具 和"形状"工具 ，在页面中合适的位置绘

制一条曲线。设置其轮廓宽度为 0.25mm 的虚线，轮廓颜色设置为灰色（0、0、0、35），曲线效果如图 6-45-4 所示。

（5）用同样的方法在页面合适的位置绘制线型为虚线、轮廓颜色为灰色（0、0、0、35）、轮廓宽度为 0.25mm 的曲线，效果如图 6-45-5 所示。

（6）单击工具箱中的"贝济埃"工具 ，在页面中合适的位置绘制图形对象，其填充颜色设置为（45、45、100、0），轮廓设置为无，图形效果如图 6-45-6 所示。用同样的方法绘制另一个图形对象，效果如图 6-45-7 所示。

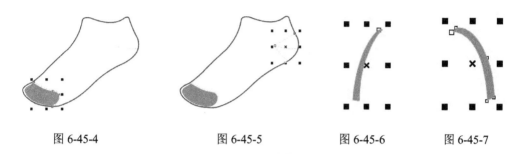

图 6-45-4　　　　　　图 6-45-5　　　　　　图 6-45-6　　　　　图 6-45-7

（7）单击工具箱中的"交互式调和"工具 后，移动鼠标指针到图 6-45-6 所示的图形对象上，按住鼠标左键不放，并拖到至图 6-45-7 所示的图形对象创建调和效果，如图 6-45-8 所示。

（8）在"交互式调和"工具属性栏中，将【步长或调和形状之间的偏移量】文本框中的值修改为 40，并按下【Enter】键，即可得如图 6-45-9 所示效果。

（9）使用"贝济埃"工具 ，在调和效果上绘制一条曲线，效果如图 6-45-10 所示。

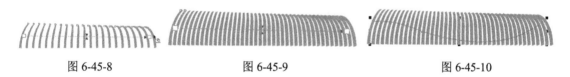

图 6-45-8　　　　　　　　图 6-45-9　　　　　　　　图 6-45-10

（10）使用"交互式调和"工具 ，单击调和对象如图 6-45-11 所示。然后在属性栏中单击【路径属性】按钮 ，在展开的菜单中选择【新建路径】选项。当鼠标变成黑色箭头后将其移至曲线上单击，如图 6-45-12 所示。指定路径，即可得到如图 6-45-13 所示的沿路径调和效果。

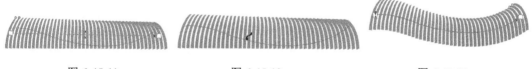

图 6-45-11　　　　　　图 6-45-12　　　　　　图 6-45-13

（11）使用"选择"工具 ，单击曲线路径对象，然后在 CMYK 调色板中使用鼠标右键单击 按钮，隐藏曲线，效果如图 6-45-14 所示。

（12）使用"交互式调和"工具 ，单击调和对象。然后在属性栏中单击【杂合调和选项】按钮 ，在展开的菜单中选择【拆分】图标 。此时鼠标会变成一个黑色箭头，在要拆分的对象上单击如图 6-45-15 所示，将指定的对象从调和的结果中拆分开来。

图 6-45-14　　　　　　　　　　　　　　图 6-45-15

（13）保持拆分对象被选中状态，将其高度缩小，效果如图 6-45-16 所示。接着使用"选择"工具 ，将拆分后的对象旋转 15°，效果如图 6-45-17 所示。

图 6-45-16　　　　　　　　　　　　　　图 6-45-17

（14）将图形对象用框选的方法选中并群组，效果如图 6-45-18 所示。

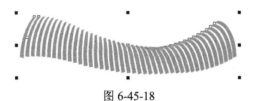

图 6-45-18

（15）调整图 6-45-18 所示的图形对象的大小放置到袜腰的位置，效果如图 6-45-19 所示。

（16）将前面绘制的图形框选并群组。最后将品牌标识放置到合适的位置即可，效果如图 6-45-20 所示。

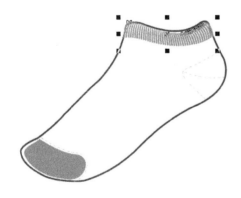

图 6-45-19　　　　　　　　　　　　　　图 6-45-20

（17）其他样式的袜子系列在颜色和图案上有了一些变化，操作步骤不详细叙述，效果如图 6-45-21 所示。

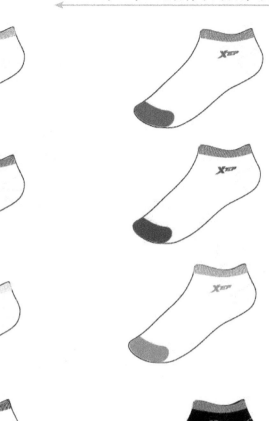

图 6-45-21

实例 46　低腰袜系列 2

具体操作步骤如下。

（1）打开 CorelDRAW X4，执行菜单栏中的【文件】→【新建】命令或使用【Ctrl+N】组合键，新建一个空白页，设定纸张大小为 A4，横向摆放，如图 6-46-1 所示。

图 6-46-1

（2）单击工具箱中的"贝济埃"工具和"形状"工具，在页面中合适的位置绘制图形，设置其填充颜色为黑色，效果如图 6-46-2 所示。

（3）单击工具箱中的"贝济埃"工具，绘制一条垂直直线。其轮廓宽度设置为0.35mm，轮廓颜色设置为（60、47、0、30），直线效果如图 6-46-3 所示。

<table>
<tr><td style="text-align:center">图 6-46-2</td><td style="text-align:center">图 6-46-3</td></tr>
</table>

（4）执行菜单栏中的【编辑】→【步长和重复】命令，打开【步长和重复】泊坞窗，参数的设置如图 6-46-4 所示，单击【应用】按钮，效果如图 6-46-5 所示。

<table>
<tr><td style="text-align:center">图 6-46-4</td><td style="text-align:center">图 6-46-5</td></tr>
</table>

（5）单击工具箱中的"贝济埃"工具，绘制一条水平直线。其轮廓宽度设置为0.35mm 的虚线，轮廓颜色设置为（60、47、0、30），直线效果如图 6-46-6 所示。

（6）将图 6-46-6 所示的水平直线复制并调整位置，效果如图 6-46-7 所示。

<table>
<tr><td style="text-align:center">图 6-46-6</td><td style="text-align:center">图 6-46-7</td></tr>
</table>

（7）单击工具箱中的"贝济埃"工具 ，绘制一条折线。其轮廓宽度设置为 0.35mm 的虚线，轮廓颜色设置为灰色（5、0、0、45），折线效果如图 6-46-8 所示。

（8）用同样的方法在页面合适的位置绘制线型为虚线、轮廓颜色为灰色（5、0、0、45）、轮廓宽度为 0.35mm 的直线，效果如图 6-46-9 所示。

（9）将前面绘制的图形框选并群组，效果如图 6-46-10 所示。

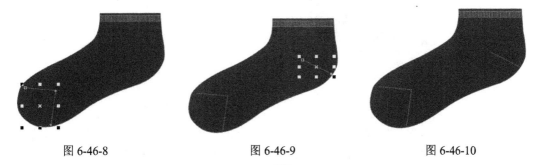

图 6-46-8　　　　　　　　　　图 6-46-9　　　　　　　　　　图 6-46-10

（10）单击工具箱中的"椭圆形"工具 ，绘制如图 6-50-11 所示的正圆形。按【Alt+F9】组合键，打开【变换】泊坞窗，参数的设置如图 6-46-12 所示，单击【应用到再制】按钮，复制得到同心圆，效果如图 6-46-13 所示。

图 6-46-11　　　　　　　　　　图 6-46-12　　　　　　　　　　图 6-46-13

（11）用框选的方法将两同心圆选中。单击属性栏中的【后减前】按钮 ，生成一个圆环效果如图 6-46-14 所示。将圆环填充颜色设置为灰色（5、0、0、45）、轮廓设置为无，效果如图 6-46-15 所示。

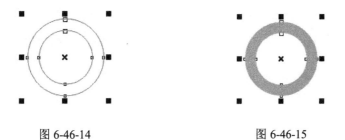

图 6-46-14　　　　　　　　　　　　图 6-46-15

（12）调整圆环大小及位置，效果如图 6-46-16 所示。

（13）单击工具箱中的"矩形"工具 ![icon]，绘制一正方形。在属性栏上设置正方形的四个边角的"边角圆滑度"均为 10，得到如图 6-46-17 所示的圆角正方形。

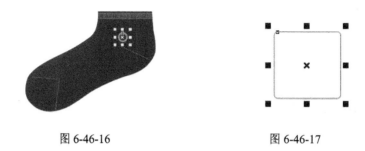

图 6-46-16   图 6-46-17

（14）将圆角正方形旋转 45°，调整图形的高度，得到一个菱形。其填充颜色设置为灰色（5、0、0、45）、轮廓设置为无，效果如图 6-46-18 所示。将菱形复制两个并调整位置，效果如图 6-46-19 所示。

图 6-46-18   图 6-46-19

（15）将三个菱形选中并群组，调整大小及位置，效果如图 6-46-20 所示。

（16）将前面绘制的图形框选并群组。最后将品牌标识放置到合适的位置即可，效果如图 6-46-21 所示。

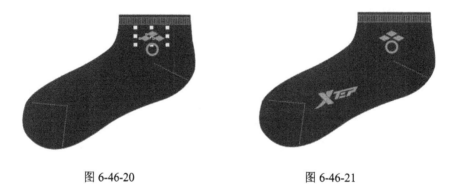

图 6-46-20   图 6-46-21

（17）其他样式的袜子系列在颜色和图案上有了一些变化，操作步骤不详细叙述，效果如图 6-46-22 所示。

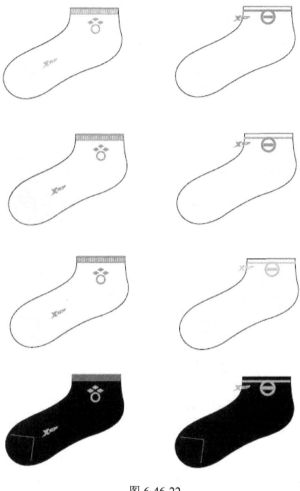

图 6-46-22

实例 47 中腰袜系列 1

具体操作步骤如下。

（1）打开 CorelDRAW X4，执行菜单栏中的【文件】→【新建】命令或使用【Ctrl+N】组合键，新建一个空白页，设定纸张大小为 A4，横向摆放，如图 6-47-1 所示。

图 6-47-1

（2）单击工具箱中的"贝济埃"工具 和"形状"工具，绘制如图 6-47-2 所示的图形。设置其填充颜色为黑色，效果如图 6-47-3 所示。

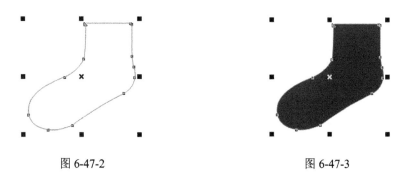

图 6-47-2   图 6-47-3

（3）单击工具箱中的"贝济埃"工具 ，绘制一条水平直线。单击工具箱中的"轮廓"展开工具栏中的"轮廓画笔对话框"工具 或按【F12】键，在弹出的【轮廓笔】对话框中，其轮廓宽度设置为 1.0mm，轮廓颜色设置为红色（0、95、100、29），其他参数的设置如图 6-47-4 所示。直线效果如图 6-47-5 所示。

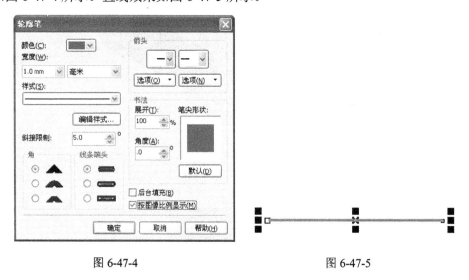

图 6-47-4   图 6-47-5

（4）将所绘制直线复制多条，并调整到合适的位置后群组。调整群组后图形的角度，效果如图 6-47-6 所示。

（5）将图 6-47-6 所示的图形复制，调整复制得到图形的位置与角度。然后将两组直线群组，效果如图 6-47-7 所示。

（6）确认图 6-47-7 所示的图形处于选中状态，执行菜单栏中的【效果】→【图框精确剪裁】→【放置在容器中】命令，并将鼠标移至图 6-47-3 所示的图形上单击，效果如图 6-47-8 所示。

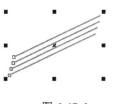

图 6-47-6　　　　　　　　　　　　　图 6-47-7

（7）确认图 6-47-8 所示的图形处于选中状态，执行菜单栏中的【效果】→【图框精确剪裁】→【编辑内容】命令，在编辑状态前调整直线组的位置。然后，执行菜单栏中的【效果】→【图框精确剪裁】→【结束编辑】命令，效果如图 6-47-9 所示。

（8）单击工具箱中的"贝济埃"工具 ，绘制一条垂直直线。其轮廓宽度设置为0.25mm，轮廓颜色设置为浅灰色（0、0、0、30），并将直线设置为"按图像比例显示"，直线效果如图 6-47-10 所示。

图 6-47-8　　　　　　　　　　图 6-47-9　　　　　　　　　　图 6-47-10

（9）执行菜单栏中的【编辑】→【步长和重复】命令，打开【步长和重复】泊坞窗，参数的设置如图 6-47-11 所示，单击【应用】按钮，效果如图 6-47-12 所示。

图 6-47-11　　　　　　　　　　　　　图 6-47-12

（10）单击工具箱中的"贝济埃"工具 ，绘制一条折线。其轮廓宽度设置为 0.18mm的虚线，轮廓颜色设置为浅灰色（0、0、0、35），并将直线设置为"按图像比例显示"，折线效果如图 6-47-13 所示。

（11）最后将品牌标识放置到合适的位置即可，效果如图 6-47-14 所示。

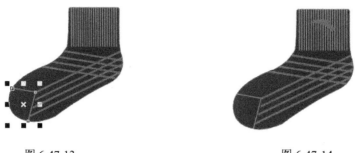

图 6-47-13   图 6-47-14

（12）其他样式的袜子系列在颜色和图案上有了一些变化，操作步骤不详细叙述，效果如图 6-47-15 所示。

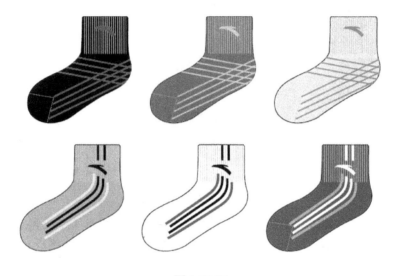

图 6-47-15

实例 48　中腰袜系列 2

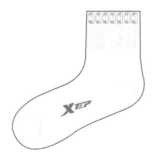

具体操作步骤如下。

（1）打开 CorelDRAW X4，执行菜单栏中的【文件】→【新建】命令或使用【Ctrl+N】组合键，新建一个空白页，设定纸张大小为 A4，横向摆放，如图 6-48-1 所示。

图 6-48-1

（2）单击工具箱中的"贝济埃"工具 和"形状"工具，绘制如图 6-48-2 所示的图形。设置其填充颜色为白色、轮廓宽度设置为 0.5mm。

（3）单击工具箱中的"贝济埃"工具 ，绘制一条垂直直线。其轮廓宽度设置为 0.35mm，轮廓颜色设置为灰色（0、0、0、35），直线效果如图 6-48-3 所示。

（4）执行菜单栏中的【编辑】→【步长和重复】命令，打开【步长和重复】泊坞窗，参数的设置如图 6-48-4 所示，单击【应用】按钮，效果如图 6-48-5 所示。

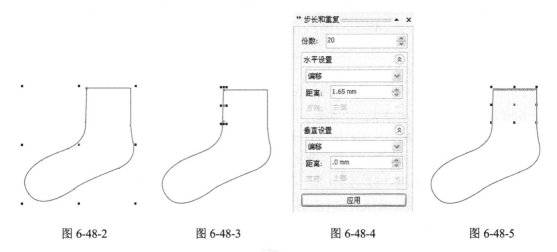

图 6-48-2   图 6-48-3   图 6-48-4   图 6-48-5

（5）单击工具箱中的"贝济埃"工具 ，绘制一条折线。其轮廓宽度设置为 0.35mm 的虚线，轮廓颜色设置为灰色（0、0、0、35），折线效果如图 6-48-6 所示。

（6）用同样的方法在页面合适位置绘制线型为虚线、轮廓颜色为灰色（0、0、0、35）、轮廓宽度为 0.35mm 的直线，效果如图 6-48-7 所示。

（7）将前面绘制的图形框选并群组，效果如图 6-48-8 所示。

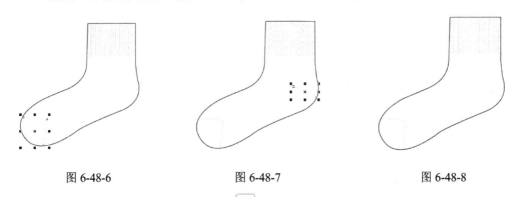

图 6-48-6   图 6-48-7   图 6-48-8

（8）单击工具箱中的"椭圆形"工具 ，拖动鼠标绘制如图 6-48-9 所示的椭圆形。单击工具箱中的"贝济埃"工具 ，绘制如图 6-48-10 所示的直线。

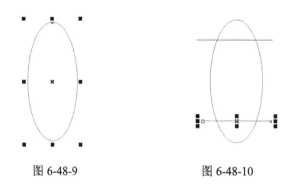

图 6-48-9   图 6-48-10

（9）选择工具箱中的"智能填充"工具 ，在属性栏中设置参数如图 6-48-11 所示。其填充颜色设置为（CMYK：0、56、90、0），轮廓设置为无。

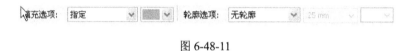

图 6-48-11

（10）将移动鼠标至图 6-48-12 所示的"＋"光标处单击，生成新的图形对象，效果如图 6-48-13 所示。将前面绘制的椭圆及直线选中删除。

（11）将图 6-48-13 所示新生成的图形对象复制，并调整图形大小及位置，设置其填充颜色为黑色，效果如图 6-48-14 所示。

（12）用框选的方法将橙色和黑色图形同时选中，单击属性栏中的"后减前"按钮 ，效果如图 6-48-15 所示。

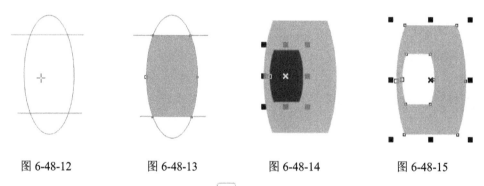

图 6-48-12   图 6-48-13   图 6-48-14   图 6-48-15

（13）单击工具箱中的"椭圆形"工具 ，在页面合适的位置绘制椭圆形，效果如图 6-48-16 所示。

（14）用框选的方法将椭圆与图 6-48-15 所示的图形同时选中，单击属性栏中的【后减前】按钮 ，效果如图 6-48-17 所示。

（15）将图 6-48-17 所示的图形调整大小，放置到袜腰的位置，效果如图 6-48-18 所示。

（16）执行菜单栏中的【编辑】→【步长和重复】命令，打开【步长和重复】泊坞窗，参数的设置如图 6-48-19 所示，单击【应用】按钮，效果如图 6-48-20 所示。

（17）将前面绘制的图形框选并群组。最后将品牌标识放置到合适的位置即可，效果如图 6-48-21 所示。

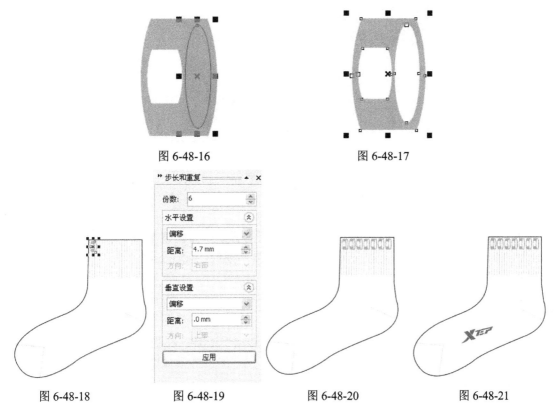

图 6-48-16　　　　　　　　　　　图 6-48-17

图 6-48-18　　　　　图 6-48-19　　　　　图 6-48-20　　　　　图 6-48-21

（18）其他样式的袜子系列在颜色和图案上有了一些变化，操作步骤不详细叙述，效果如图 6-48-22 所示。

图 6-48-22

实例 49 高腰袜系列 1

具体操作步骤如下。

（1）打开 CorelDRAW X4，执行菜单栏中的【文件】→【新建】命令或使用【Ctrl+N】组合键，新建一个空白页，设定纸张大小为 A4，横向摆放，如图 6-49-1 所示。

图 6-49-1

（2）单击工具箱中的"贝济埃"工具和"形状"工具，在页面中合适的位置绘制图形，并设置其填充颜色为蓝色（CMYK：100、50、0、0），效果如图 6-49-2 所示。

（3）单击工具箱中的"贝济埃"工具，在袜尖处绘制一条折线。单击工具箱中的"轮廓"展开工具栏中的"轮廓画笔对话框"工具或按【F12】键，在弹出的【轮廓笔】对话框中，设置其轮廓颜色为灰色（CMYK：0、0、0、35），线型为虚线，参数的设置如图 6-49-3 所示。折线效果如图 6-49-4 所示。

图 6-49-2

图 6-49-3

图 6-49-4

（4）单击工具箱中的"贝济埃"工具，绘制一条垂直直线。设置其轮廓颜色为浅灰色（CMYK：0、0、0、35），并将直线设置为"按图像比例显示"，直线效果如图 6-49-5 所示。

（5）执行菜单栏中的【编辑】→【步长和重复】命令，打开【步长和重复】泊坞窗，参数的设置如图 6-49-6 所示，单击【应用】按钮，效果如图 6-49-7 所示。

图 6-49-5　　　　　　　　　　图 6-49-6　　　　　　　　　　图 6-49-7

（6）单击工具箱中的"矩形"工具 ，在合适的位置绘制矩形。其轮廓颜色设置为无，填充颜色设置为绿色（CMYK：33、0、73、0），矩形效果如图 6-49-8 所示。

（7）将所绘制矩形复制多个，并对复制得到的矩形做位置、颜色及高度上的调整，效果如图 6-49-9 所示。

（8）最后将品牌标识放置到合适的位置并填充颜色即可，效果如图 6-49-10 所示。

图 6-49-8　　　　　　　　　　图 6-49-9　　　　　　　　　　图 6-49-10

（9）其他样式的袜子系列在颜色和图案上有了一些变化，操作步骤不详细叙述，效果如图 6-49-11 所示。

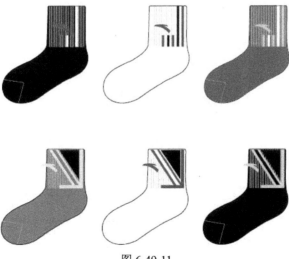

图 6-49-11

实例 50　高腰袜系列 2

具体操作步骤如下。

（1）打开 CorelDRAW X4，执行菜单栏中的【文件】→【新建】命令或使用【Ctrl+N】组合键，新建一个空白页，设定纸张大小为 A4，横向摆放，如图 6-50-1 所示。

图 6-50-1

（2）单击工具箱中的"贝济埃"工具 ![笔] 和"形状"工具，绘制如图 6-50-2 所示的图形。设置填充方式为【图样填充】对话框中双色填充，其中前部颜色为（CMYK：1、1、0、0），后部颜色为白色。其他参数的设置如图 6-50-3 所示，填充后效果如图 6-50-4 所示。

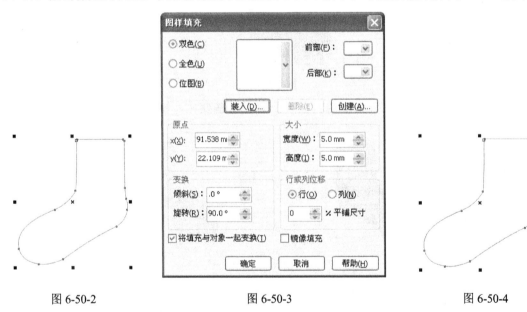

图 6-50-2　　　　　　　　　　　图 6-50-3　　　　　　　　　　　图 6-50-4

（3）单击工具箱中的"贝济埃"工具 ![笔]，在袜尖处绘制一条折线。单击工具箱中的"轮廓"展开工具栏中的"轮廓画笔对话框"工具 ![笔] 或按【F12】键，在弹出的【轮廓笔】对话框中，设置其轮廓颜色为灰色（CMYK：0、0、0、35），线型为虚线，参数设置如图 6-50-5 所示，折线效果如图 6-50-6 所示。

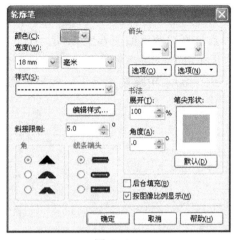

图 6-50-5

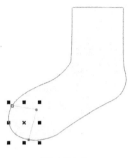

图 6-50-6

（4）用同样的方法在袜跟处绘制一条直线，设置其轮廓颜色为灰色，线型为虚线，效果如图 6-50-7 所示。

（5）单击工具箱中的"贝济埃"工具 ，绘制一条垂直直线。设置其轮廓颜色为浅灰色（CMYK：0、0、0、30），并将直线设置为"按图像比例显示"，直线效果如图 6-50-8 所示。

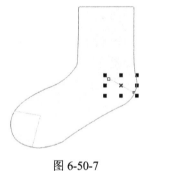

图 6-50-7

图 6-50-8

（6）执行菜单栏中的【编辑】→【步长和重复】命令，打开【步长和重复】泊坞窗，参数的设置如图 6-50-9 所示，单击【应用】按钮，效果如图 6-50-10 所示。

图 6-50-9

图 6-50-10

（7）单击工具箱中的"贝济埃"工具，绘制一条垂直直线。按【F12】键，在弹出如图 6-50-11 所示的【轮廓笔】对话框中设置参数，直线效果如图 6-50-12 所示。

（8）选中所绘制的直线，执行菜单栏中的【排列】→【将轮廓转换为对象】命令。为转换得到的图形填充颜色为（CMYK：0、25、95、0），轮廓设置为无，效果如图 6-50-13 所示。

图 6-50-11   图 6-50-12   图 6-50-13

（9）执行菜单栏中的【排列】→【变换】→【旋转】命令，打开【变换】泊坞窗，参数的设置如图 6-50-14 所示，单击【应用到再制】按钮，效果如图 6-50-15 所示。再重复两次单击【应用到再制】按钮。旋转复制后得到 4 条直线并将其群组，效果如图 6-50-16 所示。

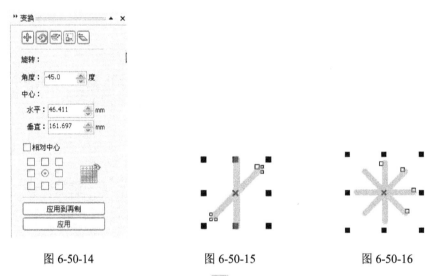

图 6-50-14   图 6-50-15   图 6-50-16

（10）单击工具箱中的"椭圆形"工具，按住【Ctrl】键，拖动鼠标绘制一个正圆形。填充颜色设置为（CMYK：0、25、95、0），轮廓设置为无，效果如图 6-50-17 所示。

（11）调整正圆形与图 6-50-16 所示的图形的大小及位置，使其中心对齐，效果如图 6-50-18

所示。并将其群组。

（12）将图 6-50-18 所示的图形调整大小，放置到合适的位置，效果如图 6-50-19 所示。

（13）最后将品牌标识放置到合适的位置即可，效果如图 6-50-20 所示。

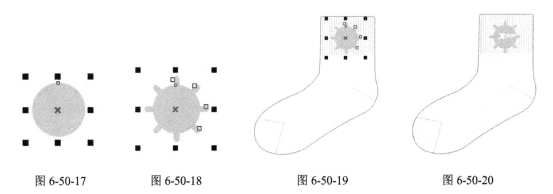

| 图 6-50-17 | 图 6-50-18 | 图 6-50-19 | 图 6-50-20 |

（14）其他样式的袜子系列在颜色和图案上有了一些变化，操作步骤不详细叙述，效果如图 6-50-21 所示。

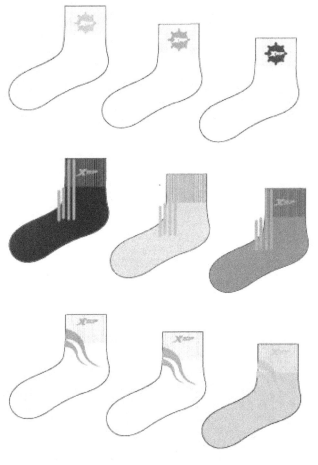

图 6-50-21

第7章

护具系列设计与制作

实例 51　头带系列

具体操作步骤如下。

（1）打开 CorelDRAW X4，执行菜单栏中的【文件】→【新建】命令或使用【Ctrl+N】组合键，新建一个空白页，设定纸张大小为 A4，横向摆放，如图 7-51-1 所示。

图 7-51-1

（2）单击工具箱中的"矩形"工具 ，绘制如图 7-51-2 所示的矩形。在属性栏中调整"矩形边角圆滑度"，参数的设置如图 7-51-3 所示。生成如图 7-51-4 所示的圆角矩形，并设置其填充颜色为（CMYK：0、40、90、0），效果如图 7-51-5 所示。

图 7-51-2

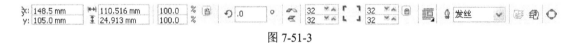

图 7-51-3

（3）单击工具箱中的"矩形"工具 ，绘制如图 7-51-6 所示的矩形。

图 7-51-4　　　　　　　　图 7-51-5　　　　　　　　图 7-51-6

（4）将矩形的轮廓设置为无，然后单击"填充"展开工具栏中的"渐变填充"工具或按【F11】键，在弹出如图 7-51-7 所示的【渐变填充】对话框中设置参数。单击【确定】

按钮后，效果如图 7-51-8 所示。

（5）最后将 CBA 的标识放置到合适的位置即可，效果如图 7-51-9 所示。

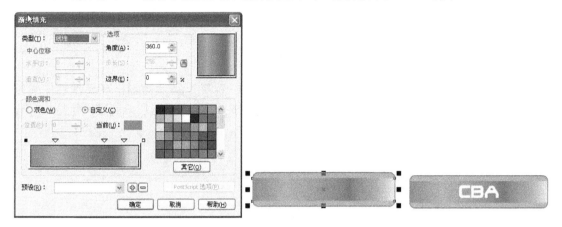

图 7-51-7　　　　　　　　　　图 7-51-8　　　　　　图 7-51-9

（6）其他样式的头带系列在颜色和图案上有了一些变化，操作步骤不详细叙述，效果如图 7-51-10 所示。

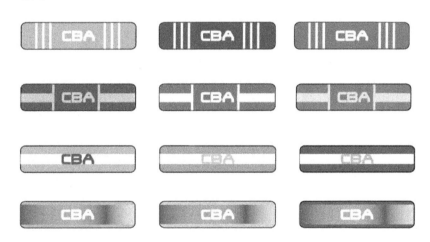

图 7-51-10

实例 52　护腕系列

具体操作步骤如下。

（1）打开 CorelDRAW X4，执行菜单栏中的【文件】→【新建】命令或使用【Ctrl+N】组合键，新建一个空白页，设定纸张大小为 A4，横向摆放，如图 7-52-1 所示。

图 7-52-1

（2）单击工具箱中的"矩形"工具 ，绘制如图 7-52-2 所示矩形。在属性栏中调整"矩形边角圆滑度"，参数的设置如图 7-52-3 所示。生成如图 7-52-4 所示的圆角矩形，并设置其填充颜色为（CMYK：46、0、0、0），效果如图 7-52-5 所示。

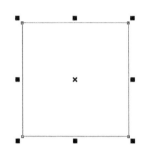

图 7-52-2

图 7-52-3

（3）单击工具箱中的"矩形"工具 ，在页面中合适的位置绘制两个矩形，设置其填充颜色为（CMYK：100、50、0、0），轮廓设置为无，效果如图 7-52-6 所示。

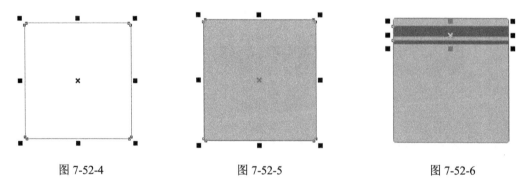

| 图 7-52-4 | 图 7-52-5 | 图 7-52-6 |

（4）将图 7-52-6 所示的两个矩形选中并群组。将群组后的图形原位复制（【Ctrl+C】、【Ctrl+V】），再将复制得到的图形垂直镜像（单击属性栏中的"垂直镜像"按钮 ）后放置到合适的位置，效果如图 7-52-7 所示。

（5）单击工具箱中的"矩形"工具 ，按住【Ctrl】键的同时在页面上拖动，绘制一个正方形。调整其在页面中大小与位置，效果如图 7-52-8 所示。

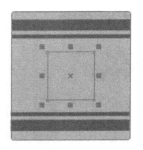

图 7-52-7　　　　　　　　　　　　　　图 7-52-8

（6）为绘制的正方形设置填充颜色为无，轮廓色设置为白色，轮廓宽度为 1.00mm。然后，执行菜单栏中的【排列】→【将轮廓转换为对象】命令，效果如图 7-52-9 所示。

（7）将前面绘制的所有图形选中群组。最后将标识调整好大小及颜色，放置到合适的位置即可，效果如图 7-52-10 所示。

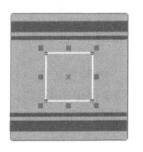

图 7-52-9　　　　　　　　　　　　　　图 7-52-10

（8）其他样式的护腕系列在颜色和图案上有了一些变化，操作步骤不详细叙述，效果如图 7-52-11 所示。

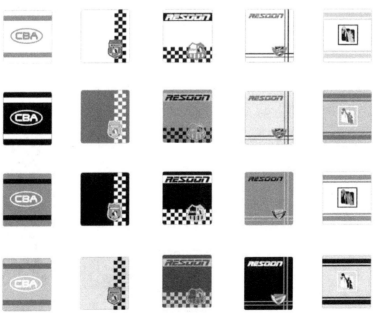

图 7-52-11

实例53　护肘系列

具体操作步骤如下。

（1）打开 CorelDRAW X4，执行菜单栏中的【文件】→【新建】命令或使用【Ctrl+N】组合键，新建一个空白页，设定纸张大小为 A4，横向摆放，如图 7-53-1 所示。

图 7-53-1

（2）单击工具箱中的"矩形"工具，绘制如图 7-53-2 所示的矩形。在属性栏中调整"矩形边角圆滑度"，参数设置如图 7-53-3 所示。生成如图 7-53-4 所示的圆角矩形。

（3）单击"填充"展开工具栏中的"图样填充"工具，在弹出如图 7-53-5 所示的【图样填充】对话框中设置参数。单击【确定】按钮后，效果如图 7-53-6 所示。

图 7-53-2

图 7-53-3

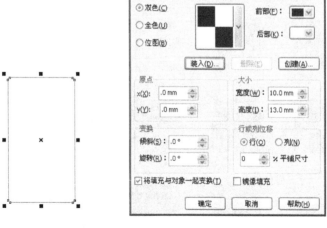

图 7-53-4　　　　　　　　　　　图 7-53-5　　　　　　　　　　图 7-53-6

（4）单击工具箱中的"矩形"工具 ，绘制矩形，设置其填充颜色为黑色，效果如图 7-53-7 所示。

（5）最后将 CBA 的标识放置到合适的位置即可，效果如图 7-53-8 所示。

图 7-53-7　　　　　　　　　图 7-53-8

（6）其他样式的护肘系列在颜色和图案上有了一些变化，操作步骤不详细叙述，效果如图 7-53-9 所示。

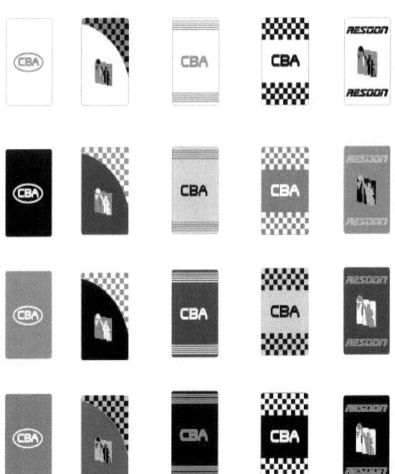

图 7-53-9

第8章

配件设计与制作

实例54 运动毛巾系列

（1）打开 CorelDRAW X4 软件，执行菜单栏中的【文件】→【新建】命令，新建一个空白文件，默认纸张大小，如图 8-54-1 所示。

（2）单击工具箱中的"矩形"工具 □，绘制一个矩形，在属性栏中设置【对象大小】参数，如图 8-54-2 所示。【轮廓宽度】参数的设置如图 8-54-3 所示。

图 8-54-1   图 8-54-2   图 8-54-3

（3）执行菜单栏中的【视图】→【贴齐对象】命令或使用【Alt+Z】组合键，贴齐大矩形的左侧边绘制一个与大矩形宽度一样的细长矩形，并填充颜色为（CMYK：0、100、100、0），轮廓色设置为"无"，效果如图 8-54-4 所示。

（4）选中红色矩形，按住鼠标左键，按住【Ctrl】键，向下拖动，当拖动至合适的位置，直接单击鼠标右键（鼠标左键不松开），快速移动复制一个矩形，并设置填充颜色为（CMYK：100、0、100、0），效果如图 8-54-5 所示。

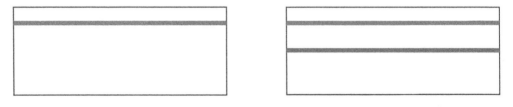

图 8-54-4   图 8-54-5

（5）单击工具箱中的"交互式调和"工具 ，在红色矩形中心按住鼠标左键向绿色矩形上拖动，当在两个矩形之间出现若干矩形轮廓线时，释放鼠标，调和效果如图 8-54-6 所示。

（6）在属性栏中单击【逆时针调和】按钮 ，设置【步长】参数，如图 8-54-7 所示。按【Enter】键后，效果如图 8-54-8 所示。

<table>
<tr><td>图 8-54-6</td><td>图 8-54-7</td><td>图 8-54-8</td></tr>
</table>

（7）切换到工具箱中的"挑选"工具 ，在图形的调和处单击鼠标左键（如图 8-54-9 中鼠标指针所示的位置）选中图形，执行菜单栏中的【排列】→【拆分】命令或使用【Ctrl+K】组合键，单击属性栏中的【取消群组】按钮 ，并在页面空白处单击一下鼠标左键。

（8）选中红色矩形，按住鼠标左键，按住【Ctrl】键，向下拖动，当拖动至合适的位置，直接单击鼠标右键（鼠标左键不松开），快速移动复制一个矩形，用同样的方法，把黄色、绿色矩形向下移动复制，效果如图 8-54-10 所示。

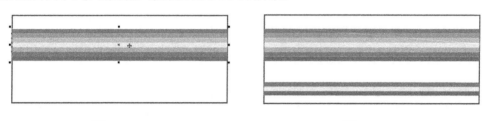

<table>
<tr><td>图 8-54-9</td><td>图 8-54-10</td></tr>
</table>

（9）单击工具箱中的"手绘"工具 ，贴齐大矩形的左侧边单击鼠标左键，向右侧边贴齐再次单击鼠标左键，分别绘制两条黑色水平线，在属性栏中设置【轮廓宽度】参数如图 8-54-11 所示，效果如图 8-54-12 所示。

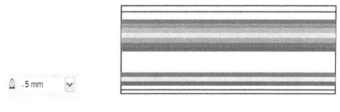

<table>
<tr><td>图 8-54-11</td><td>图 8-54-12</td></tr>
</table>

（10）重复步骤（9）的操作，绘制两条垂直线，线宽度与上述中的线宽一样，在属性栏中设置【轮廓样式选择器】下拉选项中的第五个样式如图 8-54-13 所示，效果如图 8-54-14。

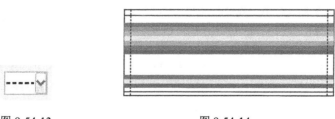

<table>
<tr><td>图 8-54-13</td><td>图 8-54-14</td></tr>
</table>

（11）单击工具箱中的"文本"工具字，在窗口中单击鼠标左键，属性栏中设置【字体】及【字体大小】参数，如图 8-54-15 所示。输入"CBA"，填充颜色设置（CMYK：0、100、100、0），轮廓色设置为"无"。

（12）切换到工具箱中的"形状"工具，在文字的右下角 位置，按住鼠标左键向左拖动，将字间距调小，调整文字位置，效果如图 8-54-16 所示。

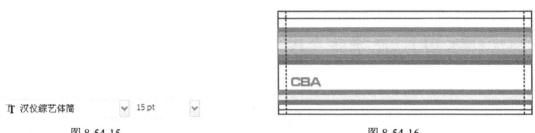

图 8-54-15　　　　　　　　　　　　　　　　图 8-54-16

（13）此款毛巾最终制作效果如图 8-54-16 所示。在制作系列色彩设计时，可以切换到工具箱中的"挑选"工具 ，单击选择最开始绘制的大矩形，填充不同的色彩，以下展示出另外 3 款系列色彩，填充颜色依次为黄色（CMYK：0、0、100、0）、橘红色（CMYK：0、60、100、0）、青色（CMYK：100、0、0、0），效果分别如图 8-54-17、图 8-54-18、图 8-54-19 所示。

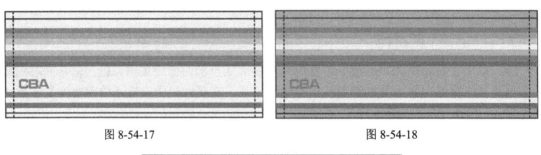

图 8-54-17　　　　　　　　　　　　　　　　图 8-54-18

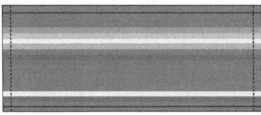

图 8-54-19

实例 55　运动水壶系列

具体操作步骤如下。

（1）打开 CorelDRAW X4 软件，执行菜单栏中的【文件】→【新建】命令，新建一个空白文件，默认纸张大小，如图 8-55-1 所示。

（2）在页面左侧标尺处，如图 8-55-2 所示。按住鼠标左键，向页面中间拖动出一条垂直辅助线，如图 8-55-3 所示。

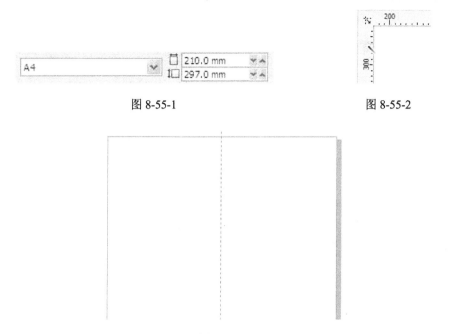

图 8-55-1　　　　　　　　　　　　　图 8-55-2

图 8-55-3

（3）执行菜单栏中的【视图】→【贴齐辅助线】命令，单击工具箱中的"贝济埃"工具 ，在辅助线上方（自动捕捉）单击鼠标左键，定位起始点，将鼠标移动到下一个定位点的位置，再次单击鼠标左键或者按住鼠标左键拖动，定位第二个结点，以此类推，直到辅助线下方（自动捕捉）单击鼠标左键，绘制出水壶大概轮廓的左半部分，效果如图 8-55-4 所示。

操作提示

使用"贝济埃"工具 生成结点时，如果单击鼠标左键，生成的结点属性为尖角结点，与上一个结点之间的线质为直线；如果按住鼠标左键拖动，生成的结点属性为平滑结点，与上一个结点之间的线质为曲线。结点属性和线质可以用"形状工具" ，在属性栏中修改。

（4）单击工具箱中的"形状"工具 ，选中欲修改的结点，在属性栏中，单击 、 或 按钮可将结点的属性更改成【尖突结点】、【平滑结点】或【对称结点】；单击 或 按钮可将线质【转换曲线为直线】或【转换直线为曲线】，拖动结点两侧的调节柄可以调节曲线的曲度。水壶左侧的外轮廓调节效果，如图 8-55-5 所示。

（5）执行菜单栏中的【窗口】→【泊坞窗】→【变换】→【比例】命令（【Alt+F9】），单击【水平镜像】按钮 ，参数的设置如图 8-55-6 所示，单击 应用到再制 按钮，水平镜像复制左侧轮廓，效果如图 8-55-7 所示。

（6）切换到工具箱中的"挑选"工具 ，单击辅助线，按【Delete】键将其删除。

（7）框选鼠标的左、右两部分轮廓，单击属性栏中的【焊接】按钮 ，将两个对象焊接为一个对象，效果如图 8-55-8 所示。

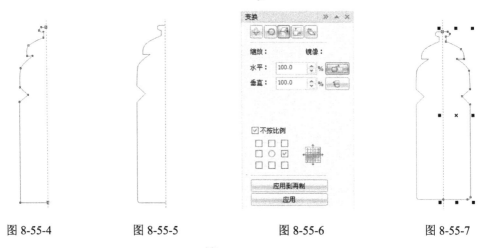

图 8-55-4　　　　　图 8-55-5　　　　　图 8-55-6　　　　　图 8-55-7

（8）单击工具箱中的"形状"工具，框选轮廓顶部的结点，如图 8-55-9 所示。在属性栏中，单击【连接两个结点】按钮，将焊接后的对象此处结点闭合。同样的方法检验轮廓底部的结点，如图 8-55-10 所示。

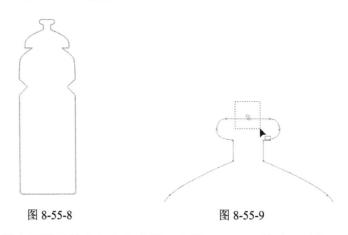

图 8-55-8　　　　　　　　　　图 8-55-9

（9）在属性栏中设置【轮廓宽度】参数，如图 8-55-11 所示。至此，水壶的外轮廓绘制完毕，因为每一个人徒手绘制的轮廓比例都会稍有差别，所以这里给出作者绘制水壶轮廓的大概尺寸，如图 8-55-12 所示。

图 8-55-10　　　　　　　　　图 8-55-11　　　　　图 8-55-12

（10）单击工具箱中的"填充"工具，在其下拉工具中选择"渐变"选项如图 8-55-13 所示，在弹出如图 8-55-14 所示的对话框设置渐变填充参数。

（11）在图 8-55-14 所示的对话框中的"颜色调和"选项区域内的"位置"和"矩形渐变色块"的设置，如图 8-55-15～图 8-55-21 所示。渐变填充效果，如图 8-55-22 所示。

图 8-55-13

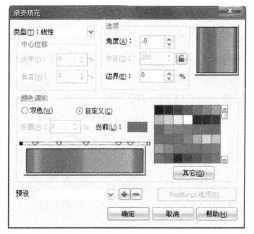

图 8-55-14

操作提示

渐变填充"颜色调和"选项内,"当前"后面显示的颜色是与其下面的小方块(黑色)或小三角(黑色)所指的颜色相对应。如果想更改颜色,单击调色盘下方的"其他"按钮,即可选择所需的颜色。

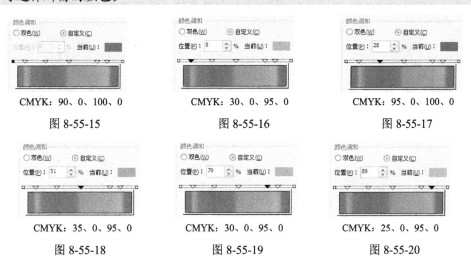

CMYK:90、0、100、0

图 8-55-15

CMYK:30、0、95、0

图 8-55-16

CMYK:95、0、100、0

图 8-55-17

CMYK:35、0、95、0

图 8-55-18

CMYK:30、0、95、0

图 8-55-19

CMYK:25、0、95、0

图 8-55-20

CMYK:95、5、100、0

图 8-55-21

图 8-55-22

（12）单击工具箱中的"矩形"工具 ，绘制一个矩形，在属性栏中设置【对象大小】参数，如图 8-55-23 所示。

（13）切换到工具箱中的"形状"工具 ，在矩形轮廓的 4 个顶点的任意点，按住鼠标左键拖动，将 4 个尖角倒角成圆弧角，在属性栏中设置 4 个角的圆滑度，如图 8-55-24 所示。填充颜色设置为（CMYK：30、0、95、0），轮廓色设置为"无"，效果如图 8-55-25 所示。

图 8-55-23　　　　　　图 8-55-24　　　　　　图 8-55-25

（14）选中矩形，按住鼠标左键，按住【Ctrl】键，向右拖动，当拖动至合适的位置，直接单击鼠标右键（鼠标左键不松开），快速移动复制一个矩形，效果如图 8-55-26 所示。

（15）单击工具箱中的"交互式调和"工具 ，在左侧矩形中心按住鼠标左键向右侧矩形上拖动，当在两个矩形之间出现若干矩形轮廓线时，释放鼠标，在属性栏中设置【步长】参数，如图 8-55-27 所示。按【Enter】键后调和效果，如图 8-55-28 所示。

图 8-55-26　　　　　　图 8-55-27　　　　　　图 8-55-28

（16）单击工具箱中的"文本"工具 ，在窗口中单击鼠标左键，在属性栏中设置【字体】及【字体大小】参数，如图 8-55-29 所示。输入"PLAY"，填充颜色为白色，轮廓色设置为"无"，效果如图 8-55-30 所示。

图 8-55-29　　　　　　图 8-55-30

（17）单击工具箱中的"交互式封套"工具，如图 8-55-31 所示。单击"PLAY"（这里为了给读者展示效果，暂时把文字填充成黑色、背景色去掉），在文字周围有蓝色虚线框，上面有 8 个结点，用鼠标分别框选中间的 4 个点，位置如图 8-55-32、图 8-55-33 所示，将其删除。

图 8-55-31　　　　　　　　　　图 8-55-32　　　　　　　　　图 8-55-33

（18）继续使用"交互式封套"工具，框选所有的结点，单击属性栏中的【转换曲线为直线】按钮，再分别选择 4 个结点，调整结点位置，效果如图 8-55-34 所示。

（19）切换到工具箱中的"挑选"工具，单击白色文字，鼠标指针放在如图 8-55-35 所示的位置，按住鼠标左键向右拖动，当拖动至合适的位置，直接单击鼠标右键（鼠标左键不松开），快速放大复制文字，填充颜色为（CMYK：95、0、100、0），效果如图 8-55-35 所示。

图 8-55-34　　　　　　　　　　　　　　图 8-55-35

（20）执行菜单栏中的【排列】→【顺序】→【置于此对象后…】命令，当鼠标指针变成"➡"形状后，单击白色文字如图 8-55-36 所示，效果如图 8-55-37 所示。

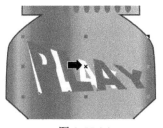

图 8-55-36　　　　　　　　　　图 8-55-37

（21）单击属性栏中的【导入】按钮，导入"篮球手"矢量图片，单击属性栏中的【取消全部群组】按钮。

（22）选中白色人物，执行菜单栏中的【窗口】→【泊坞窗】→【造型】命令，参数的设置如图 8-55-38 所示，单击　　修剪　　按钮，当鼠标指针变成形状，单击篮球的黑色轮廓线（注：此处的黑色轮廓线是位于白色篮球的下面的独立的黑色正圆形，并非与白色篮球一体），修剪出篮球的单线轮廓，效果如图 8-55-39 所示（注：此处为了看清楚篮球的单线轮廓，先将白色篮球隐藏）。

（23）选中白色篮球手，再次执行【造型】命令，参数的设置如图 8-55-40 所示，单击 修剪 按钮，当鼠标指针变成 形状，单击灰色 CBA 文字，将修剪后的图形及步骤（22）中修剪的"黑色篮球轮廓"均填充颜色为（CMYK：0、20、100、0），轮廓色设置为"无"，调整好大小及位置，效果如图 8-55-41 所示。

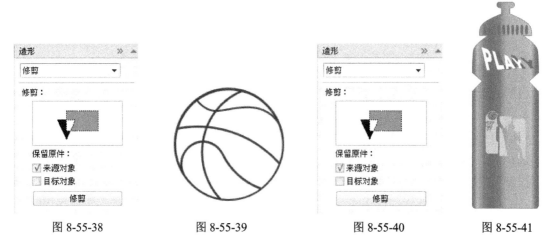

| 图 8-55-38 | 图 8-55-39 | 图 8-55-40 | 图 8-55-41 |

（24）此款水壶最终制作效果如图 8-55-41 所示。在制作系列色彩设计时，可以切换到工具箱中的"渐变填充"工具 ，单击选择水壶，填充不同的色彩，以下展示出另外两款系列色彩，效果分别如图 8-55-42、图 8-55-43 所示。

图 8-55-42   图 8-55-43

实例 56　飞碟系列

具体操作步骤如下。

（1）打开 CorelDRAW X4 软件，执行菜单栏中的【文件】→【新建】命令，新建一个空白文件，默认纸张大小，如图 8-56-1 所示。

（2）单击工具箱中的"椭圆形"工具，配合【Ctrl】键，在绘图窗口中按住鼠标左键拖动出一个正圆形，在属性栏中设置【对象大小】参数，如图 8-56-2 所示。其填充颜色设置为（CMYK：0、80、100、20），轮廓色设置为"无"。

图 8-56-1   图 8-56-2

（3）切换到工具箱中的"挑选"工具，执行菜单栏中的【窗口】→【泊坞窗】→【变换】→【大小】命令或使用【Alt+F10】组合键，参数设置如图 8-56-3 所示，单击 应用到再制 按钮，缩小复制窗口中的圆形，并填充颜色为（CMYK：0、20、90、0），轮廓色设置为"无"，效果如图 8-56-4 所示。

图 8-56-3   图 8-56-4

（4）单击工具箱中的"交互式调和"工具，在黄色圆形中心按住鼠标左键向橘色圆形上拖动，当在两个圆形之间出现若干圆形轮廓线时，释放鼠标，调和效果如图 8-56-5 所示。

（5）再使用"椭圆形"工具绘制一个正圆形，在属性栏中设置【对象大小】参数，如图 8-56-5 所示。填充轮廓色为（CMYK：0、65、95、0），内部色设置为"无"。执行菜单栏中的【视图】→【贴齐对象】命令或使用【Alt+Z】组合键，在圆形中心处按住鼠标左键拖动至黄色圆形中心（自动捕捉），释放鼠标，效果如图 8-56-6 所示。

图 8-56-5   图 8-56-6

（6）执行菜单栏中的【窗口】→【泊坞窗】→【变换】→【大小】命令，或使用【Alt+F10】组合键，参数的设置如图 8-56-7 所示，单击 应用到再制 按钮，缩小复制窗口中圆形，效果如图 8-56-8 所示。

图 8-56-7   图 8-56-8

（7）继续使用步骤（6）的方法，依次再缩小 2 个圆形，参数设置如图 8-56-9、图 8-56-10 所示，每次都是单击 应用到再制 按钮，效果如图 8-56-11 所示。

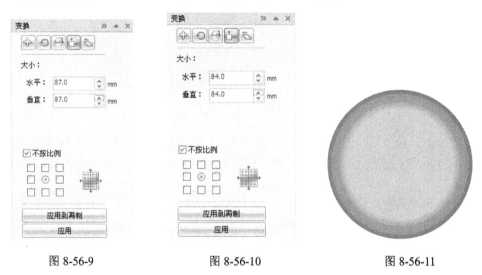

图 8-56-9   图 8-56-10   图 8-56-11

（8）单击工具箱中的"文本"工具 字，在窗口中单击鼠标左键，在属性栏中设置【字体】及【字体大小】参数，如图 8-56-12 所示。输入"The sport have no extreme limit"，填充颜色设置为白色，轮廓色设置为"无"。

图 8-56-12   图 8-56-13

（9）切换到工具箱中的"挑选"工具 ，在文字中心处按住鼠标右键拖动至图 8-56-11

所示的圆形（尺寸为 84×84）橘色边框上，当鼠标指针变成如图 8-56-13 所示的样式，释放鼠标，在下拉菜单中选择【使文本适合路径】选项如图 8-56-14 所示，效果如图 8-56-15 所示。

图 8-56-14

图 8-56-15

（10）将鼠标指针放在文本"The"的左下角，位置如图 8-56-16 所示的"十"字形处，按住鼠标左键，沿着圆形的轮廓轨迹拖动，如图 8-56-17 所示。当文字拖动至圆形正下方时，释放鼠标，效果如图 8-56-18 所示。

图 8-56-16

图 8-56-17

（11）单击属性栏中的【镜像文本】→【水平镜像】、【垂直镜像】按钮各一次如图 8-56-19 所示，效果如图 8-56-20 所示。

图 8-56-18

镜像文本：

图 8-56-19

图 8-56-20

（12）单击属性栏中的【导入】按钮，导入"篮球手"矢量图片，单击属性栏中的【取消全部群组】按钮。

（13）选中白色人物，执行菜单栏中的【窗口】→【泊坞窗】→【造型】命令，参数的设置如图 8-56-21 所示，单击 修剪 按钮，当鼠标指针变成 形状，单击篮球的黑色轮廓线（注：此处的黑色轮廓线是位于白色篮球下面的独立的黑色正圆形，并非与白色篮球一体），修剪出篮球的单线轮廓，效果如图 8-56-22 所示（注：此处为了看清楚篮球的单线轮廓，先将白色篮球隐藏）。

（14）选中白色篮球手，再次执行【造型】命令，参数的设置如图 8-56-23 所示，单击 修剪 按钮，当鼠标指针变成 形状，单击灰色 CBA 文字，将修剪后的图形及步骤（12）中修剪的"黑色篮球轮廓"均填充颜色设置为白色，轮廓色设置为"无"，调整好大小及位置，效果如图 8-56-24 所示。

图 8-56-21   图 8-56-22   图 8-56-23   图 8-56-24

（15）此款飞碟最终制作效果如图 8-56-24 所示。参数的在制作系列色彩设计时，可以切换到工具箱中的"挑选"工具，单击选择最开始绘制的黄色圆形和橘色圆形，分别填充不同的色彩，以下展示出另外两款系列色彩，效果分别如图 8-56-25、图 8-56-26 所示。

图 8-56-25   图 8-56-26

实例 57　刷子系列

具体操作步骤如下。

（1）打开 CorelDRAW X4 软件，执行菜单栏中的【文件】→【新建】命令，新建一个空白文件，默认纸张大小，如图 8-57-1 所示。

（2）单击工具箱中的"椭圆形"工具 ◎，配合【Ctrl】键，在绘图窗口中按住鼠标左键拖动出一个正圆形，在属性栏中设置【对象大小】参数，如图 8-57-2 所示。填充颜色为绿色（CMYK：100、0、100、0），轮廓色设置为"无"。

図 8-57-1　　　　　　　　　　　　図 8-57-2

（3）单击工具箱中的"矩形"工具 ▭，绘制一个矩形，在属性栏中设置【对象大小】参数，如图 8-57-3 所示。

（4）切换到工具箱中的"形状"工具 ◖，在矩形轮廓的 4 个顶点的任意点上，按住鼠标左键拖动，将 4 个尖角倒角成圆弧角，在属性栏中设置 4 个角的圆滑度，如图 8-57-4 所示。填充颜色设置为绿色（CMYK：100、0、100、0），轮廓色设置为"无"。

図 8-57-3　　　　　　　　　　　　図 8-57-4

（5）切换到工具箱中的"挑选"工具 ▹，执行菜单栏中的【视图】→【贴齐对象】命令或使用【Alt+Z】组合键，在矩形中心处按住鼠标左键拖动至绿色圆形上边缘中点（自动捕捉），释放鼠标，效果如图 8-57-5 所示。

（6）单击工具箱中的"椭圆形"工具 ◎，配合【Ctrl】键，在绘图窗口中按住鼠标左键拖动出一个正圆形，在属性栏中设置【对象大小】参数如图 8-57-6 所示。填充颜色设置为白色，轮廓色设置为"无"，将其拖动到矩形上方，效果如图 8-57-7 所示。

図 8-57-5　　　　　　　　　　図 8-57-6　　　　　　　　　　図 8-57-7

（7）切换到工具箱中的"挑选"工具 ▹，框选白色圆形和绿色矩形，单击属性栏中的【后减前】按钮 ▱，将白色圆形从绿色矩形中剪掉，形成镂空的绿色矩形。

（8）继续使用"椭圆形"工具☺，配合【Ctrl】键，在绘图窗口中按住鼠标左键拖动出一个正圆形，在属性栏中设置【对象大小】参数如图 8-57-8 所示，设置【轮廓宽度】参数如图 8-57-9 所示。轮廓色设置为（CMYK：100、25、90、20），内部颜色设置为"无"。将其拖动到绿色圆形正中心（可以使用【贴齐对象】命令自动捕捉到中心），效果如图 8-57-10 所示。

图 8-57-8　　　　　　　　　　图 8-57-9　　　　　　　　　　图 8-57-10

（9）单击工具箱中的"贝济埃"工具 ，在刚刚绘制的圆形轮廓内单击鼠标左键，定位起始点，将鼠标移动到下一个定位点的位置，再次单击鼠标左键或者按住鼠标左键拖动，定位第二个结点，以此类推，分别绘制出篮球表面的 4 条花纹大概轮廓。

（10）单击工具箱中的"形状"工具 ，选中欲修改的结点，在属性栏中，单击 、 或 按钮可将结点的属性更改成【尖突结点】、【平滑结点】或【对称结点】；单击 或 按钮可将线质【转换曲线为直线】或【转换直线为曲线】，拖动结点两侧的调节柄可以调节曲线的曲度。篮球表面的花纹轮廓调节效果，如图 8-57-11 所示。

（11）切换到工具箱中的"挑选"工具 ，分别单击每一条曲线，在属性栏中设置【轮廓宽度】参数，如图 8-57-12 所示。轮廓色设置为（CMYK：100、25、90、20），效果如图 8-57-13 所示。

图 8-57-11　　　　　　　　　　图 8-57-12　　　　　　　　　　图 8-57-13

（12）单击工具箱中的"椭圆形"工具☺，配合【Ctrl】键，在绘图窗口中按住鼠标左键拖动出一个正圆形，在属性栏中设置【对象大小】参数如图 8-57-14 所示。填充颜色设置为灰色（CMYK：0、0、0、100），轮廓色设置为"无"。

（13）执行菜单栏中的【窗口】→【泊坞窗】→【变换】→【大小】命令或使用【Alt+F10】组合键，参数的设置如图 8-57-15 所示，单击 应用到再制 按钮，缩小复制窗口中圆形，填充颜色设置为白色，轮廓色设置为"无"。将两个圆形中心对齐（可以使用【贴齐对象】命令自动捕捉），拖动效果如图 8-57-16 所示。

图 8-57-14　　　　　　　　　　图 8-57-15　　　　　　　　　　图 8-57-16

（14）单击工具箱中的"交互式调和"工具 ，在小白色圆形中心按住鼠标左键向灰色圆形上拖动，当在两个圆形之间出现若干圆形轮廓线时，释放鼠标，调和效果如图 8-57-17 所示。

（15）切换到工具箱中的"挑选"工具 ，框选调和后的圆形，按住鼠标左键，向右侧拖动，当拖动至合适的位置，直接单击鼠标右键（鼠标左键不松开），快速移动复制一个调和圆形。

图 8-57-17　　　　　　　　　　　　　图 8-57-18

（16）用步骤（14）的方法，再移动复制 N 个调和圆形，效果如图 8-57-19 所示。

（17）单击工具箱中的"手绘"工具 ，在任意调和圆的中心单击鼠标左键定位起点，到下一个调和圆的中心双击鼠标左键，再到下一个调和圆中心双击鼠标左键，以此类推，回到起始点，当鼠标指针变成 形状，单击鼠标左键，闭合多边图形，效果如图 8-57-20 所示。

图 8-57-19　　　　　　　　　　　　　图 8-57-20

（18）切换到工具箱中的"挑选"工具，选中刚刚绘制的多边图形，在属性栏中设置【轮廓宽度】参数，如图 8-57-21 所示。轮廓颜色设置为灰色（CMYK：0、0、0、70），内部颜色设置为"无"，效果如图 8-57-22 所示。

图 8-57-21　　　　　　　　　　　　　图 8-57-22

（19）选中多边图形，使用【Shift+PageDown】组合键，将多边形置于最下层，效果如图 8-57-23 所示。至此，刷子的正面效果如图 8-57-24 所示。

图 8-57-23　　　　　　　　　　　　　图 8-57-24

（20）单击工具箱中的"矩形"工具，绘制一个矩形，在属性栏中设置【对象大小】参数，如图 8-57-25 所示。

（21）切换到工具箱中的"形状"工具，在矩形轮廓的 4 个顶点的任意点上，按住鼠标左键拖动，将 4 个尖角倒角成圆弧角，在属性栏中设置 4 个角的圆滑度，如图 8-57-26 所示。

图 8-57-25　　　　　　　　　　　　　图 8-57-26

（22）填充此矩形颜色为绿色（CMYK：100、0、100、0），轮廓色设置为"无"，效果如图 8-57-27 所示。

（23）继续使用"矩形"工具，绘制一个矩形，在属性栏中设置【对象大小】参数，如图 8-57-28 所示。填充颜色设置为绿色（CMYK：100、0、100、0），轮廓色设置为"无"。

（24）使用"形状"工具，将 4 个尖角倒角成圆弧角，在属性栏中设置 4 个角的圆滑度，如图 8-57-29 所示。

（25）切换到工具箱中的"挑选"工具 ，拖动小矩形到大矩形的上部，效果如图 8-57-30 所示。

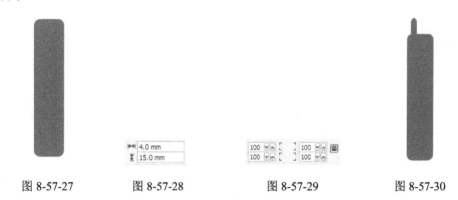

图 8-57-27　　　　图 8-57-28　　　　　图 8-57-29　　　　图 8-57-30

（26）继续使用"矩形"工具，绘制一个矩形，在属性栏中设置【对象大小】参数，如图 8-57-31 所示。填充颜色设置为（CMYK：100、25、90、20），轮廓色设置为"无"。

（27）使用"形状"工具，将 4 个尖角倒角成圆弧角，在属性栏中设置 4 个角的圆滑度，如图 8-57-32 所示。

（28）切换到工具箱中的"挑选"工具 ，拖动此矩形到大矩形的左侧，配合【Shift+Page Down】组合键，将此矩形置于最下层，效果如图 8-57-33 所示。

图 8-57-31　　　　　　　图 8-57-32　　　　　　图 8-57-33

（29）单击工具箱中的"手绘"工具 ，绘制出 N 条黑色直线，【轮廓宽度】为默认设置，N 条直线的组合效果，如图 8-57-34 所示。

（30）切换到工具箱中的"挑选"工具 ，框选 N 条直线，按住鼠标左键，向下侧拖动，当拖动至合适的位置，直接单击鼠标右键（鼠标左键不松开），快速移动复制一组。继续使用移动复制的方法，复制出 N 组，这是刷头，效果如图 8-57-35 所示。

（31）用鼠标将刷头移动到绿色大矩形的右侧，配合【Shift+Page Down】组合键，将此矩形置于最下层，效果如图 8-57-36 所示。

图 8-57-34   图 8-57-35

（32）单击工具箱中的"文本"工具，在窗口中单击鼠标左键，在属性栏中设置【字体】及【字体大小】参数，如图 8-57-37 所示。输入"CBA"，填充颜色设置为（CMYK：100、25、90、20），轮廓色设置为黄色（CMYK： 0、100、100、0）。

（33）切换到工具箱中的"形状"工具，在文字的右下角 位置，按住鼠标左键向左拖动，将字间距调小，调整文字位置，在属性栏中设置【旋转角度】参数，如图 8-57-38 所示。

图 8-57-36   图 8-57-37   图 8-57-38

（34）切换到工具箱中的"挑选"工具，拖动文字到大绿色矩形上，效果如图 8-57-39 所示。

（35）此款刷子最终制作效果如图 8-57-40 所示。以下展示出另外一款色彩，效果如图 8-57-41 所示。

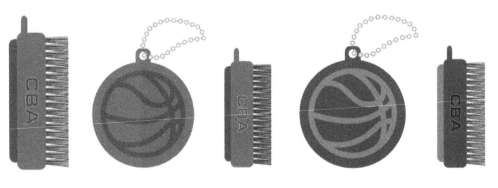

图 8-57-39   图 8-57-40   图 8-57-41

实例 58　丝印系列

具体操作步骤如下。

（1）打开 CorelDRAW X4 软件，执行菜单栏中的【文件】→【新建】命令，新建一个空白文件，默认纸张大小，如图 8-58-1 所示。

（2）单击工具箱中的"矩形"工具，绘制一个矩形，在属性栏中设置【对象大小】参数，如图 8-58-2 所示。

图 8-58-1　　　　　　　　　　　　　　　图 8-58-2

（3）单击工具箱中的"椭圆形"工具，在绘图窗口中按住鼠标左键拖动出一个椭圆形，在属性栏中设置【对象大小】参数，如图 8-58-3 所示。

（4）单击工具箱中的"文本"工具，在窗口中单击鼠标左键，在属性栏中设置【字体】及【字体大小】参数，如图 8-58-4 所示。输入"BE THE RAGE"，填充颜色设置为灰色（CMYK：0、0、0、70），轮廓色设置为红色（CMYK：0、100、100、0）。

（5）切换到工具箱中的"形状"工具，在文字的右下角 位置，按住鼠标左键向左拖动，将字间距调小，效果如图 8-58-5 所示。

图 8-58-3　　　　　　　图 8-58-4　　　　　　　　　　　图 8-58-5

（6）单击工具箱中的"交互式轮廓图"工具，单击文字，由中心向外按住鼠标左键拖动，在属性栏中设置参数如图 8-58-6 所示，效果如图 8-58-7 所示。

图 8-58-6　　　　　　　　　　　　　　　图 8-58-7

（7）切换到工具箱中的"挑选"工具，在文字中心处按住鼠标右键拖动至椭圆形边框上，当鼠标指针变成如图 8-58-8 所示的形状时，释放鼠标，在下拉菜单中选择【使文本适合路径】选项如图 8-58-9 所示，效果如图 8-58-10 所示。

图 8-58-8　　　　　　　　　　图 8-58-9

（8）执行菜单栏中的【排列】→【拆分】命令或使用【Ctrl+K】组合键，在页面空白处单击一下鼠标左键，选中椭圆形，按【Delete】键删除，效果如图 8-58-11 所示。

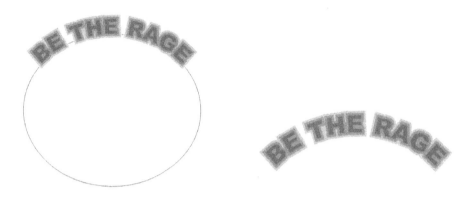

图 8-58-10   图 8-58-11

（9）将文字拖动到矩形内部，框选矩形和文字，单击属性栏中的【对齐与分布】按钮，弹出的【对齐与分布】对话框，参数的设置如图 8-58-12 所示，单击 应用 与 关闭 按钮，效果如图 8-58-13 所示。

图 8-58-12   图 8-58-13

（10）单击属性栏中的【导入】按钮 ，导入"飞机"矢量图片，单击属性栏中的【取消全部群组】按钮 ，取消全部群组。其填充颜色设置为红色（CMYK：0、100、100、0），轮廓色设置为（CMYK：0、100、100、0），效果如图 8-58-14 所示。

（11）单击工具箱中的"文本"工具 ，在窗口中单击鼠标左键，在属性栏中设置【字体】及【字体大小】参数，如图 8-58-15 所示。输入"Don't Play in the street"，填充颜色设置为灰色（CMYK：0、0、0、70），轮廓色设置为"无"。

图 8-58-14   图 8-58-15

（12）切换到工具箱中的"挑选"工具 ，将文字拖动至合适的位置，效果如图 8-58-16 所示。

图 8-58-16

（13）此款丝印最终制作效果如图 8-58-16 所示。以下展示出另外两款色彩，效果分别如图 8-58-17 与图 8-58-18 所示。

图 8-58-17　　　　　　　　　　　　　　图 8-58-18

实例 59　挂件系列 1

具体操作步骤如下。

（1）打开 CorelDRAW X4 软件，执行菜单栏中的【文件】→【新建】命令，新建一个空白文件，默认纸张大小，如图 8-59-1 所示。

（2）单击工具箱中的"矩形"工具 ，绘制一个矩形，在属性栏中设置【对象大小】参数，如图 8-59-2 所示。填充颜色设置为灰色（CMYK：0、0、0、40）。

图 8-59-1　　　　　　　　　　　　　　图 8-59-2

（3）选中矩形，使用【Ctrl+C】，【Ctrl+V】组合键，原位置复制一个，轮廓线设置为"无"。单击属性栏中的【转换为曲线】按钮 或配合【Ctrl+Q】组合键。

（4）切换到工具箱中的"形状"工具 ，在如图 8-59-3 所示的位置双击鼠标左键，添加一个结点。

（5）框选如图 8-59-4 所示的两个结点，单击属性栏中的【转换直线为曲线】按钮 ，再选择右上角的结点，如图 8-59-5 所示；单击属性栏中的【平滑结点】按钮 ，效果如图 8-59-6 所示。

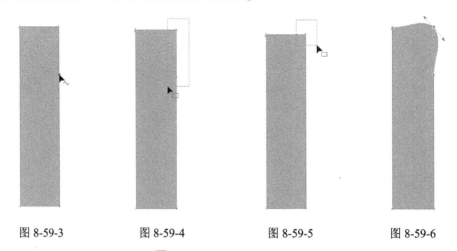

图 8-59-3   图 8-59-4   图 8-59-5   图 8-59-6

（6）继续使用"形状"工具，拖动右上角的结点，并调节结点两侧的调节柄，调节曲线的曲度，并填充此图形颜色为（CMYK：0、0、0、50），效果如图 8-59-7 所示。

（7）切换到工具箱中的"挑选"工具，执行菜单栏中的【视图】→【贴齐对象】命令或使用【Alt+Z】组合键，分别绘制 3 个矩形，其中 2 个细矩形的大小参数设置如图 8-59-8 所示，填充颜色为（CMYK：0、20、100、0）；1 个粗矩形的大小参数设置如图 8-59-9 所示，填充颜色为（CMYK：0、100、100、20）。3 个矩形轮廓色均设置为"无"，效果如图 8-59-10 所示。

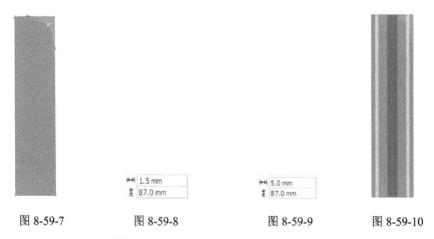

图 8-59-7   图 8-59-8   图 8-59-9   图 8-59-10

（8）使用"矩形"工具，绘制一个矩形，在属性栏中设置【对象大小】参数，如图 8-59-11 所示。填充颜色设置为灰色（CMYK：0、0、0、40）。

（9）使用"形状"工具，将 4 个尖角倒角成圆弧角，在属性栏中设置 4 个角的圆滑度，如图 8-59-12 所示。

（10）单击工具箱中的"挑选"工具，选中倒角矩形，使用【Ctrl+C】,【Ctrl+V】组合键，原位置复制一个，轮廓线设置为"无"。单击属性栏中的【转换为曲线】按钮或配合【Ctrl+Q】组合键。

（11）单击工具箱中的"形状"工具，框选如图 8-59-13 所示的 2 个结点，向左侧拖动，再次框选如图 8-59-14 所示的 2 个结点，向右侧拖动，并填充此图形颜色为（CMYK：0、0、0、50），效果如图 8-59-15 所示。

图 8-59-11　　　　　图 8-59-12　　　　　图 8-59-13　　　　　图 8-59-14

（12）配合【Shift】键，加选两个细长黄色矩形、一个红色矩形以及它们后面的灰色矩形（转换曲线后的灰色矩形），执行菜单栏中的【窗口】→【泊坞窗】→【变换】→【大小】命令或使用【Alt+F10】组合键，参数的设置如图 8-59-16 所示（这里只改变垂直数值），单击 应用 按钮，配合【Shift+PageUp】组合键，将选中的这些图形置于最上层，效果如图 8-59-17 所示。

图 8-59-15　　　　　图 8-59-16　　　　　图 8-59-17

（13）使用"矩形"工具，绘制一个矩形，在属性栏中设置【对象大小】参数，如图 8-59-18 所示；【轮廓宽度】参数的设置如图 8-59-19 所示。

（14）使用"形状"工具，将此矩形的 4 个尖角倒角成圆弧角，在属性栏中设置 4 个角的圆滑度，如图 8-59-20 所示。

图 8-59-18　　　　　　图 8-59-19　　　　　　图 8-59-20

（15）填充此矩形轮廓颜色为（CMYK：0、20、100、0），内部颜色为"无"，拖动至合适的位置，如图 8-59-21 所示。

（16）单击工具箱中的"文本"工具，在窗口中单击鼠标左键，在属性栏中设置【字体】及【字体大小】参数，如图 8-59-22 所示。输入 "CBA"，填充颜色设置为（CMYK：0、100、100、20），轮廓色设置为 "无"。

（17）切换到工具箱中的 "形状" 工具，在文字的右下角 位置，按住鼠标左键向左拖动，将字间距调小，调整文字位置，如图 8-59-23 所示。

图 8-59-21 　　　　　　　　　图 8-59-22 　　　　　　　　　图 8-59-23

（18）使用 "矩形" 工具，绘制一个矩形，在属性栏中设置【对象大小】参数，如图 8-59-24 所示。

（19）使用 "形状" 工具，将此矩形的 4 个尖角倒角成圆弧角，在属性栏中设置 4 个角的圆滑度，如图 8-59-25 所示。

（20）单击工具箱中的 "挑选" 工具，执行菜单栏中的【窗口】→【泊坞窗】→【变换】→【大小】命令或使用【Alt+F10】组合键，参数设置如图 8-59-26 所示，单击 应用到再制 按钮，效果如图 8-59-27 所示

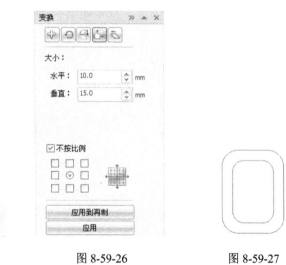

图 8-59-24 　　　　　　　图 8-59-25 　　　　　　　图 8-59-26 　　　　　　　图 8-59-27

（21）框选 2 个倒角矩形，单击属性栏中的【后减前】按钮。

（22）单击工具箱中的 "填充" 工具，在其下拉菜单中选择 "渐变" 选项，如图 8-59-28 所示，弹出的【渐变填充】对话框，参数的设置如图 8-59-29 所示。

（23）在图 8-59-29 所示的对话框中的 "颜色调和" 选项区域内的 "位置" 和 "矩形渐变色块" 的设置，如图 8-59-30～图 8-59-35 所示。渐变填充效果，如图 8-59-36 所示。

（24）将此渐变图形拖动到如图 8-59-37 所示的位置，配合【Shift+PageDown】快捷键，将其置于最下层，效果如图 8-59-38 所示。

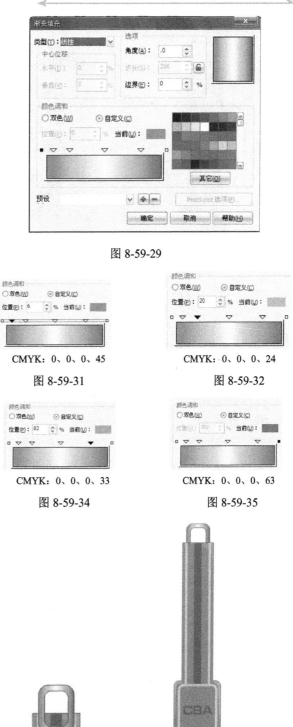

图 8-59-28　　　　　　　　　　　　　图 8-59-29

CMYK：0、0、0、45

图 8-59-30

CMYK：0、0、0、45

图 8-59-31

CMYK：0、0、0、24

图 8-59-32

CMYK：0、0、0、3

图 8-59-33

CMYK：0、0、0、33

图 8-59-34

CMYK：0、0、0、63

图 8-59-35

图 8-59-36　　　　　　　图 8-59-37　　　　　　　图 8-59-38

（25）此款挂件最终制作效果如图 8-59-38 所示。以下展示出另外三款色彩，效果分别如图 8-59-39、图 8-59-40、图 8-59-41 所示。

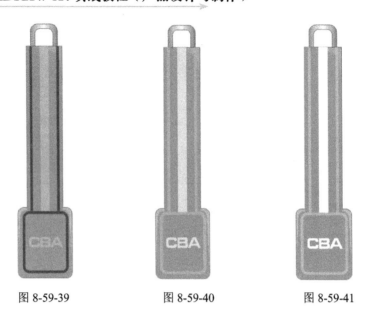

图 8-59-39   图 8-59-40   图 8-59-41

实例 60　挂件系列 2

具体操作步骤如下。

（1）打开 CorelDRAW X4 软件，执行菜单栏中的【文件】→【新建】命令，新建一个空白文件，默认纸张大小，如图 8-60-1 所示。

（2）单击工具箱中的"椭圆形"工具◎，在绘图窗口中按住鼠标左键拖动出一个椭圆形，在属性栏中设置【对象大小】参数如图 8-60-2 所示，填充颜色设置为灰色（CMYK：0、0、0、40）。

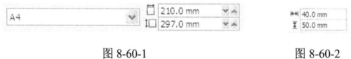

图 8-60-1   图 8-60-2

（3）单击工具箱中的"矩形"工具▢，绘制一个矩形，尺寸不限，与椭圆形的位置如图 8-60-3 所示。

（4）切换到工具箱中的"挑选"工具，框选两个图形，单击属性栏中的【后减前】按钮▢，修剪效果如图 8-60-4 所示。

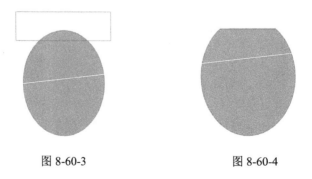

图 8-60-3   图 8-60-4

（5）选中修剪后的椭圆形，使用【Ctrl+C】，【Ctrl+V】组合键，原位置复制一个，轮廓线设置为"无"。

（6）切换到工具箱中的"形状"工具 ，在如图 8-60-5 所示的位置双击鼠标左键，添加一个结点。

（7）分别选中左上角和右上角的结点，向下拖动，选中下面中间的结点向上拖动，3 个结点拖动的位置如图 8-60-6 所示，填充此图形颜色为（CMYK：0、0、0、50）。

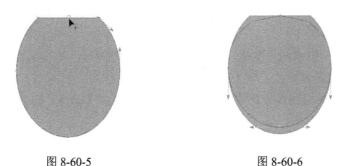

图 8-60-5   图 8-60-6

（8）单击工具箱中的"矩形"工具 ，绘制一个矩形，在属性栏中设置【对象大小】参数，如图 8-60-7 所示；【轮廓宽度】参数的设置如图 8-60-8 所示。

（9）使用"形状"工具 ，将此矩形的 4 个尖角倒角成圆弧角，在属性栏中设置 4 个角的圆滑度，如图 8-60-9 所示。

图 8-60-7   图 8-60-8   图 8-60-9

（10）填充此矩形轮廓颜色为（CMYK：0、10、100、0），内部颜色为"无"，拖动至合适的位置，效果如图 8-60-10 所示。

（11）单击工具箱中的"文本"工具 ，在窗口中单击鼠标左键，在属性栏中设置【字体】及【字体大小】参数，如图 8-60-11 所示。输入"CBA"，填充颜色设置为（CMYK：0、100、100、20），轮廓色设置为"无"。

（12）切换到工具箱中的"形状"工具 ，在文字的右下角 位置，按住鼠标左键向左拖动，将字间距调小，调整文字位置，效果如图 8-60-12 所示。

图 8-60-10   图 8-60-11   图 8-60-12

（13）单击工具箱中的"贝济埃"工具 ，在绘图页面上单击鼠标左键，定位起始点，将鼠标移动到下一个定位点的位置，再次单击鼠标左键或者按住鼠标左键拖动，定位第二个结点，以此类推，绘制出挂件的绳子大概轮廓。

（14）单击工具箱中的"形状"工具，选中欲修改的结点，在属性栏中，单击、或按钮可将结点的属性更改成【尖突结点】、【平滑结点】或【对称结点】；单击或按钮可将线质【转换曲线为直线】或【转换直线为曲线】，拖动结点两侧的调节柄可以调节曲线的曲度。绳子的轮廓调节效果，如图 8-60-13 所示。

（15）采用步骤（13）、（14）的方法，在此图形内再绘制一个和它形状基本一样的图形，效果如图 8-60-14 所示。

（16）切换到工具箱中的"挑选"工具，框选两个图形，单击属性栏中的【后减前】按钮，填充颜色设置为黑色，效果如图 8-60-15 所示。

（17）将此图形拖动到挂件的上方，配合【Shift+Page Down】组合键，将其置于最下层，效果如图 8-60-16 所示。

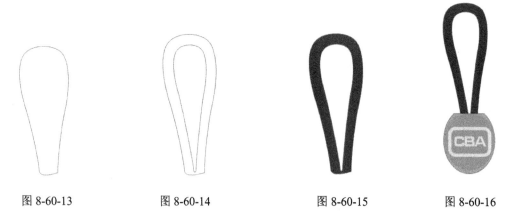

图 8-60-13　　　　　图 8-60-14　　　　　图 8-60-15　　　　　图 8-60-16

（18）此款挂件最终制作效果如图 8-60-16 所示。以下展示出另外 3 款色彩，效果分别如图 8-60-17、图 8-60-18、图 8-60-19 所示。

图 8-60-17　　　　　图 8-60-18　　　　　图 8-60-19